# 图说世界著名建筑

北京工业大学出版社

图书在版编目（CIP）数据

图说世界著名建筑 / 魏新编著. -- 北京：北京工业大学出版社，2015.11
ISBN 978-7-5639-4432-3

Ⅰ. ①图… Ⅱ. ①魏… Ⅲ. ①建筑艺术－世界－通俗读物 Ⅳ. ① TU-861

中国版本图书馆 CIP 数据核字（2015）第 214322 号

**图说世界著名建筑**

**编　　著：**魏　新
**责任编辑：**曹　媛
**装帧设计：**宋双成
**出版发行：**北京工业大学出版社
（北京市朝阳区平乐园 100 号　邮编：100124）
010-67391722（传真）bgdcbs@sina.com
**出 版 人：**郝　勇
**经销单位：**全国各地新华书店
**承印单位：**三河市元兴印务有限公司
**开　　本：**787 毫米 ×1092 毫米　1/16
**印　　张：**25
**字　　数：**300 千字
**版　　次：**2015 年 11 月第 1 版
**印　　次：**2021 年 1 月第 2 次印刷
**标准书号：**ISBN 978-7-5639-4432-3
**定　　价：**58.00 元

# 前　言

自从地球上有了人类，人类就开始为了生存不断地追求，为了获得高质量的生存条件而不断地奋斗。在满足基本生存条件的同时，人类开始不断地改善自己的居住环境。在这种情况下，人类的智慧不断地得到发展，各种建筑也随着人类文明的发展而随之产生了。从最原始的岩洞、茅屋逐渐发展到现在钢筋水泥的高楼大厦，人类以最强的适应能力和创造能力，打造出了各种形式的特色建筑。让这个有“水的行星”之誉的地球，在有限的山川、陆地上，凭空长出来千姿百态、五光十色、光怪陆离的各式房屋、桥梁和塔等。时间跨度之长，造型之奇，技术之精湛……无不让人类在叹服的同时，还处在一种疑惑中，这些是人类的杰作吗?

本书通过古今中外的各种资料，以铁的事实，将全球有代表性的各式建筑一一列举出来，就是为了让人们对自己在建筑方面的成就有一个系统的了解和认识。本书选取了全球六个大洲的经典建筑，先从亚洲的著名建筑开始，着重介绍了中国的代表性建筑的概况、建筑结构特点、特色和功能；接着介绍了中国台湾、印度、日本、马来西亚、印度尼西亚等其他亚洲国家的建筑情况。然后，本书系统地描述了以美国为主的北美洲，以墨西哥为主的南美洲，以法国、英国、意大利、德国为主的欧洲，以澳大利亚为主的大洋洲，以埃及为主的非洲的各种代表性建筑，对这些建筑所涉及的有关结构和相关历史的各个方面做了相应的分析和介绍。在对各大洲建筑的介绍中，对亚洲和欧洲部分相对比较侧重，对非洲、北美洲和南美洲次之，对大洋洲相对较为简略，选取的建筑相对较少。但总体而言，本书所选取的内容基本涵盖了地球上各个地域有代表性的建筑的相关情况，基本做到了突出重点，涉及了各类建筑资源。相信一定能让读者对全球的建筑有一个新的认识，并会相应地增加一些有关这方面的知识。

需要说明的是，除了笔者的努力外，本书的资料还来源于很多不知名朋友的无私奉献，在此非常真诚地感谢他们！另外，笔者作为本书资料的搜集和整理者，深知自己在能力上有很多的缺点和不足，在对资料的处理方面难免会出现过失。因此，笔者诚挚地希望读者朋友们给予理解、支持和及时指正，以便于笔者进行修订和改正，让其他读者看到更为准确的内容。

总之，笔者真心希望本书能让广大的读者朋友开阔视野，了解和掌握一定的建筑方面的知识，并通过了解这些建筑知道相关的历史。

最后，再次感谢朋友们的阅读、理解和支持，敬请指正，谢谢！

# 目　　录

## 第一部分　亚洲篇

## 第二部分　南、北美洲篇

## 第三部分 欧洲篇

## 第四部分　大洋洲篇

## 第五部分 非洲篇

# 第一部分　亚　洲　篇

## 第一节　中国的著名建筑

### 北京长城

在我国北部辽阔的土地上，东西横亘着一道绵延起伏、气势雄伟、长达十万多里的长墙。这就是被视为世界建筑史上一大奇迹的万里长城。万里长城是我国古代一项伟大的防御工程，它凝聚着我国古代人民的坚强毅力和高度智慧，体现了我国古代工程技术的非凡成就，也显示了中华民族的悠久历史。长城是中国也是世界上修建时间最长、工程量最大的一项古代防御工程。自公元前七八世纪开始，连续不断修筑了两千多年，分布于中国北部和中部的广大土地上，总计长度达五万多千米，被称为“上下两千多年，纵横十万余里”。如此浩大的工程不仅在中国，就是在世界上，也是绝无仅有的。因此，长城与罗马斗兽场、

中国万里长城

比萨斜塔、埃及金字塔等被列为中古世界八大奇迹。

长城烽火台

春秋战国时期，各国诸侯为了防御别国入侵。修筑烽火台，并用城墙连接起来，形成了最早的长城。以后历代君王几乎都会加固增修长城。因它长达几万里，故又称作“万里长城”。

战国秦、赵、燕长城具有很大的历史价值，首先，它表明，只有修筑长城，加上一定数量的驻军，才能限制游牧民族的快速机动能力，防止北方游牧民族骑兵闪电式的袭击。没有长城，即使有大量的步兵和骑兵，仍然是防御不了的，战国时代的历史事实证明了这一点。因为长城是有效的军事防御工程，所以汉武帝在驱逐匈奴到漠北以后，下令立即修筑新的长城。

八达岭长城风光

其次，战国秦、赵、燕所筑的长城，是相当科学的，它基本上是利用山川形势险要而建，在山口与平原地区，都建筑高厚的城墙，截断匈奴、东胡骑兵进出之路。除了长城之外，内外制高点还建有烽火台，用来侦察敌情和传递消息，让长城上的驻军做好准备；在交通路口和谷口，都建筑障城，派军驻守，以加强长城的防御能力。在长城以内，每隔一段距离，都会修建驻军的大

居庸关长城

城，并设有迅速传递消息的通信网，以便统一指挥和互相支援。这条三国长城及其烽火台、障、城等配套建筑，构成了一套完整的军事防御体系。这套军事防御体系是合乎科学的，防卫是有效的。它为后来的军事防御工程提供了样板。蒙恬所筑的秦长城，虽然全系新建，但是很明显，他是在参照战国秦、赵、燕长城建筑的基础上设计的，同时进行了取长补短。他把长城建于高山之上，尽量利用山脊、峰峦为城，使匈奴骑兵无法越过；利用河流作屏障，尽量把长城建于河流之北，使敌人得不到水源；在丘陵、平原，则筑成高大城墙，或用土石夹筑，或用土夯筑，把各段长城连接成一条气势雄伟、隔断南北的巨龙。秦长城的烽火台，较三国长城有了改进，都建于长城外开阔的山上，而且根据地形，每隔 5 000 米、10 000 米、15 000 米就有一座。障城也有改进，在交通路口或谷口，都修建南北两座障城。驻大部队的城，都建在长城之南，并与长城紧紧相连。可以说，秦长城建筑体系的高度科学性，是战国秦、赵、燕长城建筑体系的继承和发展。

最后，战国秦、赵、燕长城不仅表现了 2200 多年前中华民族的伟大气魄，而且显示了当时中国人民的高度智慧、不怕苦的精神、高超的军事科学水平和高度的科学文化水平。

据记载，秦始皇使用了近百万劳动力修筑长城，占全国总人口的二十分之一。当时没有任何机械，全部劳动都由人力完成，工作环境又是崇山峻岭、峭壁深壑，十分艰难。古今中外，凡到过长城的人无不惊叹它的磅礴气势、宏伟规模和艰巨工程。长城是一座稀世珍宝，也是艺术非凡的文物古迹，它象征着中华民族坚不可摧、永存于世的伟大意志和力量，是中华民族的骄傲，也是整个世界的骄傲。

根据历史文献记载，修建长城超过 5 000 公里的有三个朝代：一是秦始皇时修筑的西起临洮，东至辽东的万里长城；二是汉朝修筑的西起河西走廊，东至辽东的万里长城，在一万公里以上；三是明朝修筑的西起嘉峪关，东到鸭绿江畔的长城。这些长城的遗址分布在我国今天的北京、甘肃、宁夏、陕西、山西、内蒙古、河北、新疆、天津、辽宁、黑龙江、湖北、湖南和山东等 10 多个省、市、自治区。其中仅内蒙古自治区境内就有遗址约 1.5 万千米，其次是甘肃的长城。

由于年代久远，早期各个朝代的长城大多数都残缺不全，保存得比较完整的是明代修建的长城，所以人们一般谈的长城主要指的是明长城，所称长城的长度，也指的是明长城的长度，明长城西起嘉峪关，东至鸭绿江畔。

北京慕田峪长城

# 北京故宫

故宫的旧称是紫禁城，占地72万多平方米，有楼宇9 000余间，建筑面积15万平方米。故宫是明清两代的皇宫，是我国现存最大最完整的古建筑群。永乐四年（1406年）始建，永乐十八年（1420年）基本建成，在500年历史中有24位皇帝曾居住于此。虽经明清两代多次重修和扩建，故宫仍然保持了原来的布局。

故宫被誉为世界五大宫之一（北京故宫、法国凡尔赛宫、英国白金汉宫、美国白宫、俄罗斯克里姆林宫），并被联合国教科文组织列入《世界文化及自然遗产保护名录》。评委会评价："紫禁城是中国五个多世纪以来的最高权力中心，它以园林景观和容纳了家具及工艺品的9 000个房间的庞大建筑群，成为明清时代中国文明无价的历史见证。"

现在，故宫同样是一处可以移动的文物宝库，是故宫博物院所在地，可移动文物藏品超过180万件，其中包括珍贵文物约168万件。故宫2012年单日最高客流量突破18万人次，

北京故宫

全年客流量突破 1 500 万人次，可以说是世界上接待游客最多的博物馆。

明成祖朱棣夺取帝位后，决定迁都北京。于是于永乐四年，明成祖下令仿照南京皇宫营建北京宫殿，动用工匠 23 万、民夫百万，至永乐十八年落成。故宫又名紫禁城，依照中国古代星象学说，紫是紫微垣，位于天的中央最高处，共有十五颗恒星，被认为是“运乎中央，临制四方”的宫殿，乃天帝所居，天人对应，故名之。宫殿建筑都是砖木结构、黄琉璃瓦顶、青白石底座并饰以金碧辉煌的彩绘。

故宫四面环有高 10 米的城墙，南北长 960 米，东西宽 753 米，面积达到 72 万平方米，为世界之最；故宫的整个建筑被两道坚固的防线围在中间，外围是一条宽 52 米，深 6 米，长 3 800 米的护城河环绕；接着是周长 3 公里的城墙，墙高近 10 米，底宽 8.62 米。城墙上开有 4 门，南有午门，北有神武门，东有东华门，西有西华门，城墙四角，还耸立着 4 座角楼，角楼有 3 层屋檐，72 个屋脊，玲珑剔透，造型别致，为中国古建筑中的杰作。

故宫的建筑依据其布局与功用分为外朝与内廷两大部分。以乾清门为界，乾清门以南为外朝，以北为内廷。故宫外朝、内廷的建筑风格迥然不同。外朝以太和殿、中和殿、保和殿三大殿为中心，其中三大殿中的太和殿俗称金銮殿，是皇帝举行朝会的地方，也称为前朝，是封建皇帝行使权力、举行盛典的地方。此外两翼东有文华殿、文渊阁、上驷院、南三所；西有武英殿、内务府等建筑。

天安门

故宫太和殿

内廷以乾清宫、交泰殿、坤宁宫后三宫为中心，两翼为养心殿、东六宫、西六宫、斋宫、毓庆宫，后有御花园，是封建帝王与后妃居住、游玩之所。内廷东部的宁寿宫是当年乾隆皇帝退位后为养老而修建。内廷西部有慈宁宫、寿安宫等。此外还有重华宫、北五所等建筑。

明清宫廷五百多年的历史中包含了帝后活动、等级制度、权力斗争、宗教祭祀等。当时普通人连走近紫禁城墙附近的地方都算犯罪。由于明清宫廷是封建制度高度完备的最高统治中心，所以那时在紫禁城里发生的不寻常的大事，往往都是围绕皇权的传承与安危展开的。如明代正统皇帝复辟的夺门之变、嘉靖皇帝被宫女谋刺的壬寅宫变、万历四十三年梃击太子宫的“梃击案”、泰昌皇帝因服丹丸而死亡的“红丸案”、泰昌帝病死后围绕着新皇帝登极的“移宫”风波、清朝初诸王大臣为确立皇权的三官庙之争、清末慈禧太后谋取权力的辛酉政变，等等。

1911 年辛亥革命后，紫禁城宫殿本应全部收归国有，但按照那时拟定的《清室优待条件》，逊帝爱新觉罗·溥仪被允许“暂居宫禁”，即“后寝”部分。溥仪在此居住 14 年后，即 1924 年，冯玉祥发动“北京政变”，将溥仪逐出宫禁，同时成立“清室善后委员会”，接管了故宫。溥仪被迫出宫后，段祺瑞以及清朝遗老们都策划着让溥仪再次回宫。为了防止这一现象的发生，1925 年 10 月 10 日，故宫博物院正式成立，对外开放。1925 年以后紫禁城才被称为“故宫”。随着清王朝的没落，特别是 1949 年前的 38 年中，故宫建筑日渐破坏，有多处宫殿群倒塌，垃圾成山。

中华人民共和国成立后，北京故宫博物院的职工以崭新的精神面貌投入工作。拔除杂草，疏通河道，清理垃圾。20 世纪 50 年代初，从宫内清除出去的上百年的垃圾竟达 25 万立方米，自此院容焕然一新。故宫博物院制订了“着重保护、重点修缮、全面规划、逐步实施”的古建筑维修方针，经过几十年的努力，许多残破、渗漏、濒临倒塌的大小殿堂楼阁得到了修复和油饰，愈显金碧辉煌。院内各处高大宫殿都安装了避雷设施，又以巨额投资建设了防火防盗监控系统和高压消防给水管网，使这座古老的宫殿建筑得到了更加有效的保护。特别是改革开放后，在人民政府的大力支持下，彻底整治了环绕故宫的护城河，更好地凸现了昔日皇城的风貌。

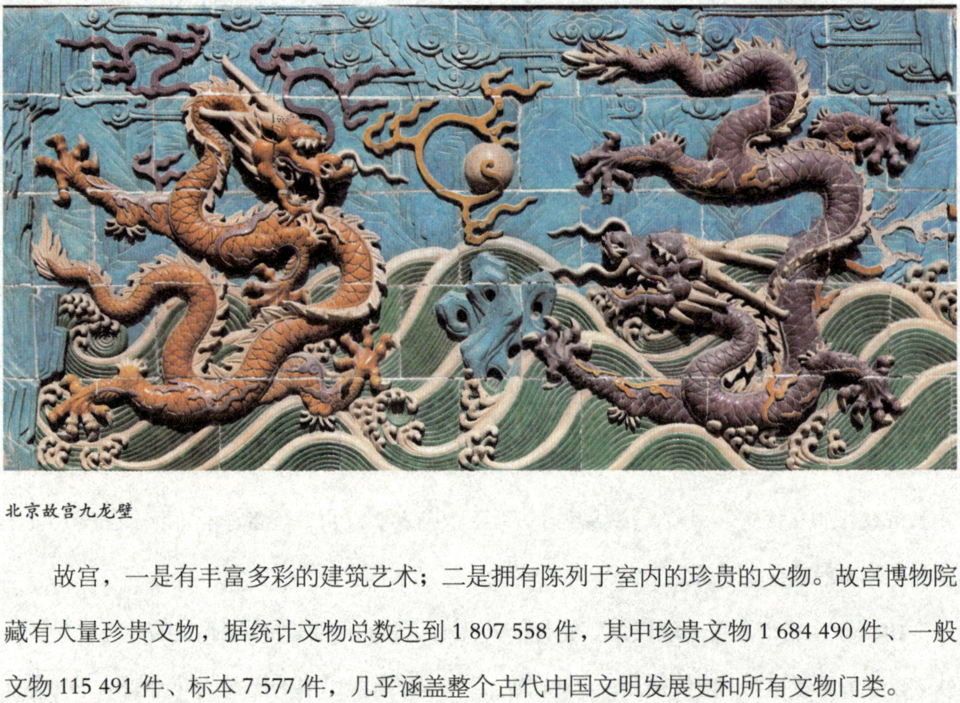

北京故宫九龙壁

故宫，一是有丰富多彩的建筑艺术；二是拥有陈列于室内的珍贵的文物。故宫博物院藏有大量珍贵文物，据统计文物总数达到 1 807 558 件，其中珍贵文物 1 684 490 件、一般文物 115 491 件、标本 7 577 件，几乎涵盖整个古代中国文明发展史和所有文物门类。

截至 2005 年 12 月 31 日，中国文物系统文物收藏单位馆藏一级文物的总数已达 109 197 件，在保存一级文物的 1 330 个收藏单位中，故宫博物院以 8 273 件（套）高居榜首，并收有很多绝无仅有的国宝。

# 北京天坛

北京天坛地处原北京外城的东南部，故宫正南偏东，正阳门外东侧，始建于明朝永乐十八年（1420 年），总面积为 273 公顷，是明清两代帝王用以“祭天”“祈谷”的建筑。1961 年，国务院公布天坛为“全国重点文物保护单位”；1998 年天坛被联合国教科文组织列入《世界文化及自然遗产保护名录》。

北京天坛占地 272 万平方米，整个面积比紫禁城（故宫）还大些，天坛是圜丘、祈谷两坛的总称，有坛墙两重，形成内外坛，坛墙南方北圆，象征天圆地方。主要建筑在内坛，圜丘坛在南，祈谷坛在北，二坛同在一条南北轴线上，中间有墙相隔。圜丘坛内主要建筑有圜丘坛、皇穹宇等，祈谷坛内主要建筑有祈年殿、皇乾殿、祈年门等。祈年殿建于明永乐十八年（1420 年），初名“大祀殿”，是一个矩形大殿。祈年殿高 38.2 米，直径 24.2 米，里面分别寓意四季、十二月、十二时辰以及周天星宿，是古代明堂式建筑仅存的一列，也是天坛的主要建筑。圜丘建于明嘉靖九年，每年冬至在台上举行“祭天大典”，俗称祭天台。回音壁是天坛的圆形围墙。因墙体坚硬光滑，是声波的良好反射体，又因圆周曲率精确，声波可沿墙内面连续反射，向前传播而得名。

天坛圜丘

天坛建筑的主要设计思想就是要突出天空的辽阔高远，以表现“天”的至高无上。在布局方面，内坛位于外坛的南北中轴线以东，而圜丘坛和祈年殿又位于内坛中轴线的东面，这些都是为了增加西侧的

天坛祈天殿

空旷程度，使人们从西边的正门进入天坛后，就能获得开阔的视野，以感受到上天的伟大和自身的渺小。就单体建筑来说，祈年殿和皇穹宇都使用了圆形攒尖顶，它们外部的台基和屋檐层层收缩上举，也体现出一种与天接近的感觉。

北京天坛是世界上最大的古代祭天建筑群之一。在中国，祭天仪式起源于周朝，自汉代以来，历朝历代的帝王都对此极为重视。

中国古代帝王自称“天子”，他们对天地非常崇敬。历史上的每一个皇帝都把祭祀天地当成一项非常重要的政治活动。而祭祀建筑在帝王的都城建设中具有举足轻重的地位，必集中人力、物力、财力，以最高的技术水平，最完美的艺术去建造。封建社会后期营建的天坛，是中国众多祭祀建筑中最具代表性的作品。天坛不仅是中国古建筑中的明珠，也是世界建筑史上的瑰宝。天坛始建于明永乐十八年（1420 年），朱棣用工十四年与紫禁城同时建成，名天地坛。嘉靖九年（1530 年）因立四郊分祀制度，于嘉靖十三年（1534 年）改称天坛。清乾隆、光绪帝重修改建后，才形成现在天坛公园的格局。

在明朝初年，天与地原是合并一起祭祀，南北的郊坛都一样，设祭的地方名叫大祀殿，是方形十一间的建筑物。明朝嘉靖九年（1530 年）改为天地分祀，在天坛建圜丘坛，专用来祭天，另在北郊建方泽坛祭地，原来合祀天地的大祀殿，逐渐废而不用。嘉靖十九年（1540 年），又将原大祀殿改为大享殿，圆形建筑从此开始。

明永乐以后，每年冬至、正月上辛日和孟夏（夏季的首月），帝王们都要来天坛举行祭天和祈谷的仪式。如果遇上少雨的年份，还会在圜丘坛进行祈雨。在祭祀前，通常需要斋戒。祭祀时，除了献上供品，皇帝也要率领文武百官朝拜祷告，以祈求上苍的垂怜施恩。

天坛祈年殿内景

清廷入关后，一切仍按明朝旧制。乾隆时期，国力富强，天坛也大兴工程。乾隆十二年（1747 年），皇帝决定将天坛内外墙垣重建，改土墙为城砖包砌，中部到顶部包砌两层城砖。内坛墙的墙顶宽度缩减为营造四尺八寸，不用檐柱，成为没有廊柱的悬檐走廊。经过改建的天坛内外坛墙，更加厚重，周延十余里，成为极壮丽的景观。天坛的主要建筑祈年殿、皇穹宇、圜丘等也均在此时改建，并一直留存至今。

天坛还处处展示着中国传统文化所特有的寓意、象征的表现手法。北圆南方的坛墙和圆形建筑搭配方形外墙的设计，都寓意着传统的“天圆地方”的宇宙观。而主要建筑上广泛地使用蓝色琉璃瓦，以及圜丘坛重视“阳数”、祈年殿按天象列柱等设计，也是这种表现手法的具体体现。

天坛皇穹宇大门

颐和园风光

## 北京颐和园

颐和园，原名清漪园，始建于清乾隆十五年（1737年），历时15年竣工，是清代北京著名的“三山五园”（香山静宜园、玉泉山静明园、万寿山清漪园、圆明园、畅春园）中最后建成的一座。第二次鸦片战争，英法联军火烧圆明园时遭严重破坏，佛香阁、排云殿、石舫洋楼等建筑被焚毁，长廊被烧得只剩十一间半，智慧海等耐火建筑内的珍宝佛像也被劫掠一空。

光绪十二年开始重建，光绪十四年，慈禧挪用海军军费（以海军军费的名义筹集经费）修复此园，改名为“颐和园”，其名为“颐养冲和”之义。关于挪用海军军费，经专家考证，一共挪用了七年，每年30万两，占全部修复费用的1/3以上。光绪二十一年（1895年）工程结束。

颐和园尽管大体上恢复了清漪园的景观，但在质量上有所下降，许多高层建筑由于经费的关系被迫变矮，尺寸也有所缩小。如文昌阁城楼从三层减为两层，乐寿堂从重檐改为单檐，不过也有加高的建筑，如大戏楼。苏州街被焚毁后再也没有恢复。由于慈禧偏爱苏式彩画，许多房屋亭廊的彩画也由和玺彩画变为苏式彩画，在细节上改变了清漪园的原貌。

颐和园成为晚清最高统治者在紫禁城之外最重要的政治和外交活动中心，是中国近代历史的重要见证，以及诸多重大历史事件的发生地。1898年，光绪帝曾在颐和园仁寿殿接

见维新思想家康有为，询问变法事宜；戊戌变法失败后，光绪被长期幽禁在园中的玉澜堂，颐和园也因此被后人称为最豪华的监狱。1900 年，颐和园又遭八国联军洗劫，翌年，慈禧从西安回到北京后，再次动用巨款修复此园。1924 年，颐和园辟为对外开放公园。

颐和园景区规模宏大，占地面积 29.7 万平方米，主要由万寿山和昆明湖两部分组成，其中水面占四分之三。园内建筑以佛香阁为中心，园中有景点建筑物百余座、大小院落 20 余处，3 555 个古建筑，面积 7 万多平方米，共有亭、台、楼、阁、廊、榭等不同形式的建筑 3 000 多间。古树名木 1 600 余株。其中佛香阁、长廊、石舫、苏州街、十七孔桥、谐

佛香阁

趣园、大戏台等都已成为家喻户晓的代表性建筑。颐和园集传统造园艺术之大成，万寿山、昆明湖构成其基本框架，借景周围的山水环境，饱含中国皇家园林的恢宏富丽气势，又充满自然之趣，高度体现了“虽由人作，宛自天开”的造园准则。颐和园亭台、长廊、殿堂、庙宇和小桥等人工景观与自然山峦和开阔的湖面相互和谐、艺术地融为一体，整个园林艺术构思巧妙，是集中国园林建筑艺术之大成的杰作，在中外园林艺术史上地位显著。

颐和园铜牛

园中主要景点大致分为三个区域：以庄重威严的仁寿殿为代表的政治活动区，是清朝末期慈禧与光绪从事内政外交政治活动的主要场所。以乐寿堂、玉澜堂、宜芸馆等庭院为代表的生活区，是慈禧、光绪及后妃居住的地方。以万寿山和昆明湖等组成的风景游览区，也可分为万寿前山、昆明湖、后山后湖三部分。以长廊沿线、后山、西区组成

颐和园十七孔桥

的广大区域，是供帝后们澄怀散志、休闲娱乐的苑园游览区。前山以佛香阁为中心，组成巨大的主体建筑群。万寿山南麓的中轴线上，金碧辉煌的佛香阁、排云殿建筑群起自湖岸边的云辉玉宇牌楼，经排云门、二宫门、排云殿、德辉殿、佛香阁，终至山巅的智慧海，重廊复殿，层叠上升，贯穿青琐，气势磅礴。巍峨高耸的佛香阁八面三层，踞山面湖，统领全园。碧波荡漾的昆明湖平铺在万寿山南麓，约占全园面积的3/4。昆明湖中，宏大的十七孔桥如长虹偃月倒映水面，湖中有一座南湖岛，通过十七孔桥和岸上相连。蜿蜒曲折的西堤犹如一条翠绿的飘带，萦带南北，横绝天汉，堤上六桥，婀娜多姿，形态各异。涵虚堂、藻鉴堂、治镜阁三座岛屿鼎足而立，寓意着神话传说中的“海上仙山”。乾隆皇帝曾在此阅看耕织图画，极具水乡村野情趣。与前湖一水相通的苏州街，酒幌临风，店肆熙攘，仿佛置身于二百多年前的皇家买卖街，谐趣园则曲水复廊，足谐其趣。在昆明湖湖畔，还有著名的石舫，惟妙惟肖的铜牛，赏春观景的知春亭等景点建筑。后山后湖碧水潆回，古松参天，环境清幽。

1998年12月2日，颐和园以其丰厚的历史文化积淀，优美的自然环境景观，卓越的保护管理工作被联合国教科文组织列入《世界文化及自然遗产保护名录》，誉为世界几大文明之一的有力象征。颐和园于1987年被批准为世界文化遗产。世界遗产委员会评价：北京颐和园，始建于1750年，1860年在战火中严重损毁，1886年在原址上重新进行了修缮。其亭台、长廊、殿堂、庙宇和小桥等人工景观与自然山峦和开阔的湖面相互和谐、艺术地融为一体，堪称中国风景园林设计中的杰作。

## 北京圆明园

圆明园在北京西北郊，是一座举世闻名的皇家园林。它由圆明园、绮春园和长春园组成，所以也叫圆明三园。此外，还有许多小园，分布在圆明园东、西、南三面。众星拱月般环绕在圆明园周围。圆明园是清代著名的皇家园林之一。圆明园占地350公顷，其中水面面积约140公顷，圆明园的陆上建筑面积比故宫还多一万平方米，水域面积又等于一个颐和园，总面积竟等于8.5个紫禁城！

圆明园最初是康熙皇帝赐给皇四子胤禛（即后来的雍正皇帝）的花园。雍正皇帝崇信佛教，号“圆明居士”，并对佛法有很深的研究。著有《御选语录》19 卷和《御制拣魔辨异录》。在清初的佛教宗派格局中，雍正皇帝以禅门宗匠自居，并以“天下主”的身份对佛教施以影响，努力提倡“三教合一”和“禅净合一”，是佛教发展史上非常重要的人物。康熙皇帝在把园林赐给胤禛（后为雍正皇帝）时，亲题园名为“圆明园”正是取意于雍正的法号“圆明”。在康熙四十六年（1707 年）时，园已初具规模。同年十一月，康熙皇帝曾亲临圆明园游赏。雍正皇帝于 1723 年即位后，拓展原赐园，并在园南增建了正大光明殿和勤政殿以及内阁、六部、军机处诸值房，御以“避喧听政”。乾隆皇帝在位 60 年，对圆明园岁岁营构，日日修华，浚水移石，费银千万。他除了对圆明园进行局部增建、改建之外，还在紧东邻新建了长春园，在东南邻并入了绮春园。至乾隆三十五年（1770 年），圆明三园的格局基本形成。嘉庆时，主要对绮春园进行修缮和拓建，使之成为主要园居场所之一。道光时，国事日衰，财力不足，但宁撤万寿、香山、玉泉“三山”的陈设，罢热河避暑与木兰狩猎，仍不放弃圆明三园的改建和装饰。

圆明园大水法遗址

清王朝倾全国物力，集无数精工巧匠，填湖堆山，种植奇花异木，集国内外名胜40景，建成大型建筑物145处，内收难以计数的艺术珍品和图书文物。在这些建筑中，除具有中国风格的庭院外，长春园内还有海晏堂、远瀛观等西洋风格的建筑群。圆明园，曾以其宏大的地域规模、杰出的营造技艺、精美的建筑景群、丰富的文化收藏和博大精深的民族文化内涵而享誉于世，被誉为“一切造园艺术的典范”和“万园之园”。

圆明园的荷花

圆明园里的黑天鹅

1860年10月6日英法联军洗劫圆明园，文物被劫掠，10月18日至19日，三千多名侵略者闯入院内，将园中的建筑物烧毁。1900年八国联军入侵北京烧杀掳掠，慈禧太后挟光绪皇帝逃奔西安，八旗兵丁、土匪地痞即趁火打劫把园内残存和陆续基本修复的共约近百座建筑物拆抢一空，使圆明园的建筑和古树名木遭到彻底毁灭。其后，圆明园的遗物，又长期遭到官僚、军阀、奸商巧取豪夺，乃至政府当局的有组织地损毁。北洋政府的权贵们包括某些对圆明园遗址负有保护责任者，都倚仗权势，纷纷从圆明园内运走石雕、太湖石等，以修其园宅。曾经奇迹和神话般的圆明园变成一片废墟，只剩断垣残壁，供游人凭吊。

圆明园，诞生在康熙年间，成长于雍正王朝，风华在乾隆盛世。它继承了中国三千多年的优秀造园传统，既有宫廷建筑的雍容华贵，又有江南水乡园林的温婉多姿，同时，又汲取了欧洲的园林建筑形式，把不同风格的园林建筑融为一体，在整体布局上使人感到和谐完美，真可谓“虽由人作，宛自天开”。圆明园有著名风景四十处，其传奇与神圣，宏伟与壮观之处是用文字与画笔都无法描述的。圆明园不仅以园林著称，而且也是一座收藏相当丰富的皇家博物馆。法国大作家雨果曾说：“即使把我国所有博物馆的全部宝物加在一起，也不能同这个规模宏大而富丽堂皇的东方博物馆媲美。”园内各殿堂内装饰有难以计数的紫檀木家具，陈列有许多国内外稀世文物。园中文源阁是全国四大皇家藏书楼之一。园中还藏有《四库全书》《古今图书集成》《四库全书荟要》等珍贵图书文物。

十二生肖铜兽首——牛

圆明园秋色

# 北京明十三陵

明十三陵

明十三陵，坐落于天寿山麓，距离北京市区约50千米。陵区周围群山环抱，中部为平原，陵前有小河曲折蜿蜒，山明水秀，景色宜人。十三座皇陵均依山而筑，分别建在东、西、北三面的山麓上，形成了体系完整、规模宏大、气势磅礴的陵寝建筑群。明代术士认为，这里是“风水”胜境，绝佳“吉壤”。因此被明朝选为营建皇陵的“万年寿域”。该陵园建于1409年，距今已有600多年历史。陵区占地面积达40平方千米，共埋葬了十三位皇帝、二十三位皇后、两位太子、三十余名妃嫔和一位太监，是中国乃至世界现存规模最大、帝后陵寝最多的一处皇陵建筑群。

十三陵其山属太行余脉，西通居庸，北通黄花镇，南向昌平州，不仅是陵寝之屏障，实乃京师之北屏。太行山起泽州，蜿蜒绵亘向北至居庸关，千峰矗立盘曲而东，拔地而起为天寿山（原名黄土山）。山崇高正大，雄伟宽宏，主势强力。明末清初著名学者顾炎武曾写诗描述这里的优胜形势：“群山自南来，势若蛟龙翔；东趾踞卢龙，西脊驰太行；后尻坐黄花（指黄花镇），前面临神京；中有万年宅，名曰康家庄；可容百万人，豁然开明堂。”这一优美的自然景观被封建统治者视为风水宝地。

明十三陵是明朝迁都北京后13位皇帝陵墓的皇家陵寝的总称，依次建有长陵（成祖）、献陵（仁宗）、景陵（宣宗）、裕陵（英宗）、茂陵（宪宗）、泰陵（孝宗）、康陵（武宗）、永陵（世宗）、昭陵（穆宗）、定陵（神宗）、庆陵（光宗）、德陵（熹宗）、思陵（思宗），故称十三陵。

明朝十六帝，为什么叫十三陵呢？这要追溯一下明朝的历史。明朝开国皇帝朱元璋，建都于南京，死后葬于南京钟山之阳称“明孝陵”。第二帝朱允炆（建文帝）因其叔父朱棣以“靖难”（为皇帝解除危难）为名发兵打到南京，建文帝不知所终，有人说出家当了和尚，总之是下落不明（这在明朝历史上是一个悬案），所以没有陵墓。第七帝朱祁钰，因其兄英宗皇帝被瓦剌所俘，宫中无主，在太后和大臣的旨意下继了帝位。后英宗被放回，在心腹党羽的策划下，搞了一场“夺门之变”，英宗复辟，又做了皇帝。朱祁钰被害死，英宗不承认他是皇帝，将其在天寿山区域内修建的陵墓也给捣毁了，而以“王”的身份将他葬于北京西郊玉泉山。这样，明朝十六帝有两位葬在别处，一位下落不明，其余十三位都葬在天寿山，所以称“明十三陵”。

明十三陵，既是一个统一的整体，各陵又自成一个独立的单位，陵墓规格大同小异。每座陵墓分别建于一座山前。陵与陵之间少则半公里，多则八公里。除思陵偏居西南一隅外，其余均成扇面形分列于长陵左右。在中国传统风水学说的指导下，十三陵从选址到规划设计，都十分注重陵寝建筑与大自然山川、水流和植被的和谐统一，追求形同“天造地设”的完美境界，用以体现“天人合一”的哲学观点。明十三陵作为中国古代帝陵的杰出代表，展示了中国传统文化的丰富内涵。

十三陵神道碑亭

神路由石牌坊、大红门、碑楼、石像生、龙凤门等组成。

明十三陵神路

石牌坊为陵区前的第一座建筑物，建于嘉靖十九年（1540 年）。牌坊结构为五楹、六柱、十一楼，全部用汉白玉雕砌，在额枋和柱石的上下，刻有龙、云图纹及麒麟、狮子等浮雕。这些图纹上原来曾饰有各色彩漆，因年代久远，现已剥蚀净尽。整个牌坊结构恢宏，雕刻精美，反映了明代石质建筑工艺的卓越水平。

明长陵，位于天寿山主峰南麓，是明朝第三位皇帝成祖文皇帝朱棣（年号永乐）和皇后徐氏的合葬陵寝。在十三陵中建筑规模最大，营建时间最早，地面建筑也保存得最为完好。它是十三陵中的祖陵。

长陵的陵宫建筑，占地约12万平方米。其平面布局呈前方后圆形状。其前面的方形部分，由前后相连的三进院落组成。第一进院落，前设陵门一座。其制为单檐歇山顶的宫门式建筑，面阔显五间，檐下额枋、飞子、檐椽及单昂三踩式斗拱均系琉璃构件；其下辟有三个红券门。陵门之前建有月台，左右建有随墙式角门（已拆除并封塞）。院内，明朝时建有神厨（居左）、神库（居右）各五间，神厨之前建有碑亭一座。神厨、神库均毁于清代中期，碑亭则保存至今。

明定陵，是明代第十三帝神宗显皇帝朱翊钧（年号万历）的陵墓。这里还葬有他的两个皇后。该陵坐落在大峪山下，位于长陵西南方，建于万历十二年至万历十八年（1584—1590年）。主要建筑有祾恩门、祾恩殿、宝城、明楼和地下宫殿等。占地18.2万平方米。它是十三陵中唯一一座被发掘了的陵墓。定陵地宫可供游人参观。新中国成立后，为进行历史科学研究，试掘了定陵。墓中有各种珍贵物品三千余件。

十三陵定陵

明昭陵，位于大峪山东麓，是明朝第十二帝穆宗庄皇帝朱载垕（年号隆庆）及其三位皇后的合葬陵寝。昭陵是目前十三陵中第一座大规模复原修葺的陵园，也是陵区正式开放的旅游景点之一。昭陵陵园建筑面积为3.5万平方米，现存有完整的祾恩门、祾恩殿及其东西配殿和方城、明楼、宝顶等。

明永陵，位于阳翠岭南麓，是明朝第十一帝世宗肃皇帝朱厚熜（年号嘉靖）及陈氏、方氏、杜氏三位皇后的合葬陵寝。

明献陵，位于天寿山西峰之下，是明朝第四帝仁宗昭皇帝朱高炽（年号洪熙）和皇后张氏的陵寝。献陵的营建是在仁宗死后开始的。建成后的献陵，陵寝制度确实比较俭朴。

明庆陵，位于北京昌平天寿山陵内黄山寺二岭南麓，是明朝第十四帝光宗贞皇帝朱常洛（年号泰昌）和皇后郭氏、王氏、刘氏的合葬陵寝。

明茂陵，位于裕陵右侧的聚宝山下，是明朝第八帝宪宗纯皇帝朱见深（年号成化）和王氏、纪氏、邵氏三位皇后的合葬陵寝。茂陵的建筑在清初时保存尚好，而且祾恩殿内的陈设也保存较多。

明康陵，位于金岭（又名莲花山或八宝莲花山）东麓，是明朝第十帝武宗毅皇帝朱厚照（年号正德）和皇后夏氏的合葬陵寝。建陵用时一年，总体布局沿袭前制，呈前方后圆

明十三陵康陵

形状。该陵建于正德十六年（1521年），占地2.7万平方米。明末，康陵曾遭到烧毁，在清朝乾隆年间，曾被整修。

明十三陵内图画

明景陵，位于天寿山东峰下，是明朝第五帝宣宗章皇帝朱瞻基（年号宣德）与皇后孙氏的合葬陵寝。

明泰陵，位于笔架山东南麓，这里又称“施家台”或“史家山”，是明朝第九帝孝宗敬皇帝朱祐樘（年号弘治）及皇后张氏的合葬陵寝。

明德陵，位于潭峪岭西麓，是明朝第十五帝熹宗折皇帝朱由校（年号天启）和皇后张氏的合葬陵寝。

明裕陵，位于天寿山西峰石门山南麓，是明朝第六位皇帝英宗朱祁镇和皇后钱氏、周氏的合葬陵寝。

明思陵，位于陵区西南隅的鹿马山（又名锦屏山或锦壁山）南麓，是明朝最后一帝朱由检（年号崇祯）及皇后周氏、皇贵妃田氏的合葬陵墓。清朝入主中原后，为收买人心，笼络汉族地主阶级为清廷效力，始将这座葬有崇祯帝后的妃子坟命名为“思陵”，并改葬崇祯帝后，营建了地上园寝建筑。

1957年北京市人民政府公布十三陵为北京市第一批重点古建文物保护单位。1961年十三陵被公布为全国重点文物保护单位。1982年中华人民共和国国务院公布八达岭—十三陵风景区为全国44个重点风景名胜保护区之一。1995年12月明十三陵博物馆成立。2003年7月3日明十三陵列入联合国《世界遗产名录》。世界遗产委员会评价：明清皇家陵寝依照风水理论，精心选址，将数量众多的建筑物巧妙地安置于地下。它是人类改变自然的产物，体现了传统的建筑和装饰思想，阐释了封建中国持续五千余年的世界观与权力观。

目前景区已开放景点有长陵、昭陵、定陵、神路，2011年，国家旅游局批准明十三陵景区为国家5A级旅游景区。

# 山西显通寺

台怀镇的大显通寺是五台山第一大庙，始建于东汉时期，它是中国最早的佛寺之一。东汉永平十一年，汉明帝从西域请来印度僧人摄摩腾和竺法兰，在京都洛阳建白马寺；这是中国建佛寺的开端。这一年，摄摩腾和竺法兰来到五台山，法眼识圣地，立即看中五台山的风水，并奏明汉明帝在这里破土建庙，揭开了五台佛国历史的第一页。

他们之所以选中五台山，也是事出有因的，其一，当时五台山叫清凉山，佛经《华严经》里说，东方清凉山是文殊菩萨的道场，有案可据；其二，两位高僧看了五台山的地形，觉得与印度灵鹫峰极似，灵鹫峰又是释迦牟尼向弟子讲经的地方；其三，据说在两位高僧来以前，五台山已有一座佛塔。于是，五台佛国的奠基石——五台山第一座寺庙大孚灵鹫寺（今显通寺）就这样建立起来了，连那座山也称作灵鹫峰了。

五台山显通寺牌楼

显通寺建筑群

北魏孝文帝时曾扩建，因寺侧有一大花园，赐名花园寺；唐武则天时曾改称大华严寺；明太祖重修，赐额“大显通寺”；清又重修，形成今日规模。寺宇面积8万平方米，各种建筑四百余间，中轴线殿宇七座，无一协同。两厢配殿严整齐备，斋堂禅院完好无损，其中铜殿三间，铸造精巧。柱额花纹，格扇棂花，全以铜铸勾勒而成。铜塔两座，高8米，形制秀美。门前钟楼，雄伟壮观，内悬万斤铜钟，击声可及全山。砖构无量殿，宽七间深四间，重檐檐山顶，规模宏伟，砖雕精致，内供无量寿佛，上部藻井，华严经字塔及各种供器，均为有价值的历史遗物。在五台山诸寺中，显通寺规模最大，历史最古，俗称“祖寺”，朝山礼佛者，必先拜谒显通寺。

长期以来，在五台山寺庙群中显通寺之所以特别引人注目，除了它历史悠久、香火旺盛外，寺内珍藏着许多历史上遗留下来的珍贵文物，也是一个重要原因。比如，在挂着“大显通寺”匾额的山门外两侧，各有一座石碑，石碑上模仿龙形和虎形，分别写着“龙”、“虎”两个大字。寺庙中用龙虎把守大门，甚为奇特。而这两座石碑又是唐代的遗物，弥足珍贵。在大文殊殿前有两座碑亭，亭内的石碑也比较特殊，一座是无字碑，一座是有字碑，有字碑是清朝康熙皇帝的御笔。藏经楼内，收藏的各种文物那就更多了。在这里，有北魏时期铜铸的旃檀佛像，有北宋开宝年间刊刻的《雷峰塔藏经》，有明代人绘制在菩提树叶上的十八罗汉像，有杨五郎使用过的兵器——八十一斤重的铁棍……然而，在显通寺内最珍贵也是最值得一看的文物，却是千钵文殊铜像、铜殿和铜塔、无量殿、华严经字塔和重达九千九百九十九斤半的大铜钟。

显通寺两厢配殿严整齐备，斋堂禅院完好无损。其中两座高达 8 米的铜塔，造型显得格外秀美。在西塔下层有个拇指大小的小庙，庙内端坐着一位土地菩萨。相传康熙帝来五台山时，土地菩萨猛然发话，向皇帝问安。康熙皇帝闻声回顾，周围并不见人。费了一番工夫，康熙终于找到了他，不禁笑道："好大的土地！"小土地十分高兴，急忙跪地道谢说："谢主隆恩！"别看小土地身材不大，却从此在五台山享有了鼎鼎大名，并不时引来众多的游客前来光顾。显通寺山门外的钟楼，与其他寺庙里的钟楼类似，从外观上看并没有什么特别之处，但是它里面悬挂的一口幽冥铜钟，却实在不一般。这口钟铸造于明朝天启年间，重达九千九百九十九斤半。撞击一下，声音可以传到五公里之外。清末以来，显通寺屡遭战乱破坏，变得残破不堪。新中国成立以后，国家陆续拨款，进行大规模修葺，现在面貌已为之一新。

显通寺雪景

# 陕西西安秦始皇陵

秦始皇陵，为中国历史上第一位皇帝——秦始皇嬴政的陵墓，是世界第八大奇迹，国家重点文物保护单位。秦始皇陵位于陕西省西安市临潼区骊山脚下。据史书记载，秦始皇嬴政从 13 岁即位时就开始营建陵园，由丞相李斯主持规划设计，大将章邯监工，修筑时间长达 38 年，工程之浩大、气魄之宏伟，创历代封建统治者奢侈厚葬之先例。现存陵冢高 76 米，陵园布置仿秦都咸阳，分内外两城，内城周长 2.5 千米，外城周长 6.3 千米。陵冢位于内城西南，坐西面东，放置棺椁和陪葬器物的地方，为秦始皇陵建筑群的核心，目前尚未发掘。

秦始皇陵是中国历史上第一个皇帝陵园，其巨大的规模、丰富的陪葬物居历代帝王陵之首。陵园按照秦始皇死后照样享受荣华富贵的原则，仿照秦国都城咸阳的布局建造，大体呈回字形。陵区内探明的大型地面建筑为寝殿、便殿、园寺吏舍等遗址。据史载，秦始皇陵陵区分陵园区和从葬区两部分。陵园占地近 800 万平方米，建内、外城两重，封土呈四方锥形。秦始皇陵的封土形成了三级阶梯，状呈覆斗，底部近似方形，底面积约 25 万平方米，高 115 米，但由于经历两千多年的风雨侵蚀和人为破坏，现封土的面积

西安秦始皇陵博物馆

约为 12 万平方米，高度为 87 米（另一资料：陵园初高 120 米，“高大若山”，后经风化侵蚀及人为破坏，降低了 40 多米）。整座陵区总面积为 5 625 万平方米。建筑材料是从湖北、四川等地运来的。为了防止河流冲刷陵墓，秦始皇还下令将南北向的水流改成东西向。

秦始皇陵是中国第一座皇家陵园，在中国近百座帝王陵墓中，以其规模宏大，埋藏丰富著称于世。1956 年陕西省人民政府公布其为省级重点文物保护单位，1961 年，被中华人民共和国国务院公布为第一批重点文物保护单位，1987 年，联合国教育科学文化组织把秦始皇陵列入世界文化遗产保护名录，成为全人类共同的财富。2002 年秦始皇陵荣膺国家 4A 级旅游景区。

古埃及金字塔是世界上最大的地上王陵，中国秦始皇陵是世界上最大的地下皇陵。秦王朝是中国历史上辉煌的一页，秦始皇陵更集中了秦代文明的最高成就。

秦始皇把他生前的荣华富贵全部带入地下。秦始皇陵地下宫殿是陵墓建筑的核心部分，位于封土堆之下。《史记》记载：“穿三泉，下铜而致椁，宫观百官，奇器异怪徙藏满

秦始皇陵兵马俑

龙形青铜辕首饰

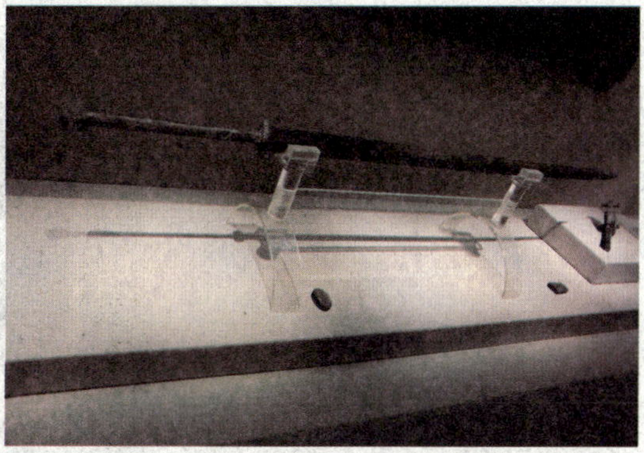

秦始皇陵出土铜剑

之。以水银为百川江河大海，机相灌输。上具天文，下具地理，以人鱼膏为烛，度不灭者久之。”

考古发现地宫面积约18万平方米，中心点的深度约30米。陵园以封土堆为中心，四周陪葬分布众多，内涵丰富、规模空前，除闻名遐迩的兵马俑陪葬坑、铜车马坑之外，又新发现了大型石质铠甲坑、百戏俑坑、文官俑坑以及陪葬墓等600余处，数十年来秦陵考古工作中出土的文物多达10万余件。在陵园里设立有多处文物展台，展示了秦陵近20年来出土的部分文物；布置有水道展区，重现当年陵园内科学周密的排水设施。相信随着考古工作的进展，肯定还会有更多的意想不到的发现。

秦始皇陵是中国历史上第一座帝王陵园，是我国劳动人民勤劳和聪明才智的结晶，也是一座历史文化宝库。

## 山西悬空寺

山西大同恒山悬空寺，悬挂在大同市北岳恒山金龙峡西侧翠屏峰的悬崖峭壁间，始建于北魏太和十五年（公元493年）。是国内现存的唯一的佛、道、儒三教合一的独特寺庙。始建初期，最高处的三教殿离地面90米，因历年河床淤积，现仅剩58米。1957年列为山西省重点文物保护单位，1982年，列入全国重点文物保护单位。整个寺院面朝恒山、背倚翠屏、上载危岩、下临深谷、楼阁悬空、结构巧奇。悬空寺共有殿阁四十间，利用力学原理半插飞梁为基，巧借岩石暗托，梁柱上下一体，廊栏左右相连，曲折出奇，虚实相生。

悬空寺建在崖壁上

悬空寺

寺内有铜、铁、石、泥佛像八十多尊，寺下岩石上“壮观”二字，是唐代诗仙李白的墨宝。古人云：“蜃楼疑海上，鸟道没云中。”明代大旅行家徐霞客叹其为“天下巨观”。全寺为木质框架式结构，仅152.5平方米的面积，建有大小房屋40间。悬空寺的总体布局有寺院、禅房、佛堂、三佛殿、太乙殿、关帝庙、鼓楼、钟楼、伽蓝殿、送子观音殿、地藏王菩萨殿、千手观音殿、释迦殿、雷音殿、三官殿、纯阳宫、栈道、三教殿、五佛殿等。

悬空寺内供奉的佛像

殿楼的分布都在对称中有变化，分散中有联络，曲折回环，虚实相生，小巧玲珑，空间丰富，层次多变，小中见大，不觉为弹丸之地，布局紧凑，错落相依，其布局既不同于平川寺院的中轴突出，左右对称，也不同于山地宫观依山势逐步升高的格局，均依崖壁凹凸，审形度势，顺其自然，凌空而构，看上去，层叠错落，变化微妙，使形体的组合和空间对比达到了井然有序的艺术效果。

远望悬空寺，像一幅玲珑剔透的浮雕，镶嵌在万仞峭壁间，近看悬空寺，大有凌空欲飞之势。登临悬空寺，攀悬梯，跨飞栈，穿石窟，钻天窗，走屋脊，步曲廊，几经周折，忽上忽下，左右回旋，仰视一线青天，俯首而视，峡水长流，叮咚成曲，如置身于九天宫阙，犹如腾云皈梦。

悬空寺不仅外貌惊险、奇特、壮观，建筑构造也颇具特色，形式丰富多彩，屋檐有单檐、重檐、三层檐，结桅构有抬梁结构、平顶结构、斗拱结构，屋顶有正脊、垂脊、戗脊、平脊。总体外观，巧构宏制，重重叠叠，造成一种窟中有楼，楼中有穴，半壁楼殿半壁窟，窟连殿，殿连楼的独特风格，它既融合了我国园林建筑艺术，又不失我国传统建筑的格局。

悬空寺内现存的各种铜铸、铁铸、泥塑、石刻造像中，不少风格、体例具有早时期的特点，是具有较高艺术价值的珍品。

悬空寺的建筑特色可以概括为“奇、悬、巧”三个字。

“悬”是悬空寺的一大特色，全寺共有殿阁40间，表面看上去支撑它们的是十几根碗口粗的木柱，其实有的木柱根本不受力，所以有人用“悬空寺，半天高，三根马尾空中吊”来形容悬空寺。而真正的重心撑在坚硬岩石里，利用力学原理半插飞梁为基。

值得称“奇”的是，建寺设计与选址，悬空寺处于深山峡谷的一个小盆地内，全身悬挂于石崖中间，石崖顶峰突出部分好像一把伞，使古寺免受雨水冲刷。山下的洪水泛滥时，也免于被淹。四周的大山也减少了阳光的照射时间。优越的地理位置是悬空寺能完好保存的重要原因之一。

悬空寺的“巧”体现在建寺时因地制宜，充分利用峭壁的自然状态布置和建造寺庙各部分建筑，将一般寺庙平面建筑的布局、形制等建造在立体的空间中，山门、钟鼓楼、大殿、配殿等都有，设计非常精巧。

朝拜者

## 应县佛宫寺释迦塔

应县佛宫寺局部

应县佛宫寺释迦塔位于山西省朔州市应县城内西北佛宫寺内，俗称应县木塔。建于辽清宁二年（1056 年），金明昌六年（1195 年）增修完毕。佛宫寺释迦塔整体比例适当，建筑宏伟，艺术精巧，外形稳重庄严，是我国现存最高最古的一座木构塔式建筑，也是唯一一座木结构楼阁式塔，为全国重点文物保护单位。

木塔位于寺南北中轴线上的山门与大殿之间，属于“前塔后殿”的布局。塔建造在四米高的台基上，塔高 67.31 米，底层直径 30.27 米，呈平面八角形。第一层立面重檐，以上各层均为单檐，共五层六檐，各层间夹设暗层，实为九层。因底层为重檐并有回廊，故塔的外观为六层屋檐。该塔身底层南北各开一门，二层以上周设平座栏杆，每层装有木质楼梯，游人逐级攀登，可达顶端。二至五层每层有四门，均设木隔扇，光线充足，出门凭栏远眺，远山近景尽收眼底，令人心旷神怡。

塔身构造是逐层立柱，柱间额贯联，纵横施以梁枋，其间有斗垫托，夹层撑设斜材，自下至上逐层叠架而成。各层均用内、外两圈木柱支撑，每层外有 24 根柱子，内有八根，木柱之间使用了许多斜撑、梁、枋和短柱，组成不同方向的复梁式木架。有人计算，整个木塔共用红松木料 3 000 立方米，约 2 600 多吨重。

每面分隔 3 间，有门额、立颊、地栿组成框架稳固柱身，围廊绕塔室形成八面排列的桁架。各层外檐柱上下之间的衔接，有斗和草承托，上层柱较下层柱向内收进半径，既可形成塔身外观轮廓收分的曲线美，又可保持上下层柱的稳定。塔身依其部位、结构和形状分类，达 54 种之多，可谓集中国古代建筑之大成。

塔身梁架是承重塔体荷载的骨架。1 ~ 4 层外槽用乳和草乳内外贯固，内槽南北向用

佛宫寺释迦塔

释迦塔前观音菩萨像

六椽两道，各角抹角一根，两根六椽之间用三缝足材枋相连，两六椽当心又施一单材枋顺连接。平座夹层外槽设承重枋和草乳直角相交，当心立柱，两向设有斜撑，枝樘固济。第5层梁架是塔顶结构，外槽有乳和草乳，上置方墩承平。内槽南北向用六椽和六椽草，其上方木墩垫架四椽、承椽枋、抹角和平梁，铸铁刹杆插入其中。六椽之间施八角攒尖藻井。

塔刹系铁铸部件组合而成。刹下砖砌莲台式基座。刹高9.91米，有仰莲、覆钵、相轮、露盘、仰月及宝珠等。8条铁链系于戗脊下端，久经风雨，完好无损。

塔内明层都有塑像，头层释迦佛高大肃穆，顶部穹窿藻井给人以天高莫测的感觉。头层内槽壁面有六尊如来画像，比例适度，色彩鲜艳，六尊如来顶部两侧的飞天，更是活泼丰满，神采奕奕，是壁画中少见的佳作。壁画中最引人注目的是一层内槽门额壁板上的三个女供养人，人物体态匀称，面容丰满，神情安详，衣着华丽。据有关专家考证，他们是倡建木塔的三位皇后，从左至右依次为：仁懿皇后萧挞里（小说里的萧太后）、宣懿皇后萧观音、钦爱皇后萧耨斤。二层由于八面来光，一主佛、两位菩萨和两位胁从排列，姿态生动。三层塑四方佛，面向四方。五层塑释迦坐像于中央、八大菩萨分坐八方。各佛像雕塑精细，各具情态，有较高的艺术价值。利用塔心无暗层的高大空间布置塑像，以增强佛像的庄严，是建筑结构与使用功能设计合理的典范。

塔顶作八角攒尖式，上立铁刹，制作精美，与塔协调，更使木塔宏伟壮观。塔每层檐下装有风铃，微风吹动，叮咚作响，十分悦耳。

应县木塔的设计，大胆继承了汉、唐以来富有民族特点的重楼形式，充分利用传统建筑技巧，广泛采用斗拱结构，全塔共用山西朔州应县木塔（局部）斗拱 54 种，每个斗拱都有一定的组合形式，有的将梁、坊、柱结成一个整体，每层都形成了一个八边形中空结构层。设计科学严密，构造完美，巧夺天工，是一座既有民族风格、民族特点，又符合宗教要求的建筑，在我国古代建筑艺术中可以说达到了最高水平，有较高的研究价值。

全塔高 67.31 米，约为底层直径的 2.2 倍，比例相当敦厚，虽高峻而不失凝重。各层塔檐基本平直，角翘十分平缓。平座以其水平方向与各层塔檐协调，与塔身对比；又以其材料、色彩和处理手法与塔檐对比，与塔身协调，是塔檐和塔身的必要过渡。平座、塔身、塔檐重叠而上，区隔分明，交代清晰，强调了节奏，丰富了轮廓线，也增加了横向线条。使高耸的大塔时时回顾大地，稳稳当当地坐落在大地上。底层的重檐处理更加强了全塔的稳定性。

应县木塔历经千年沧桑，遭受过无数的天灾人祸，居然能够“雷击不焚、强震不倒、战火不毁”。元代以后，应县曾发生过十余次较强的地震，其中六级以上就有三次，房毁人亡，木塔却安然无恙。1926 年军阀混战时，木塔中弹 200 余发，至今弹痕可见而它仍巍然屹立。木塔之所以寿命绵延，除其本身结构坚不可摧外，历代不断维修也是一个重要原因。据史料记载，历史上的大型维修共有六次。1974 年到 1982 年的大整修，先后补替更换了楼板、楼梯、围栏，加固二、三层大梁，归整加固了塔基，补塑了“文革”中被

应县佛宫寺释迦塔局部

毁坏的各层塑像，并油饰了外部所有的构件。

木塔自建成后，历代名人挂匾题联，寓意深刻，笔力遒劲，为木塔增色不少。其中：明成祖朱棣于永乐四年（1406年），率军北伐，驻宿应州，登城玩赏时亲题“峻极神功”；明武宗朱厚照正德三年（1508年）督大军在阳和（山西阳高县）、应州一带击败入侵的鞑靼小王子，登木塔宴请有功将官时，题“天下奇观”。塔内现存明清及民国匾、联54块。对联也有上乘之作，如“拔地擎天四面云山拱一柱，乘风步月万家烟火接云霄”、“点检透云霞西望雁门丹岫小，玲珑侵碧汉南瞻龙首翠峰低”。此外，与木塔齐名的是塔内发现了一批极为珍贵的辽代文物，尤其是辽刻彩印，填补了我国印刷史上的空白。文物中以经卷为数较多，有手抄本，有辽代木版印刷本，有的经卷长达30多米，实属国内罕见，为研究我国辽代政治、经济和文化提供了宝贵的实物资料。

塔内供奉着两颗为全世界佛教界尊崇的圣物佛牙舍利，它盛装在两座七宝供奉的银盒里，经考证确认为是释迦牟尼灵牙遗骨。

目前因为考量到木塔年代久远，为维护木塔完整性，只开放游客参观至二层。

## 敦煌莫高窟

敦煌莫高窟位于甘肃省敦煌市境内，俗称千佛洞。莫高窟始建于公元366年，一直到清代，时间长达1500多年。

据唐《李克让重修莫高窟佛龛碑》一书的记载，前秦建元二年（公元366年），僧人乐尊路经此山，忽见金光闪耀，如现万佛，于是便在岩壁上开凿了第一个洞窟。此后法良禅师等又继续在此建洞修禅，称为“漠高窟”，意为“沙漠的高处”。后世因“漠”与“莫”通用，便改称为“莫高窟”。另有一说为：佛家有言，修建佛洞功德无量，莫者，不可能、没有也，莫高窟的意思，就是说没有比修建佛窟更高的修为了。北魏、西魏和北周时，统治者崇信佛教，石窟建造得到王公贵族们的支持，发展较快。隋唐时期，随着丝绸之路的繁荣，莫高窟更是兴盛，在武则天时有洞窟千余个。安史之乱后，敦煌先后由吐蕃和归义军占领，但造像活动未受太大影响。北宋、西夏和元代，莫高窟渐趋衰落，仅以重修前朝

敦煌莫高窟局部 1

敦煌莫高窟局部 2

窟室为主，新建极少。元朝以后，随着丝绸之路的废弃，莫高窟也停止了兴建并逐渐湮没于荒漠中。直到清康熙四十年（1701 年）后，这里才重新让人注意。

莫高窟一直以精美的壁画和形象的塑像闻名于世，与龙门石窟、云冈石窟和麦积山石窟合称为中国四大石窟，于 1987 年被列为世界文化遗产。莫高窟现存北魏至元的洞窟 735 个，开凿在鸣沙山东麓断崖上，分为南北两区。南北长约 1 600 多米，上下排列五层、高低错落有致、鳞次栉比，形如蜂房鸽舍，壮观异常。南区是莫高窟的主体，为僧侣们从事宗教活动的场所，有 487 个洞窟，均有壁画或塑像。北区有 248 个洞窟，其中只有 5 个存在壁画或塑像，其他的都是僧侣修行、居住和亡后掩埋场所，有土炕、灶坑、烟道、壁龛、台灯等生活设施。两区共计 492 个洞窟存在壁画和塑像，有壁画 4.5 万平方米、泥质彩塑 2 415 尊、唐宋木构崖檐 5 个，以及数千块莲花柱石、铺地花砖等，是世界上现存规模最大、内容最丰富的佛教艺术圣地。

彩塑为敦煌艺术的主体，有佛像、菩萨像、弟子像以及天王、金刚、力士、神等。彩塑形式丰富多彩，有圆塑、浮塑、影塑、善业塑等。最高 34.5 米，最小仅 2 厘米左右（善业泥木石像），题材之丰富和手艺之高超，堪称佛教彩塑博物馆。17 窟唐代河西都统的肖像塑和塑像后绘有的持杖近侍等，都惟妙惟肖，把塑像与壁画结为一体，为我国最早的高僧写实真像之一，具有很高的历史和艺术价值。

莫高窟壁画绘于洞窟的四壁、窟顶和佛龛内，内容博大精深，主要有佛像、佛教故事、佛教史迹、经变、神怪、供养人、装饰图案等七类题材，此外还有很多表现当时狩猎、耕作、纺织、交通、战争、建设、舞蹈、婚丧嫁娶等社会生活各方面的画作。这些画有的雄浑宽广，有的鲜艳瑰丽，体现了不同时期的艺术风格和特色。莫高窟的壁画上，处处可见漫天飞舞的美丽飞天。飞天是侍奉佛陀和帝释天的神，能歌善舞。墙壁之上，飞天在无边无际的茫茫宇宙中飘舞，有的手捧莲蕾，直冲云霄；有的从空中俯冲下来，势若流星；有的穿过重楼高阁，宛如游龙；有的则随风漫卷，悠然自得。画家用那特有的蜿蜒曲折的长线、舒展和谐的意趣，呈献给人们一个优美而空灵的想象世界。

中国五代以前的画作已大都散失，莫高窟壁画为中国美术史研究提供了重要实物，也为研究中国古代风俗提供了极有价值的形象和图样。据计算，这些壁画若按 2 米高排列，

敦煌莫高窟的壁画 1

敦煌莫高窟的壁画 2

敦煌莫高窟的壁画 3

应县佛宫寺释迦塔局部

可排成长达 25 千米长的画廊。

1900 年，在莫高窟居住的道士王圆箓为了将已被遗弃许久的部分洞窟改建为道观，而进行大规模的清扫。当他在为第 16 窟（现编号）清除淤沙时，偶然发现了北侧甬道壁上的一个小门，打开后，出现一个长宽各 2.6 米、高 3 米的方形窟室（现编号为第 17 窟），内有从 4 世纪到 11 世纪（即十六国到北宋）的历代文书和纸画、绢画、刺绣等文物 5 万多件，这就是著名的“藏经洞”。

藏经洞的内壁绘菩提树、比丘尼等图像，中有一座禅床式低坛，上塑一位高僧洪辨的坐像，另有一石碑，似未完工。从洞中出土的文书来看，最晚的写于北宋年间，且不见西夏文字，因此可推断藏经洞是公元 11 世纪时，莫高窟的僧人们为躲避西夏军队，在准备逃难时所封闭的。

莫高窟藏经洞是中国考古史上的一次非常重大的发现，其出土文书多为写本，少量为刻本，汉文书写的约占六分之五，其他则为古代藏文、梵文、齐卢文、粟特文、和阗文、回鹘文、龟兹文等。文书内容主要是佛经，此外还有道经、儒家经典、小说、诗赋、史籍、地籍、账册、历本、契据、信札、状牒等，其中不少是孤本和绝本。这些对研究中国和中亚地区的历史，都具有重要的史料和科学价值，并由此形成了一门以研究藏经洞文书和敦煌石窟艺术为主的学科——敦煌学。

## 南京大报恩寺

大报恩寺位于南京中华门外雨花路东侧的秦淮河畔，传说是明朝永乐皇帝（朱棣）为纪念其惨死的生母贡妃而在 1412 年到 1431 年期间兴建的一组规模庞大，有如宫殿般金碧辉煌的建筑群。大报恩寺施工极其考究，完全是按照皇宫的标准来营建的。该寺的兴建过程历时 19 年，耗银 250 万两，征调工役 10 多万人。大报恩寺琉璃塔是金陵四十八景之一。明清时代，一些欧洲商人、游客和传教士来到南京，称之为“南京瓷塔”，并将它与罗马大斗兽场、比萨斜塔、中国万里长城等一道称之为中世纪世界七大奇迹。被西方人视为代表中国文化的标志性建筑之一。

2008 年 8 月 7 日，在南京大报恩寺铁函中发现了阿育王塔，震惊了世界。2008 年 11 月 22 日下午，鎏金七宝阿育王塔在瘗藏千年之后，被工作人员从铁函内“请出”，“塔王”重现世间。2010 年 6 月 12 日，南京大报恩寺七宝阿育王塔金棺银椁被打开，佛顶真骨盛世重光。

重建的金陵大报恩寺、琉璃塔，居文化风水之巅，稳重而不失纤秀，玲珑而不失庄严，矗立高台，倒映外秦淮河水，与明城墙、中华门相守，和雨花台相望，在消失 100 多年之后，浴火重生，走出历史封存的记忆，将再次成为南京历史文化名城的精神标志。

该寺自永乐十年（1412 年）十月十三日午时动工，按皇宫规制建造，由郑和与另一名太监汪福主持其事。在大报恩寺营造期间，正逢郑和连年出使海外，对这项巨大的建筑工程难以兼顾，以致工程进展缓慢。直到郑和担任南京守备，时常亲临现场督促指挥时，工程进度才加快，至宣德三年（1428 年）八月初一始告完成。

大报恩寺规模宏大，其范围东起今晨光机器厂，西至雨花路，南达雨花台，北抵秦淮河边。据有关史料统计，大报恩寺坐东向西，全寺整体建筑分为南北两大部分，寺庙主体部分（山门、佛殿、琉璃塔等）居北半部，附属部分（僧房、禅堂、藏经殿等）居南半部，南北两部分之间由围墙隔开。整座寺院以佛殿（即大雄宝殿，又称贡妃殿）、天王殿、宝塔为主体，包括金刚殿、观音殿、伽南殿、经藏殿、论藏殿、三藏殿、法堂、祖师堂、禅堂、经房、东西方丈及御亭、左右碑亭、画廊等 20 多座殿堂，其中画廊有 118 间，经房 38 间。大报恩寺及琉璃宝塔的建筑极其精美，集明代以前中国建筑艺术精华于一身，其中以大雄宝殿和四天王殿最为壮丽，下墙、石坛及栏杆，都用汉白玉石砌成，雕镂得非常别致。

该寺整个建筑群的施工也都十分精致，地基均用木炭垫底，其方法是先插木桩，然后纵火焚烧，化为木炭，再用重器夯砸结实，使地质不再迁变，能够承受重压；上面用朱砂覆盖，起到防潮杀虫的作用。位于大殿后的大报恩寺琉璃塔建造于永乐十年（1412 年），宣德三年（1428 年）竣工，九层八面，高达 78.2 米，甚至在数十里外的长江上也可望见。塔身白瓷贴面，拱门门框饰有狮子、白象、飞羊等佛教题材的五色琉璃砖。刹顶镶嵌金银珠宝。角梁下悬挂风铃 152 个，日夜作响，声闻数里。自建成之日起就点燃长明塔灯 144 盏，每天耗油 64 斤，昼夜通明，更显金碧辉煌。塔内壁布满佛龛。

夕阳下的大报恩寺塔

南京明城墙与大报恩寺塔

寺内还有当年郑和从海外带回来的五谷树供人们欣赏。五谷树不但结子如五谷，据说还可以验年岁丰歉。每当人们看到寺内的五谷树时，往往都会不自觉地追忆起郑和下西洋的壮举和其不平凡的一生。清陈文述在《五谷树诗》中咏道："楼船十万泰西回，此树曾随舶棹来。移植远从鹦鹉地，托根终傍凤凰台。种分萧寺双株老，花为丰年几度开。野史纷纷说三宝，貂珰亦自不凡才。"

明代初年至清代前期，大报恩寺琉璃宝塔作为南京最具特色的标志性建筑物，被称为"天下第一塔"，更有"中国之大古董，永乐之大窑器"之誉，是当时中外人士游历金陵的必到之处。

大报恩寺琉璃宝塔在南京的土地上屹立了近 400 年后，1856 年毁于太平天国战争中。在太平天国发生内乱的时候，由于担心石达开部队占据制高点向城内发炮，大报恩寺被北王韦昌辉下令炸毁，最后仅存一青铜色塔刹（19 世纪 30 年代后失踪）和 8 米高的石碑。

据史书记载，建造此塔烧制的琉璃瓦、琉璃构件和白瓷砖，都是一式三份，建塔用去一份，其余两份编号埋入地下，以备有缺损时，上报工部，照号配件修补。1958 年在眼香庙、芙蓉山、窟岗村一带出土的大批琉璃构件上多带有墨书的字号标记。构件现分藏于中国国家博物馆、南京博物院和南京市博物馆。

如果将大报恩寺比喻为一顶皇冠，那么琉璃塔无疑是这顶皇冠上最熠熠生辉的明珠，在它存在的400多年中，中国没有其他任何一座建筑可以与之比肩。当年，在南京城的任何一个地方，人们只要抬头南望，都能够看到它擎天巨柱般雄伟的身姿。建大报恩寺花了19年时间，而同时期工程量数倍于它的北京紫禁城，用时不过十三年半。大报恩寺工程如此费时，主要因为琉璃塔的建设难度极大，不得不屡屡延期。明成祖朱棣给琉璃塔御赐了"第一塔"的塔名，其特点可以归纳为"三绝"：

第一绝：巨构殊形，高耸云日。琉璃塔是有确切记载的中国古代最高的建筑之一。塔为八边形，共9层，通高78.02米，相当于26层楼房的高度。琉璃塔最顶部是用纯金制成的宝珠，直径约为4米，据说重达2 000余两，每层的檐角下都悬挂铜制的风铃，从上至下共152只，即使在微风之中，清脆的铃声也可声闻数里。

第二绝：通体琉璃，独步古今。琉璃塔的主体为砖砌，除了塔顶有一根"管心木"之外，整个建筑当中"不施寸木"。其内、外表层全部用各种造型、各种颜色的琉璃构件榫合而成。这种独特的装饰艺术让琉璃塔赢得了"中国之大古董，永乐之大窑器"的美誉。琉璃塔所用的各种琉璃构件几乎每件的形状、尺寸、颜色和纹饰都有差异，因而制作和烧制极为不易，这也是琉璃塔建设时间长的重要原因。据记载，当时每个构件都烧制了三套，一套当时安装，另两套藏于地下。

第三绝：长夜深沉，佛灯永明。每当暮色来临之时，琉璃塔上就会点燃144盏如火炬般明亮的油灯，彻夜不熄。无论是傍晚，还是黑夜；无论是在钟山脚下的丛林之中，还是大江之上的渔舟之内，人们都能够看见这座高塔上永不熄灭的灯光。九层琉璃塔的每一面墙壁之上，都有两扇窗户，共计144扇。这些窗户全部用磨制得极薄的蚌壳进行封闭，144盏油灯就分别安置在这些窗户之内。这些蚌壳制成的窗罩名叫"明瓦"，是平板玻璃引进之前中国最好的建筑采光材料。自宣德三年琉璃塔建成之日起，大报恩寺就安排了100名僧人轮流值班，负责给油灯添油、剪芯，擦拭明瓦，确保夜夜塔灯通明。在琉璃塔旁边，建造了一座油库，用于储存燃灯所需的灯油。根据一份明代官员向皇帝提交的账单记载，琉璃塔上每盏油灯每夜所需的灯油为六两四钱，整个琉璃塔每月所耗用的灯油总量为 1 530 斤。

大报恩寺还是明清中国佛经流通的中心。汉文佛典的总集——汉文佛教《大藏经》的编撰、雕刻、印刷，一直被视作至高无上、功德无量的盛事。明清两代，大报恩寺在这一领域拥有着独一无二的崇高地位。在明清出现的五部《大藏经》（其中官刻四部、民刻一部）中，有三部官刻与大报恩寺及其前身天禧寺有关。其中直接相关的为《初刻南藏》（以前称《洪武南藏》）、《永乐南藏》。而在北京雕刻的《永乐北藏》，不仅以《永乐南藏》为范本，而且其主持者有不少是来自大报恩寺。经版雕刻于大报恩寺并在该寺长期保存、印刷流传的《永乐南藏》，影响最大。可以说，自永乐十八年（1420 年）《永乐南藏》雕成以后，一直到清康熙年间，大报恩寺一直承担着全国绝大部分寺庙的印经任务，是中国佛经流通的绝对中心。《永乐南藏》到底印了多少部，现在已难以统计，不过，仅郑和就曾先后印造过 10 部《大藏经》，遍舍天下名刹。

大报恩寺琉璃塔在欧洲享有的盛誉，首先要归功于荷兰人约翰·尼霍夫（1618 年—1672 年）。1654 年，荷兰东印度公司董事会决定派一个使团到中国访问，并要求随团的素描画家把沿途可能见到的景象以及奇异的建筑物以它们本来的形象描绘下来，作为资料保

明代铁炮与大报恩寺塔

存。当时担任此职的正是约翰·尼霍夫。约翰·尼霍夫有关大报恩寺及其琉璃塔的描述虽然平实，但评价很高。不过，真正让大报恩寺琉璃塔名扬欧洲的，并不是这份报告，而是由约翰·尼霍夫之兄亨利·尼霍夫整理、编辑的《尼霍夫游记》。在尼霍夫游记中，南京大报恩寺琉璃塔已被称作可与“世界七大奇迹”相提并论的伟大建筑，其独特的造型和无与伦比的美丽，通过文字和版画，被大肆渲染和热烈推崇。

《尼霍夫游记》的出版和大量发行，使得大报恩寺塔成为最为欧洲人熟知的中国建筑。游记在1665年以法文出版后，激发了欧洲第一个中式建筑的灵感，这就是由路易十四授命，于1670年在凡尔赛建成的特列安农瓷宫。《尼霍夫游记》和插图，还被其他有关中国或亚洲的各类书籍不断引用或广泛改编。直到19世纪40年代，《尼霍夫游记》和插图仍是欧洲人了解中国的重要知识来源。

大报恩寺琉璃塔之所以在欧洲家喻户晓，还得益于文学等作品的宣传。1839年安徒生就在《天国花园》中提到：“我（东风）刚从中国来———我在瓷塔周围跳了一阵舞，把所有的钟都弄得叮当叮当地响起来！”这里的瓷塔，就是指大报恩寺琉璃塔。1841年，前来与清廷签订《南京条约》的英国“纳米昔斯号”军舰在抵达南京后，舰上英军纷纷上岸“游览”大报恩寺琉璃塔。1854年，美国驻华全权委员到达江宁（南京），其随员法斯等也慕名参观了大报恩寺琉璃塔。他们也许是最后一批见到该塔的外国人。尽管当时的琉璃塔已是面目全非，但法斯等人的描述仍充满着敬意：“面对这个巨大而无比壮丽的建筑物的毁灭和破坏，人们不免感到悲哀。”

## 西藏布达拉宫

布达拉宫位于西藏首府拉萨市区西北的红山上，占地面积13万多平方米，高110余米，东西长360多米，房屋数千间，俗称“第二普陀山”，是一座规模宏大的宫堡式建筑群。在当地信仰藏传佛教的人民心中，这座小山犹如观音菩萨居住的普陀山，因而用藏语称此为布达拉（普陀之意）。布达拉宫重重叠叠，迂回曲折，同山体融合在一起，高高耸立，壮观巍峨。宫墙红白相间，宫顶金碧辉煌，具有强烈的艺术感染力。

西藏布达拉宫

布达拉宫号称“世界屋脊上的明珠”，最初是松赞干布为迎娶文成公主而兴建的。它的宫殿布局、土木工程、金属冶炼、绘画、雕刻等方面均闻名于世，体现了以藏族为主，汉、蒙、满各族能工巧匠的高超技艺和藏族建筑艺术的伟大成就。

布达拉宫依山建造，由白宫、红宫两大部分和与之相配合的各种建筑所组成。众多的建筑虽属历代不同时期建造，但都十分巧妙地利用了山形地势修建，使整座宫寺建筑显得非常雄伟壮观，而又十分协调完整，在建筑艺术的美学成就上达到了无比的高度，构成了一项建筑创造的天才杰作。布达拉宫的建筑艺术，是数以千计的藏传佛教寺庙与宫殿相结合的建筑类型中最杰出的代表，在中国乃至世界上都是绝无仅有的例证。布达拉宫现存的设计、材料、工艺、布局等均保存自公元7世纪始建以来，历次重大增扩建和重建的原状，真实性很高。布达拉宫不仅在整体建筑上有着创造性的高度成就，而且它的各部分设计、艺术装饰（雕刻、彩画等）都达到很高的成就。17世纪重建后，布达拉宫成为历代达赖喇嘛的冬宫居所，也是西藏政教合一的统治中心。

现在，布达拉宫是拉萨的重要标志，每逢节日活动，宫门口都会挤满信仰藏传佛教的各民族佛教徒，成为著名佛教圣地。1961年，布达拉宫被中华人民共和国国务院公布为第一批全国重点文物保护单位之一。1994年，布达拉宫被列入《世界文化及自然遗产保护名录》。总体而言，它是拉萨城的标志，是西藏人民巨大创造力的象征，是西藏建筑艺术的珍贵财富，也是独一无二的雪域高原上的人类文化遗产。

布达拉宫的建造与吐蕃第三十二代赞普——松赞干布密不可分。相传1300年前的公元7世纪初，松赞干布迁都拉萨后，为迎娶唐朝的文成公主，特别在红山之上修建了共一千间宫殿的三座九层楼宇，取名叫布达拉宫。楼群一侧为藏王的寝宫，中间宫殿的顶部建有佛塔，另一侧是后宫。在后宫与中间宫殿之间架有四层楼高的铜铁铸空中廊桥。那时的布达拉宫外有三道围墙，最外一堵围墙直到今天北京路上的白塔处。宫殿的建筑均通体粉白，耸立在红山上显得圣洁而雄伟，藏民们都称之为“白色的宫殿”。

布达拉宫建筑总面积13万余平方米，主楼高117米，看似13层，实际9层。其中宫殿、灵塔殿、佛殿、经堂、僧舍、庭院等一应俱全，是当今世界上海拔最高、规模最大的宫殿式建筑群。

布达拉宫整体为石木结构，宫殿外墙厚达2～5米，基础直接埋入岩层。墙身全部用花岗岩砌筑，高达数十米，每隔一段距离，中间灌注铁汁，进行加固，提高了墙体抗震能力，使其坚固稳定。布达拉宫外观13层，高110米，自山脚向上，直至山顶。由东部的白宫（达赖喇嘛居住的地方），中部的红宫（佛殿及历代达赖喇嘛灵塔殿）组成。红宫前面有一白色高耸的墙面为晒佛台，在佛教的节日用来悬挂大幅佛像挂毯。布达拉宫的屋顶和窗檐是木质结构，飞檐外挑，屋角翘起，铜瓦鎏金，用鎏金经幢、宝瓶、摩羯鱼和金翅鸟做脊饰。闪亮的屋顶采用歇山式和攒尖式，具有汉代建筑风格。屋檐下的墙面装饰有鎏金铜饰，形象都是佛教法器式八宝，有浓重的藏传佛教色彩。宫殿的柱身和梁上布满了鲜艳的彩画和华丽的雕饰，宫殿内部廊道交错，殿堂杂陈，空间曲折莫测，置身其中，犹如步入神秘世界。

西藏朝拜布达拉宫的人群

布达拉宫局部

白宫是达赖喇嘛的冬宫，位于第四层中央的有寂圆满大殿（措庆夏司西平措），是布达拉宫最大的殿堂，面积 717 平方米，这里是达赖喇嘛进行坐床、亲政大典等重大宗教和政治活动的场所，也曾是原西藏地方政府的办事机构所在地，高七层。第五、六两层是摄政办公和生活用房等。最高处第七层是达赖喇嘛冬季的起居宫，由于这里终日阳光普照，故又称东西日光殿。

红宫主要是达赖喇嘛的灵塔殿和各类佛殿，共有 8 座，主要用于存放各世达赖喇嘛法体的灵塔，其中以五世达赖喇嘛灵塔为最大。西有寂圆满大殿（措达努司西平措），是五世达赖喇嘛灵塔殿的享堂，也是布达拉宫最大的殿堂，面积 725 平方米，内壁满绘壁画。其中，五世达赖喇嘛去京觐见清顺治皇帝的壁画是最著名的。殿内达赖喇嘛宝座上方高悬清乾隆皇帝御书“涌莲初地”匾额。法王洞（曲吉竹普）等部分建筑是吐蕃时期遗存的布达拉宫最早的建筑物，内有极为珍贵的松赞干布、文成公主、尺尊公主和禄东赞等人的塑像。殊胜三界殿，是红宫最高的殿堂。现供有清乾隆皇帝画像及十三世达赖喇嘛花费万余两白银铸成的一尊十一面观音像。十三世达赖喇嘛灵塔殿，是布达拉宫最晚的建筑，1933 年动工，历时 3 年建成。此外还有上师殿、菩提道次第殿、响铜殿、世袭殿等殿堂。

布达拉宫内部绘有大量的壁画，构成一座巨大的绘画艺术长廊，先后参加壁画绘制的有近二百人，前后用去十余年时间。壁画的题材有西藏佛教发展的历史，五世达赖喇嘛生平，文成公主进藏的过程，西藏古代建筑形象和大量佛像、金刚，是一部珍贵的历史画篆。布达拉宫各座殿堂中保存有大量的珍贵文物和佛教艺术品。五世达赖喇嘛的灵塔，坐落在灵塔殿中。塔高 14.85 米，是宫中最高的灵塔，塔身用黄金包裹，并嵌满各种珠宝玉石，建造耗费黄金 11 万两。其他几座灵塔虽不如达赖喇嘛灵塔高大，其外表的装饰同样使用大量黄金和珠宝，可谓价值连城。落拉康殿中有大型铜制坛城，坛城是佛教教义中世界构造的立体模型，也是佛居住、说法的讲坛。造型别致，装饰华丽。萨松郎杰殿中供奉有用藏、汉、满、蒙四种文字书写的康熙皇帝长命牌位和乾隆皇帝画轴，这些都表现了历代达赖同中央政府的隶属关系。在一些殿中还悬挂有清朝皇帝的匾额。此外，在达赖居住的宫殿中还有大量豪华的陈设、服饰。总之，整座布达拉宫堪称是一座建筑艺术与佛教艺术的博物馆，也是中华各民族团结和国家统一的铁证。

藏传佛教寺庙壁画

布达拉宫收藏和保存的大量的历史文物有佛塔、塑像、壁画、唐卡、经文典籍，还有表明历史上西藏地方政府与中央政府关系的明清两代皇帝封赐达赖喇嘛的金册、玉册、金印以及金银器、玉器、瓷器、珐琅和工艺珍玩等。

布达拉宫宫内除了收藏数以万计的大量的文物珍宝外，还有历代达赖喇嘛的灵塔，明清皇帝的敕书、印玺，各界赠送的印鉴、礼品、匾额和经卷，宫中自用的典籍、法器和供器等。其中如金汁书写的《甘珠尔》、《丹珠尔》（两者都是藏文的《大藏经》）、贝叶经《时轮注疏》、释迦牟尼指骨舍利、清朝皇帝御赐的金册金印等都堪称稀世珍宝，价值连城。

在丰富的藏品中，最重要的是安放历代达赖喇嘛遗体的灵塔。从五世到十三世，除了被革除教职的六世外，其余八位都建造了奢华的灵塔。这些灵塔大小有别，但形式相同，均由塔顶、塔瓶和塔座组成。塔顶一般十三阶，顶端镶以日月和火焰轮。塔瓶存放遗体，分成内外两间。外间设佛龛，供千手千眼观音像，内间一床一桌，床上安放达赖尸棺，书桌上放置达赖生前用过的一套法器和文房用品。所有灵塔都以金皮包裹、宝玉镶嵌，显得金碧辉煌。其中五世达赖的灵塔高达 14.85 米，当时为建造它，共花费白银 104 万两，并用去了 11 万两黄金和 15 000 多颗珍珠、玛瑙、宝石等。十三世达赖的灵塔也高达 14 米，用去了 1.9 万两黄金。还有五世达喇的灵塔里有一颗大象脑里生成的比大拇指还大的珍珠。

另外，布达拉宫所有宫殿、佛堂和走廊的墙壁上，都绘满了壁画，周围还有各种浮雕。壁画和雕塑大都绚丽多彩，题材主要有高原风景、历史传说、佛教故事和布达拉宫建造场面等，具有较高的历史和艺术价值。

布达拉宫始建于公元 7 世纪藏王松赞干布时期，距今已有 1300 年的历史。

公元 631 年（藏历铁兔年）布达拉宫由吐蕃松赞干布下令兴建。当时修建的宫殿有 999 间，再加上山上修行室共 1000 间，后因雷击和战乱受到了严重破坏。

1645 年（藏历木鸡年），五世达赖喇嘛为巩固政教合一的甘丹颇章地方政权，由第司索郎绕登主持，重建布达拉宫“白宫”及宫墙城门角楼等，并把政权机构由哲蚌寺迁来。

1690 年（藏历铁马年），第司桑杰嘉措为五世达赖喇嘛修建灵塔，扩建了“红宫”，1693 年（藏历水鸡年）工程竣工。以后历世达赖喇嘛又增建了五个金顶和一些附属建筑，特别是 1936 年（藏历火鼠年）十三世达赖喇嘛的灵塔殿建成后，形成了布达拉宫今日的规模。

1959 年，十四世达赖丹增嘉措离开西藏。此后，布达拉宫就不再是政治活动的场所，而只保留了宗教的功能。

1989 年至 1994 年国家投资人民币 5500 万元进行第一期抢险加固维修。

2002 年起又实施了投资 1.7 亿元的以基础地垄加固为主的二期维修。截至 2007 年 9 月，二期维修进展顺利，工程已完成总投资的 90%。布达拉宫主体古建筑地垄加固和红宫、白宫等 17 处古建筑维修已基本完成。

布达拉宫就它的布局、佛像、供物等，与西藏其他的寺庙并无差别，为什么称之为“宫”而不是“寺”呢？其实，这主要是由于当时的西藏还不是政教合一的社会，布达拉宫只是作为藏王的宫殿而存在，并无香火。自从五世达赖喇嘛受清顺治皇帝册封成为西藏政教首脑后，布达拉宫才正式拥有政权机关所在地和藏传佛教大活佛居所的双重身份。自此以后，布达拉宫也自然成为藏民顶礼膜拜、供奉香火的圣地。

## 河北赵州桥

赵州桥，又名安济桥（宋哲宗赐名，意为“安渡济民”）、大石桥，位于河北省石家庄赵县城南五里的洨河上。该桥建造于隋代开皇十五年（公元 595 年）至大业元年（公元 605 年），设计者是隋代杰出的工匠李春，距今已有约 1400 年的历史，是当今世界上现存最早和保存最完整的大跨度单孔敞肩坦弧石拱桥。

该桥结构坚固，雄伟壮观。全长 64.4 米，拱顶宽 9 米。大桥的设计完全合乎科学原理，施工技术堪称巧妙绝伦。唐代中书令（宰相）张嘉贞在《赵州大石桥铭》中说它“制造奇特，人不知其所为”。从整体来看，该桥是一座单拱桥。拱长达 37.02 米，在当时可算是世界

赵州桥

上最长的石拱。桥洞不是普通半圆形，而像一张弓，桥面平坦宽阔，成为“坦拱”，兼顾了水陆交通，方便了车马运行。这一石拱是由28道拱纵向并列砌成，每道拱可独立站稳，自成一体，既便于施工，又便于单独修补。这样大跨度的坦拱，对桥台水平推力很大，建造难度高。而桥台却是既浅又小的普通矩形，厚度仅1.549米，由五层排石垒成。其地基是承载力较小的亚黏土。在这样的地基上，用这样小的桥台建这样大跨度的石拱桥，在世界上是罕见的。唐朝的张鷟说，远望这座桥就像“初月出云，长虹饮涧”。

赵州桥是一件艺术珍品。它横跨河上，宛如一道长虹，气势雄伟。巨身空灵，线条明快，在恢宏之中，透出矫健、轻盈的美感。大桥顶部，雕塑了想象中的吸水兽，寄托了人们希望大桥不受水害、长存无疆的良好愿望；栏板上和望柱上雕刻着各式蛟龙、兽面、花饰、竹节等，其中尤以蛟龙最为精美。蛟龙或盘踞游戏，或登陆入水，变化多端，神态极为动人。雕作刀法遒劲有力，艺术风格新颖豪放。因此，可以说赵州桥是中国人民卓越智慧和创造力的伟大见证。

李春根据自己多年丰富的实践经验，经过严格的周密勘查、比较，选择了洨河两岸较为平直的地方建桥。这里的地层是由河水冲积而成，地层表面是久经水流冲刷的粗沙层，以下是细石、粗石、细沙和黏土层。根据现代测算，这里的地层每平方厘米能够承受4.5到6.6公斤的压力，而赵州桥对地面的压力为每平方厘米5～6公斤，能够满足大桥的要求。自建桥到现在，桥基仅下沉了5厘米，说明这里的地层非常适合于建桥。

李春像

李春就地取材，选用附近州县生产的质地坚硬的青灰色砂石作为建桥石料。在石拱砌置方法上，均采用了纵向（顺桥方向）

砌置方法，就是整个大桥是由28道各自独立的拱券沿宽度方向并列组合而成；拱厚皆为1.03米，每券各自独立、单独操作，相当灵活。每券砌完合拢后就成一道独立拱券，砌完一道拱券，移动承担重量的“鹰架”，再砌另一道相邻拱。这种砌法有很多优点，它既可以节省制作“鹰架”所用的木材，便于移动，同时又利于桥的维修，一道拱券的石块损坏了，只要嵌入新石，进行局部修整就行了，而不必对整个桥进行调整。

为了加强各道拱券间的横向联系，使28道拱组成一个有机整体，连接紧密牢固，李春采取了一系列技术措施。

首先，每一拱券采用了下宽上窄、略有“收分”的方法，使每个拱券向里倾斜，相互挤靠，增强其横向联系，以防止拱石向外倾倒；在桥的宽度上也采用了少量“收分”的办法，就是从桥的两端到桥顶逐渐收缩宽度，从最宽9.6米收缩到9米，以加强大桥的稳定性。

其次，在主券上均匀沿桥宽方向设置了5个铁拉杆，穿过28道拱券，每个拉杆的两端有半圆形杆头露在石外，以夹住28道拱券，增强其横向联系。在4个小拱上也各有一根铁拉杆起同样作用。

再次，在靠外侧的几道拱石上和两端小拱上盖有护拱石一层，以保护拱石；在护拱石的两侧设有勾石6块，勾住主拱石使其连接牢固。

最后，为了使相邻拱石紧紧贴合在一起，在两侧外券相邻拱石之间都穿有起连接作用的“腰铁”，各道券之间的相邻石块也都在拱背穿有“腰铁”，把拱石连锁起来。而且每块拱石的侧面都凿有细密斜纹，以增大摩擦力，加强各券横向联系。这些措施的采取使整个大桥连成一个紧密整体，增强了整个大桥的稳定性和可靠性。

赵州桥主拱由28道相互独立的拱券并列而成。建桥时先砌中间的，再砌两边的。每道拱券宽约35厘米，每石长度不同，自70厘米至于109厘米不等，各块条石之间用两个“腰铁”相连。每条拱券坏了可单独修理。因外侧的拱券易风化损坏，明代时桥西侧的5道拱券塌落，在明清时重修（没有修复记录，但可明显看出与中间的石料不同），1955年对东侧塌落的5道拱券进行了重修。中间18道拱券还是隋代建筑的。总体来看，它有以下几个特点：低拱脚，拱脚在河床下仅半米左右；浅桥基，桥基底面在拱脚下1.7米左右；短桥台，由上至下，用逐渐略有加厚的石条砌成5米长、6.7米宽、9.6米高的桥台。这是一个既经济又简单实用的桥台。

赵州桥采用圆弧拱形式，改变了中国大石桥多为半圆形拱的传统。中国古代石桥拱形大多为半圆形，这种形式比较优美、完整，但也存在两方面的缺陷：一是交通不便，半圆形桥拱用于跨度比较小的桥梁比较合适，而大跨度的桥梁选用半圆形拱，就会使拱顶很高，造成桥高坡陡、车马行人过桥非常不便。二是施工不利，半圆形拱砌石用的脚手架就会很高，增加施工的危险性。为此，李春和工匠们一起创造性地采用了圆弧拱形式，使石拱高度大大降低。赵州桥的主孔净跨度为37.02米，而拱高只有7.25米，拱高和跨度之比为1∶5左右，这样就实现了低桥面和大跨度的双重目的，桥面过渡平稳，车辆行人非常方便，而且还具有用料省、施工方便等优点。当然圆弧形拱对两端桥基的推力相应增大，需要对桥基的施工提出更高的要求。

李春对拱肩进行了重大改进，把以往桥梁建筑中采用的实肩拱改为敞肩拱，即在大拱两端各设两个小拱，靠近大拱脚的小拱净跨为3.8米，另一拱的净跨为2.8米。这种大拱加小拱的敞肩拱具有优异的技术性能，首先，可以增加泄洪能力，减轻洪水季节由于水量增加而产生的洪水对桥的冲击力。古代洨河每逢汛期，水势较大，对桥的泄洪能力是个考验，四个小拱就可以分担部分洪流。据计算四个小拱可增加过水面积16%左右，大大降低洪水对大桥的影响，提高大桥的安全性。其次，敞肩拱比实肩拱可节省大量土石材料，减轻桥身的自重。据计算四个小拱可以节省石料26立方米，减轻自身重量700吨，从而减少桥身对桥台和桥基的垂直压力和水平推力，增加桥梁的稳固。再次，增加了造型的优美，四个小拱均衡对称，大拱与小拱构成一幅完整的图画，显得更加轻巧秀丽，体现建筑和艺术的完整统一。最后，符合结构力学理论，敞肩拱式结构在承载时使桥梁处于有利的状况，可减少主拱圈的变形，提高了桥梁的承载力和稳定性。

我国古代的传统建筑方法，一般比较长的桥梁往往采用多孔形式，这样每孔的跨度小、坡度平缓，便于修建。但是多孔桥也有缺点，如桥墩多，既不利于舟船航行，又妨碍洪水宣泄；桥墩长期受水流冲击、侵蚀，天长日久容易塌毁。因此，李春在设计大桥的时候，采取了单孔长跨的形式，河心不立桥墩，使石拱跨径长达37米之多。这是中国桥梁史上的空前创举。

赵州桥自建成以来，共经历了10次水灾、8次战乱和多次地震，特别是1966年3月8日邢台发生7.6级地震，赵州桥距离震中只有40多公里，都没有被破坏。著名桥梁专家茅以升说，先不管桥的内部结构，仅就它能够存在1400多年就说明了一切。

赵州桥的设计构思和工艺的精巧，不仅在我国古桥是首屈一指，据世界桥梁的考证，像这样的敞肩拱桥，欧洲到19世纪中期才出现，比我国晚了一千二百多年。

赵州桥浮雕壁画

赵州桥的雕刻艺术，包括栏板、望柱和锁口石等，其上狮象龙兽形态逼真，琢工的精致秀丽，不愧为文物宝库中的艺术珍品。赵州桥的石拱桥建造技术在明朝时曾流传到日本等国，促进了与世界各国人民的文化交流并增进了友谊。

世界上有很多桥梁方面的专家都对赵州桥给予了很高的评价：

梁思成：“河北赵县安济桥……可称为中国工程界一绝。”

李约瑟：“在西方圆弧拱桥都被看作是伟大的杰作，而中国的杰出工匠李春，约在公元610年修筑了可与之辉映，甚至技艺更加超群的拱桥。”

桥梁专家福格·迈耶：“罗马拱桥属于巨大的砖石结构建筑……独特的中国拱桥是一种薄石壳体……中国拱桥建筑，最省材料，是理想的工程作品，满足了技术和工程双方面的要求。”

1961年3月4日中国国务院公布其为全国第一批重点文物保护单位；

1991 年美国土木工程师学会选定赵州桥为世界第十二处“国际土木工程历史古迹”，并赠牌纪念。

1999 年赵州桥被评定为省级爱国主义教育基地。

## 承德避暑山庄

承德避暑山庄是世界文化遗产和中国现存最大的古典皇家园林。曾是中国清朝皇帝的夏宫和处理政务的场所。承德避暑山庄位于承德市中心区以北，距离北京 180 千米。由皇帝宫室、皇家园林和宏伟壮观的寺庙群所组成，又名承德离宫或热河行宫。

承德避暑山庄的建设历经康熙、雍正、乾隆三朝，见证了我国最后一个王朝的辉煌与衰落，留下了许多重要遗迹和重要文物。这里发生的一系列重要事件以及遗留下来的重要遗迹和重要文物，成为中国多民族统一国家最后形成的历史见证。它同时还是帝王苑囿与皇家寺庙建筑经验的结晶，标志着中国古代造园与建筑艺术的巨大成就。

承德避暑山庄

承德避暑山庄烟雨楼

1961 年国务院将避暑山庄及周围寺庙中的普宁寺、普乐寺、普陀宗乘之庙、须弥福寿之庙列为第一批全国重点文物保护单位。从 1976 年到 2006 年，国务院先后批准实施了三个《避暑山庄外八庙十年整修规划》，明确了以“抢救和整修”为主的保护原则，国家和地方政府相继投入几亿元专项资金用于古建维修和园林整治，并投入大量资金用于文物保护区周围环境的综合整治。

承德避暑山庄与全国重点文物保护单位颐和园、拙政园、留园并称为中国四大名园。1994 年 12 月，避暑山庄及周围寺庙（热河行宫）被列入世界文化遗产名录。2007 年 5 月 8 八日，承德避暑山庄及周围寺庙景区经国家旅游局正式批准为国家 5A 级旅游景区。

避暑山庄分宫殿区、湖泊区、平原区、山峦区四大部分。宫殿区位于湖泊南岸，地形平坦，是皇帝处理朝政举行庆典和生活起居的地方，占地 10 万平方米，由正宫、松鹤斋、万壑松风和东宫四组建筑组成。湖泊区在宫殿区的北面，湖泊面积包括州岛约占 43 公顷，有 8 个小岛屿，将湖面分割成大小不同的区域，层次分明，洲岛错落，碧波荡漾，富有江南鱼米之乡的特色。东北角有清泉，即著名的热河泉。平原区位于山庄北部，占地 60.7 万平方米。平原区主要是一片片草地和树林。其中又分为西部草原和东部林地。草原以试马埭为主体，是皇帝举行赛马活动的场地。林地称万树园，是避暑山庄内重要的政治活动中心之一。当年，万树园园内有不同规格的蒙古包28座。其中最大的一座是御幄蒙古包，直径达7丈2尺，是皇帝的临时宫殿，乾隆经常在此召见少数民族的王公贵族、宗教首领和外国使节。万树园西侧为中国四大皇家藏书名阁之一的文津阁。另外还有永佑寺、春好轩、宿云檐等点缀在草原、林地之间。

在避暑山庄东面和北面的山麓，分布着宏伟壮观的寺庙群，这就是外八庙，其名称分别为：溥仁寺、溥善寺（已毁）、普乐寺、安远庙、普宁寺、须弥福寺之庙、普陀宗乘之庙、殊像寺。外八庙以汉式宫殿建筑为基调，吸收了蒙、藏、维等民族建筑艺术特征，创造了多样统一的寺庙建筑风格。这些建筑艺术形象既反映了民族团结，又起到了民族间建筑文化交流的作用。山庄周围寺庙，环山庄半圆建成，呈众星捧月之势，政治寓义十分明确。从收效看也确实是“一座喇嘛庙，胜抵十万兵”。

普宁寺位于承德市避暑山庄之北，因寺内有木雕大佛，又称大佛寺，建于清乾隆二十年至二十三年（1755—1758年）。此寺仿西藏三摩耶庙形式而建。按佛教教义关于世界构造的模型布局，中央的大乘阁象征须弥山，四周的殿宇象征四大部洲。全寺占地约2.3万平方米，主要建筑有钟鼓楼、碑亭、天王殿、大雄宝殿、大乘阁等。大乘阁高36.75米，外观六层重檐。阁内置木雕千手千眼观音贴金立像，高22.23米。用松柏榆杉椴五种木材

承德外八庙普乐寺

雕成，是国内现存的最大木雕佛像之一，已经被录入《吉尼斯大全》。佛像两侧有善财、龙女侍立，造型圆润。阁两侧有妙严室和讲经堂，分别是清帝听经和休憩之所。

在清代，每年的腊月二十五至二十七日、正月初八至十五日，普宁寺都要举办庙会，外八庙的喇嘛齐集于此，有佛教法舞表演，远近前来观看的乡民络绎不绝。

普乐寺位于避暑山庄东北，俗称圆亭子。建于清乾隆三十一年（1766 年），占地面积 2.4 万平方米，建筑布局分前后两部分。前部有山门、钟鼓楼、天王殿、宗印殿；后半部为坛城。在高大的石坛城上，建圆形旭光阁，重檐伞式攒尖黄琉璃瓦顶，阁中置一立体曼陀罗，内供铜欢喜佛。阁顶有圆形斗八藻井，内有二龙戏珠，制作精美，金碧辉煌。北阁与北京天坛祈年殿形制类似。

普陀宗乘之庙位于避暑山庄正北。普陀宗乘是藏语布达拉宫的汉译，故又称小布达拉宫。建于清乾隆三十二年（1767 年），历经 4 年完工，仿西藏布达拉宫形制，庙的建筑布局利用山势，自南而北层层升高。主要建筑有山门、碑亭、五塔门、琉璃牌坊、大红台、万法归一殿等。大红台为主体建筑，台高 42.5 米，宽 59.7 米。万法师一殿在大红台中部，重檐四角攒尖鎏金瓦顶。此庙是外八庙最大的一处，占地面积约 22 万平方米。庙内共有大小建筑约 60 处，多是平顶白墙。主体建筑大红台是一座暗红色的方形建筑，在周围白

承德普陀宗乘之庙（外八庙）局部

色楼宇的映衬下，非常抢眼。大红台中心的万法归一殿顶部全部被鎏金铜瓦所覆盖，仅此一项造价即是黄金万两，这里是举行重大的宗教仪式或清帝接见重要的少数民族部落首领及王公大臣们的场所。普陀宗乘之庙古木参天，环境清幽，景致殊佳，是外八庙中不可不游之处。

关帝庙俗称武庙，位于避暑山庄丽正门西南侧宫墙外20米处，始建于清雍正十年(1732年)，是中国唯一的皇家关帝庙。

关帝庙曾于乾隆二十五年扩建两侧跨院，乾隆四十三年重修，形成最后的格局，使这座寺庙更加符合皇家寺庙的建筑规模和等级。新庙落成，乾隆题御匾“忠仪伏魔”，立御碑二座，并亲自进庙拈香瞻礼。重修后的关帝庙气势更加宏伟辉煌、设置更加完备。自此，这里不仅是朝廷官员、各族首领和外国使者来热河点香礼佛重要庙宇，也是行辕之地。历时几百年的沧桑，关帝庙已成为残垣断壁。于2002年重建和修复大小殿宇20多间，恢复塑像40多尊，主要供奉关圣帝君，分别建有三清殿、财神殿、药王殿、圣母殿等。关帝庙内的两座御碑，均为英武岩石质，碑首四条蟠龙，龙头降于四角，碑首中刻有“御笔”，碑身雕刻十二条龙，双面文字，侧面雕刻海水江崖镶玉宝珠升龙一条。

山庄整体布局巧用地形，因山就势，分区明确，景色丰富，与其他园林相比，有其独特的风格。山庄宫殿区布局严谨，建筑朴素，苑景区自然野趣，宫殿与天然景观和谐地融为一体，达到了回归自然的境界。山庄融南北建筑艺术精华，园内建筑规模不大，殿宇和围墙多采用青砖灰瓦、原木本色，淡雅庄重，简朴适度，与京城的故宫，黄瓦红墙，描金彩绘，堂皇耀目呈明显对照。山庄的建筑既具有南方园林的风格、结构和工程做法，又多沿袭北方常用的手法，成为南北建筑艺术完美结合的典范。避暑山庄不同于其他的皇家园林，按照地形地貌特征进行选址和总体设计，完全借助于自然地势，因山就水，顺其自然，同时融南北造园艺术的精华于一身。它是中国园林史上一个辉煌的里程碑，是中国古典园林艺术的杰作，享有“中国地理形貌之缩影”和“中国古典园林之最高范例”的盛誉。

避暑山庄的营建，大至分为两个阶段。第一阶段：从康熙四十二年（1703年）至康熙五十二年（1713年），开拓湖区、筑洲岛、修堤岸，随之营建宫殿、亭树和宫墙，使山庄初具规模。康熙皇帝选园中佳景以四字为名题写了“三十六景”。康熙朝定名的 36 景是：烟波致爽、芝径云堤、无暑清凉、延薰山馆、水芳岩秀、万壑松风、松鹤清樾、云山胜地、四面云山、北枕双峰、西岭晨霞、锤峰落照、南山积雪、梨花伴月、曲水荷香、风泉清听、濠濮间想、天宇咸畅、暖流喧波、泉源石壁、青枫绿屿、莺啭乔木、香远益清、金莲映日、远近泉声、云帆月舫、芳渚临流、云容水态、澄泉绕石、澄波叠翠、石矶观鱼、镜水云岑、双湖夹镜、长虹饮练、甫田丛樾、水流云在。

第二阶段：从乾隆六年（1741 年）至乾隆十九年（1754 年），乾隆皇帝对避暑山庄进行了大规模扩建，增建宫殿和多处精巧的大型园林建筑。乾隆仿其祖父康熙，以三字为名又题了“三十六景”，合称为避暑山庄七十二景。乾隆朝定名的 36 景是：丽正门、勤政殿、松鹤斋、如意湖、青雀舫、绮望楼、驯鹿坡、水心榭、颐志堂、畅远台、静好堂、冷香亭、采菱渡、观莲所、清晖亭、般若相、沧浪屿、一片云、萍香泮、万树园、试马埭、嘉树轩、乐成阁、宿云檐、澄观斋、翠云岩、罨画窗、凌太虚、千尺雪、宁静斋、玉琴轩、临芳墅、知鱼矶、涌翠岩、素尚斋、永恬居。

1860 年，英法联军进攻北京，清帝咸丰逃到避暑山庄避难，在这里批准了《中俄北京条约》等几个不平等条约。影响中国历史进程的“辛酉政变”亦发端于此。随着清王朝的衰落，避暑山庄日渐败落。

## 武当山古建筑群

武当山，坐落于湖北省丹江口市境内的西南部，又名太和山，古时称“玄岳”、“太岳”。明代旅行家徐霞客曾经赞叹此山“玄岳出于五岳之上”。面积 312 平方千米，主峰天柱峰，海拔 1 612 米，四周有 72 峰耸立，24 水环流，危岩奇洞深藏，白云绿树交映，蔚为大观。武当不仅是风景胜地，还是道教名山。而且，武当的武术也非同小可，令武当山真正名扬天下的是一代宗师张三丰，他创立的武当派与嵩山少林派齐名。武当武术与道教渊源极深，道士修炼学道，往往伴以习武，武当武术以养身练功、防身保健为宗旨，以柔克刚，后发制人，自成一派，被称为“内家拳派”。

武当山古建筑群坐落在沟壑纵横、风景如画的湖北省武当山麓，在明代期间逐渐形成规模，其中的武当山道教古建筑群可以追溯到公元7世纪，这些建筑代表了近千年的中国艺术和建筑的最高水平。武当山古建筑中的宫阙庙宇集中体现了中国元、明、清三代世俗和宗教建筑的建筑学和艺术成就。湖北的武当山古建筑群于1994年12月被列入《世界遗产名录》。

武当山是唐代以来中国道教的发祥地，有规模宏大的道教古建筑群。始建于唐贞观年间（公元627—公元649年），在宋朝也有所建设，元代进一步扩大修建规模，在明朝达到修建的鼎盛时期。到了明代，藩王朱棣发动“靖难之役”夺取了侄子的皇位。为了使这种违背封建伦理纲常的行为名正言顺，天下归心，他的理论依据之一便是皇权神授，得到了武当真武大帝的荫佑。他在功成即位后大兴土木，北修故宫，南修武当，后者便是为了酬谢神灵，巩固统治。

明成祖朱棣亲自主持修建，动用数十万民工，在武当山大兴土木，历时12年，建成了9宫、9观、36庵堂、72岩庙的大规模道教建筑群。

道教圣地武当山

武当山古建筑 1

武当山古建筑 2

朱棣还把真武钦定为皇室的主要保护神，这些举动为武当道教的鼎盛拉开了序幕。以后明朝诸帝一直把武当作为专为朝廷祈福禳灾的朝廷家庙，扶持武当道教，加封武当，扩建宫观，使其成了“天下第一山”，中国的道教活动中心。在明朝，其政治地位，如日中天，众名山不可同日而语。

现存建筑规模之大、规制之高、构造之严谨、装饰之精美，在中国道教建筑中是绝无仅有的，在世界上也属罕见。武当山古建筑群总体规划严密，主次有序。选择建筑位置，注重周围环境，讲究山形水脉，聚气藏风，达到了建筑与自然的高度和谐。现存的有太和宫、南岩宫、紫霄宫、遇真宫四座宫殿和玉虚宫、玉龙宫遗址以及大量庵堂、祠堂、岩庙等，共有古建筑 200 余栋，面积约 5 万平方千米。其中紫霄宫高 18 米，宽 30 米，进深 12 米，面积为 350 多平方米。众多的建筑中，用材广泛，有木构、铜铸、石雕等，都达到了极高的技艺水平。

主要建筑有：

太和宫位于天柱峰南侧，占地面积 8 万平方米，现有古建筑 20 余栋，建筑面积1600 多平方米。

金殿是明代铜铸仿木结构宫殿式建筑，位于天柱峰顶端的石筑平台正中，面积约 160 平方米，朝向为东偏南 8 度。殿面宽与进深均为三间，阔 4.4 米，深 3.15 米，高 5.54 米。四周立柱 12 根，柱上叠架、额、枋及重翘重昂与单翘重昂斗拱，分别承托上、下檐部，构成重檐底殿式屋顶。正脊两端铸龙对峙。四壁于立柱之间装四抹头格扇门。殿内顶部作平棋天花，铸浅雕流云纹样，线条柔和流畅。地面以紫色石纹墁地，洗磨光洁。屋顶采用“推山”做法为特点。殿内于后壁屏风前设神坛，塑真武大帝坐像，左侍金童捧册，右侍玉女端宝，水火二将，执旗捧剑拱卫两厢。坛下玄武一尊，为金婉合体。坛前设香案，置供器。神坛上方高悬馏金匠额，上铸清圣祖爱新觉罗 · 玄烨手迹“金光妙相”四字。殿外檐际，悬盘龙斗边镏金牌额，上铸“金殿”二字。殿体各部分件采用失蜡法铸造，遍体镏金，无论瓦作、木作构件，都结构严谨、合缝精密，虽经五百多年的严寒酷暑，至今仍辉煌如初，显示出中国铸造工业发展的高度水平，堪称现存古建筑和铸造工艺中的一颗灿烂明珠。1961 年 3 月 4 日武当山金殿被国务院公布为第一批中国重点文物保护单位。

古铜殿位于天柱峰前小莲峰上。元代大地十一年（1307年）铸，高3米，阔2.8米，深2.4米，悬山式屋顶，全部构件为分件铸造，卯榫拼装，各铸件均有文字标明安装部位，格扇裙板上铸有“此殿于元大德十一年铸于武昌梅亭万氏作坊”，是中国现存最早的铜铸木结构建筑。铜殿元代置放在天柱峰顶，也被称为金殿。在明永乐大修武当时，明成祖朱棣因其规模小而另铸了一座金殿，下旨将元代铜殿转运至小莲峰保存。这座铜殿完成于元大德十一年，在武昌铸造。造型古朴凝重，瓦棱、檐牙、栋柱、门隔、窗棂、门限等诸形毕具。殿体镂刻有铭文，记述化缘道士姓名和各地捐资造殿信士的姓名及地址。因为是从天柱峰转运下来的，所以叫转运殿。从字面上看，转运，有“时来运转”的意思。有意无意之中，武当金顶就又增加了一个神秘的景观，人们沿着铜殿转上一圈，据说能够解除厄运，转来好运、官运、财运等等人生运气。所以，来武当金顶的人，都愿意在这里转上一圈。

紫禁城建于永乐十七年（1419年），延天柱峰环绕，周长345米，墙基厚2.4米，墙厚1.8米，城墙最高处达10米，用条石依岩砌筑，每块条石重达500多千克，按中国天堂的模式建有东、南、西、北四座石雕仿木结构的城楼象征天门。该石雕建筑在悬崖陡壁之上，设计巧妙，施工难度大，是明代科学与艺术相结合的产物。

“紫”取自“紫气东来”，表祥瑞，“禁”指皇家禁地，由此可见紫禁城除保护金殿外，还有政治寓意。再者，金顶位于天柱峰巅，无屏障，无靠山，为了聚气，风水先生沿峰峦建立这道城墙，用以“藏风聚气”。紫禁城有四道城门，只有南门是真门，其他均为虚设。在南门的一侧并列有神门、鬼门，供以告诫人们，“人鬼神”各行其道。

紫霄宫位于武当山东南的展旗峰下，创建于北宋宣和年间，元代重修，明永乐十年（1412年）敕建，赐额“太玄紫霄宫”。嘉靖三十一年（1552年）增修扩建。紫霄宫现存有建筑29栋，建筑面积6854平方米。中轴线上为五级阶地，由上而下递建龙虎殿、碑亭、十方堂、紫霄大殿、圣文母殿，两侧以配房等建筑分隔为三进院落，构成一组殿堂楼宇、鳞次栉比、主次分明的建筑群。宫的中部两翼为四合院式的道人居所。

紫霄大殿是全山最大、现存最完整的明代木结构建筑，坐落在三层饰栏丹墀崇台之上，巧妙利用地形落差，更显其雄伟壮观，气势轩然。大殿面阔进深各五间，高18.3米，阔29.9米，深12米，面积358.8平方米。共有檐柱、金柱36根，排列有序。

武当山紫霄宫

大殿为九脊重檐歇山式顶，孔雀蓝琉璃瓦屋面。整座殿堂碧瓦重檐，雕梁画栋，富丽堂皇，殿堂内陈设考究，供奉着道教神仙和各类供器、法器，工艺精湛，造型生动，栩栩如生。

紫霄宫不仅是武当山旅游观光的最佳去处，还是武当山道教活动中心，每逢道教传统节日，都在这里设坛建醮，祈福禳灾。

南岩宫坐落在武当山南岩（又名紫霄岩、独阳岩）绝壁之上，上接碧霄，下临绝壑，周围峰岭奇峭，林木苍翠，是武当山三十六岩中景色最美之处。

南岩宫最初建于元至元二十二年至元至大三年（1285—1310 年），明永乐十年（1412 年）扩建。位于独阳岩下，山势飞翥，状如垂天之翼，以峰峦秀美而著名。现存建筑 21 栋，建筑面积 3505 平方米，占地 9 万平方米。有议案天乙真庆宫石殿、两仪殿、皇经堂、八封亭、龙虎殿、大碑亭和南天门建筑物。主体建筑天乙真庆宫石殿，建于元至大三年（1310 年）以前，面阔 11 米，进深 6.6 米，通高 6.8 米，梁、柱、门、窗等均以青石雕凿而成。顶部前坡为单檐歇山式，后坡依岩，做成悬山式，檐下斗栱均作两跳，为辽金建筑斗栱的做法。龙头香，长 3 米，宽仅 0.33 米，横空挑出，下临深谷，龙头上置一小香炉，状极峻险，具有较高的艺术性和科学性。

磨阵井又名“磨针井”、纯阳宫，建于清康熙年间，为一座四合院式道院，布局精巧，结构紧凑，现存山门、大殿、配殿、姥姆亭、北道院等建筑52间，大殿内壁画《真武修真图》形象地叙述了真武修真，得道成仙的故事，画风古朴。院内一口古井，旁立一根铁杵，传说当年真武太子在此受紫元君化身姥姆以“铁杵磨绣针，功到自然成”的哲理点化，最终修道成仙。

现存磨针井为清咸丰二年（1852年）重建，1984年修葺如初，此宫占地面积5 000平方米，计有庙房52间。其主体建筑祖师殿，为三开间殿堂，殿内原供有真武青年时塑像。四壁绘《真武修真图》壁画，线条古朴高雅，色彩陈淡苍然，山水云树有致，各种人物栩栩如生，具有浓厚的地方民间画风，生动地反映了真武上山修炼的曲折故事。殿前埋着两根碗口粗的铁针，乌黑光亮，象征姥姆当年所磨铁杵。殿旁栏台高举，拱拥井亭一座，重檐雕脊，凌空展飞，亭亭秀立，轻俏典雅。

武当山太子坡

亭中有井，亭内有一眼井泉，水质清冽，甘甜如饴，据说品尝后，能增智开慧。其上神龛内置铁饰金姥姆磨针像，据说这尊像是供奉的紫气元君像，手捧铁杵，头微侧偏，笑迎过往游客，以相当高的艺术造型，渲染了这个道教故事。离磨针井不远的山巅上建有关帝庙，从前供奉关公像，现仅存一把铜制青龙偃月大刀，重达 30 多公斤，明万历年间造，亦为历史文物。

武当山现存建筑其规模之大，规划之高，构造之严谨，装饰之精美，神像、供器之多，在中国现存道教建筑中是绝无仅有的。

武当山古建筑群集中体现了中国古代建筑装饰艺术的精华，在建筑艺术、建筑美学上达到了极为完美的境界。武当山古建筑群总体规划严密，主次分明，大小有序，布局合理。建筑位置选择，注重环境，讲究山形水脉布局疏密有致。建筑类型多样，用材广泛，或宏伟壮观，或小巧精致，或深藏山坳，或濒临险崖，达到了建筑与自然的高度和谐，具有浓郁的建筑韵律和天才的创造力，各项设计、构造、装饰、陈设都达到了较高的技术与艺术成就。

在全山各宫观中保存着铜、铁、木、石各类造像 1 486 件，其中明代以前制品近千件，宋、元、明、清碑刻、摩岩 409 通，法器、供器 682 件以及图书经籍等，均是珍贵的文化遗产。

## 大理三塔

云南大理崇圣寺三塔位于大理古城以北 1.5 千米苍山应乐峰下，背靠苍山，面临洱海，三塔由一大二小三座佛塔组成，三塔鼎峙，撑天拄地；玉柱标空，雄浑壮丽，为苍洱间的胜景之一。崇圣寺三塔属全国重点文物保护单位，是南诏国和大理国时期建筑的一组颇具规模的佛教寺庙，位于原崇圣寺正前方，呈三足鼎立之势。

大理三塔

崇圣寺三塔，由一大二小组成。大塔叫千寻塔。千寻塔与南北两个小塔的距离都是70米，呈三足鼎立。“胜地标三塔，浮屠秘鬼工。”三塔的主塔千寻塔，高69.13米，为方形16层密檐式塔，与西安大小雁塔同是唐代的典型建筑。塔下仰望，只见塔矗云端，云移塔驻，似有倾倒之势。塔的基座呈方形，分两层，下层边长为33.5米，四周有石栏，栏的四角柱头雕有石狮；上层边长21米，其东面正中有石照壁，上有黔国公沐英后裔沐世阶题的“永镇山川”四个大字，庄重雄奇，颇有气魄。照壁后有云南省人民政府立的《重修三塔记》。

塔身的第一层，高13.45米，是整个塔身中最高的一级。东塔门距基座平面2米，西塔门则在近6米处。塔墙厚达3.3米。第2至15层结构基本相同，大小相近。第16层为塔顶。以第二层为例，高约2米，宽约10米，上部砌出叠涩檐，凡17层砖，每层挑出0.05~0.07米不等，檐的四角上翘。塔身东西两面正中各有佛龛，内放佛像一尊，龛两侧另有亭阁式小龛各一，莲花座，庑殿式顶，中嵌梵文刻经一片。南北两面，中间有一券形窗洞，直通塔心。第三层则南北为佛龛，东西为窗洞。以上各层依次交替。塔身愈往上愈收缩。

大理三塔主塔

塔顶高8米，约为塔身的七分之一。挺拔高耸的塔刹，使人有超出尘寰、划破云天的感受。顶端是铜铸的葫芦形宝瓶，瓶下为八角形宝盖，四角展翅，安有击风锋；其下为钢骨铜皮的相轮；最下为覆钵，外加莲花座托。塔顶四角，原有金鹏鸟，相传“龙性敬塔而畏鹏，大理旧为龙泽，故以此镇之”。现金鹏已无存，复修前仅残存金鹏鸟足。千寻塔中空，置有简易木梯，可达塔顶。千寻塔西，等距约70米远的地方，有南北两座小塔，是八角形10级密檐砖塔，各高 42.19 米，塔身有佛像、莲花、花瓶等浮雕层层各异。一至八层为空心直壁，内撑十字架。基座亦为八角形。

崇圣寺三塔布局齐整，保存完善，外观造型相互协调。大塔协领两座小塔，突出其主要地位，同时又衬托出小塔的玲珑雅致；小塔紧随大塔，衬托出大塔的高大、雄伟。三塔布局成鼎足之势，高耸蓝天，成为大理白族文化的象征，是我国南方最壮丽的塔群。三塔与远处的苍山、洱海相互辉映，点缀出古城大理的历史风韵，虽经历了千年风雨剥蚀和多次大地震，依然完好无损。

崇圣寺原在三塔之西，靠苍山一面，其山门距三塔主塔约 120 米，是南诏国第十代国王劝丰右时（824—859 年）所建，时为南诏国后期。大塔先建，南北小塔后建，寺中立塔，故塔以寺名。现寺的壮观庙宇已毁，只有三塔完好地保留下来。据《南诏野史》(胡本、王本)、《自古通记》等史籍记载，寺基方 7 里，圣僧李成眉贤者建三塔。崇圣寺及三塔建成后，寺院保存较好。元武宗时曾“降圣旨”封释觉性为住持僧，保护寺产，免征粮税。元代亦曾加以维修，使得“殿庑焕然复兴，三塔峙立，金碧交辉，巨丽与山坪（相等）”。

当年元代名僧念庵就题写出于崇圣寺这样一副名联：“伟哉！具苍洱大观，到此邦才知此地；果然！是古南名胜，非斯塔莫称斯楼。”佚名题写的“成古云霄三塔影，诸天风雨一楼钟。”均绝妙地道出了崇圣寺的名塔、名楼大观。

明代，李元阳重修，亦有“三阁、七楼、九殿、百厦”。当时寺中有五宝：三塔、巨钟、雨铜观音、证道歌碑和佛都匾。至徐霞客到大理时，仍见崇圣寺前“三塔鼎立，……塔四旁皆高松参天。其西由山门而入，有钟楼与三塔相对，势极雄壮”，楼后为正殿，正殿后为“雨珠观音殿，乃立像，铸铜而成者，高三丈”(徐霞客游记《滇游日记八》)。据说，寺中的鸿钟，为“建极十二年”（871 年）造，“径可丈余，而厚及尺”，“其声闻可八十里”。因而“钟震佛都”，曾成为大理著名的十六景之一。有人题写于原钟楼的“大叩大鸣，小叩小鸣，普觉梦中之梦；一声一佛，千声千佛，遥闻天外之天”的名联佳句描述的就是这一景观，而清代周之烈题写的“楼势欲空天地我，钟声唤醒去来今”同样有异曲同工之妙。原寺内的雨铜观音，庄严静美，细腰赤足，造型精妙。然世事沧桑，巨钟已毁于清，雨铜观音毁于十年动乱，证道歌碑与佛都匾连同寺院一起，今已无存。

一千多年来，三塔经历了风雨剥蚀和多次强烈大地震，仍然巍然屹立，显示了古代大理劳动人民的智慧。1056 年（丙辰年）农历五月初六大理发生大地震，史籍载：“城廓人庐尽圮，中塔（大塔）折裂如破竹，旬日复吉，安然无恙。”后面两座小塔被震斜，至今斜立，蔚为奇观。《大理县志》记载：“丙辰之变尽毁，惟三塔岿然尚存。”说明崇圣寺经强烈大地震和经历战乱与浩劫毁于晚清，十分可惜。

## 苏州园林

苏州是我国著名的国家级历史文化名城，有“人间天堂，园林之城”的美誉。这里素来以山水秀丽，园林典雅而闻名天下，有“江南园林甲天下，苏州园林甲江南”的美称。

苏州园林是中国江苏苏州山水园林建筑的统称，又称苏州古典园林，以私家园林为主。其建起始于春秋时期吴国建都姑苏时（吴王阖闾时期，公元前 514 年），形成于五代，成熟于宋代，兴旺鼎盛于明清，到清末苏州已有各色园林 170 多处，现保存完整的有 60 多处，对外开放的园林有 19 处。

苏州园林风光

苏州古典园林，一向被称为“文人园林”。白居易在《草堂记》中说：“覆篑土为台，聚拳石为山，环斗水为池”，这是文人园林的范式。苏州园林充分体现了“自然美”的主旨，在设计构筑中，因地制宜，采用借景、对景、分景、隔景等种种手法来组织空间，造成园林中曲折多变、小中见大、虚实相间的景观艺术效果。通过叠山理水，栽植花木，配置园林建筑，形成充满诗情画意的文人写意山水园林，在都市内创造出人与自然和谐相处的“城市山林”。

1985 年，苏州园林被评为中国十大美景之一。1997 年，苏州古典园林作为中国园林的代表被列入《世界遗产名录》，被盛誉为“咫尺之内再造乾坤”，是中华园林文化的翘楚和骄傲。苏州园林主要有沧浪亭、狮子林、拙政园、留园、网师园、怡园等。其中沧浪亭、狮子林、拙政园和留园分别代表着宋、元、明、清四个朝代的艺术风格，被称为苏州“四大名园”。

沧浪亭位于苏州城南，是苏州最古老的一所园林，始建于北宋庆历年间（1041—1048 年），南宋初年（12 世纪初）曾为名将韩世忠的住宅。沧浪亭造园艺术与众不同，未进园门便设一池绿水绕于园外。园内以山石为主景，迎面一座土山，沧浪石亭便坐落其上。山下凿有水池，山水之间以一条曲折的复廊相连。假山东南部的明道堂是园林的主建筑，此外还有五百名贤祠、看山楼、翠玲珑馆、仰止亭和御碑亭等建筑与之衬映。

狮子林至今已有六百多年的历史，位于苏州城内东北部，始建于元至正二年（1342 年）。因园内石峰林立，多状似狮子，故名“狮子林”。狮子林平面呈长方形，面积约 15 亩，林内的湖石假山多且精美，建筑分布错落有致，主要建筑有燕誉堂、见山楼、飞瀑亭、问梅阁等。狮子林主题明确，景深丰富，个性分明，假山洞壑匠心独具，一草一木别有风韵。

燕誉堂堂后为小方厅，名立雪堂。向西可到指柏轩，指柏轩为二层阁楼，四周有庑，高爽玲珑。指柏轩之西是古五松园。西南角为见山楼。由见山楼往西，可到荷花厅。厅西北傍池建真趣亭，亭内藻饰精美，人物花卉栩栩如生。亭旁有两层石舫。石舫北岸为暗香疏影楼，由此循走廊转弯向南可达飞瀑亭，是为全园最高处。园西景物中心是问梅阁，阁前为双仙香馆。双香仙馆南行折东，西南角有扇子亭，亭后辟有小院，清新雅致。

拙政园与北京颐和园、承德避暑山庄、苏州留园并称为我国四大古典名园，被誉为“中国园林之母”，现为全国重点文物保护单位。拙政园位于苏州娄门内，是苏州最大的一处园林，也是苏州园林的代表作。始建于明正德年间。拙政园分为东园、中园、西园三部分。东园山池相间，点缀有秫香馆、兰雪堂等建筑。西部水面迂回，布局紧凑，依山傍水建以亭阁，其主体建筑鸳鸯厅是当时园主人宴请宾客和听曲的场所，厅内陈设考究。园中“与谁同坐轩”乃为扇亭，扇面两侧实墙上开着两个扇形空窗，一个对着倒影楼，另一个对着鸳鸯厅，而后面面山的那一窗中又正好映着入山的笠亭，与笠亭的顶盖恰好配成一个完整的扇子。中园是拙政园的精华部分，其总体布局以水池为中心，亭台楼榭皆依水而建，具有江南水乡的特色。主体建筑远香堂位于水池南岸，隔池与主景东西两山岛相望。山岛上各建一亭，西为雪香云蔚亭，东为待霜亭，四季景色因时而异。

拙政园

西部原为“补园”，面积约12.5亩，其水面迂回，布局紧凑，依山傍水建以亭阁。因曾被大加改建，所以乾隆后期形成的工巧、造作的艺术的风格占了上风，但水石部分同中部景区仍较接近，而起伏、曲折、凌波而过的水廊、溪涧则是苏州园林造园艺术的佳作。

留园为中国四大名园之一。留园坐落在苏州市阊门外，始建于明代。清代时称“寒碧

留园冠云峰

山庄”，俗称“刘园”，后改为“留园”。留园占地约50亩，中部以山水为主，是全园的精华所在。主要建筑有涵碧山房、明瑟楼、远翠阁曲溪楼、清风池馆等处。留园内建筑的数量在苏州诸园中居冠，其在空间上的突出处理，充分体现了古代造园家的高超技艺和卓越智慧。留园全园分为四个部分，在一个园林中能领略到山水、田园、山林、庭院四种不同景色：中部以水景见长，是全园的精华所在；东部以曲院回廊的建筑取胜，园的东部有著名的佳晴喜雨快雪之厅、林泉耆硕之馆、还我读书处、冠云台、冠云楼等十数处斋、轩，院内池后立有三座石峰，居中者为名石冠云峰，两旁为瑞云，岫云两峰；北部具农村风光，并有新辟盆景园；西区则是全园最高处，有野趣，以假山为奇，土石相间，堆砌自然。池南涵碧山房与明瑟楼为留园的主要观景建筑。留园内的建筑景观还有表现淡泊处世之坦然的“小桃源（小蓬莱）”以及远翠阁、曲溪楼、清风池馆等。

网师园位于苏州城东南部。始建于南宋时期（1127—1279年），当时称为“渔隐”。清代乾隆年间（1736—1796年）重建，取“渔隐”旧意，改名为“网狮园”。网狮园占地约半公顷，是苏州园林中最小的一座。园内主要建筑有丛桂轩、濯缨水阁、看松读画轩、殿春簃等。网师园的亭台楼榭无不临水，全园处处有水可依，各种建筑配合得当，布局紧凑，以精巧见长，具有典型的明代风格。

网师园旧为宋代藏书家、官至侍郎的扬州文人史正志的“万卷堂”故址，至清乾隆年间，退休的光禄寺少卿宋宗元购之并重建，定园名为“网师园”。网师乃渔夫、渔翁之意，又与“渔隐”同意，含有隐居江湖的意思，网师园便意谓“渔父钓叟之园”，此名既借旧时“渔隐”之意，且与巷名“王四（一说王思，即今阔街头巷）”谐音。园内的山水布置和景点题名蕴含着浓郁的隐逸气息。

耦园位于江苏省苏州市内小新港巷，因有东、西二园，故名。东园始建于清初，原名涉园，后扩建而今的局面。住宅大门在南，经门厅、轿厅，至大厅前西墙小门，即可进入西园。园中主厅为织帘老屋，南北各有庭院，都置假山。北院东北隅有藏书楼，与住宅相通，是书室与庭院结合较好的范例。自住宅大厅往东，经小院二重和小客厅，即达东园。东园面积较西园约大一倍，西北置石假山，东南为水池。北端主厅城曲草堂，为一重檐楼屋，下有主厅三间，上为重楼复道，与住宅毗连，为苏州园林的罕例。堂前的黄石假山堆叠手艺高超。分为东西两部：东部较大，有石级可登临池石壁，气势峭伟；西部较小，逐渐下降，两山间为“邃谷”。

艺圃是一座建于明代的名园。最初为明代学宪袁祖庚所建，初名“醉颖堂”，后归文徵明的曾孙、明末礼部左侍郎兼东阁大学士（相当于副宰相）文震孟，改名“药圃”。明亡后，在清初为明崇祯进士姜敬亭所有，改称“敬亭山房”，后其子姜实节更名“艺圃”。至道光年间为绸缎业七襄公所所在地。

艺圃为一颇具明代艺术特色的小型园林，全园布局简练开朗，风格自然质朴，无烦琐堆砌，矫揉造作之感，其艺术价值远胜于晚清之园林作品。从山水布局，亭台开间到一石一木的细部处理无不透射出古朴典雅的风格特征。以凝练的手法，勾勒出造园的基本理念。

退思园位于江苏吴江同里镇东溪街，为古镇的主要景点，由清任兰先罢官归乡所建，含“退则思过”之意，故名退思园。退思园总面积为九亩八分。此园一改以往园林的纵向结构，而变为横向建造，左为宅，中为庭，右为园。

退思园

全园格局紧凑自然，结合植物点缀，呈现出四时景色，给人以清朗、幽静之感。退思园简朴淡雅，水面过半，建筑皆紧贴水面，园如浮于水上，是全国唯一的贴水园建筑。

退思园住宅分内外两部分。外宅三进——轿厅（门厅）、茶厅、正厅，沿轴线布置，等级分明。外宅主要用于会客、婚嫁盛事、祭祖典礼。内宅建有南北两幢五楼五底的跑马楼，名曰“畹香楼”，楼间由双重廊贯通。廊下设梯，既遮风雨，又主仆分开。内、外宅可分可合，布局紧凑。

环秀山庄位于苏州城中景德路262号，今苏州刺绣博物馆内。此园本是五代吴越钱氏金谷园旧址，明清时期成为私家园林。现占地面积2179平方米，其中建筑面积754平方米。园景以山为主，池水辅之，建筑不多。园虽小，却极有气势。

该园园内湖石假山为中国之最，为叠石名家戈裕良所作。占地仅半亩，而峭壁、峰峦、洞壑、涧谷、平台、磴道等山中之物，应有尽有，极富变化。池东主山，池北次山，气势连绵，浑成一片，恰似山脉贯通，突然断为悬崖。

而于磴道与涧流相会处，仰望是一线青天，俯瞰有几曲清流；壮哉美哉，恰如置身于万山之中，全山处理细致，贴近自然，一石一缝，交代妥帖，可远观亦可近赏，无怪有“别开生面、独步江南”之誉。

# 上海环球金融中心

上海环球金融中心位于上海市浦东新区世纪大道100号1座，是陆家嘴金融贸易区内的一栋摩天大楼。该楼楼高492米，地上101层，遥看宛如一把挺拔锋利的剑韧插于浦东大地。大厦由商场、办公楼及上海柏悦酒店构成。其中，94至100楼为观光、观景设施，是游客来访上海的必到之地。

2009年8月27日，上海环球金融中心100层观光天阁获得吉尼斯世界纪录“世界最高观光厅”的认证，超越加拿大国家电视塔——多伦多的西恩塔观景台（高446.5米）和迪拜的迪拜塔观景台（地上440米），成为世界上最高的观景台。上海柏悦酒店也获得吉尼斯世界纪录“世界最高酒店”的认证。上海环球金融中心也被美国芝加哥“高层建筑和城市住宅委员会”评选为2008年竣工的最佳高层建筑。

该中心的建筑主体是一个正方形柱体，由两个巨型拱形斜面逐渐向上缩窄于顶端交会而成。为减轻风阻，在原设计中建筑物的顶端设有一个巨型的环状圆形风洞开口，借鉴了中国庭园建筑的“月门”。在2005年10月18日时，上海环球金融中心有限公司宣布，考虑大楼新设计增高后对于高空风阻和空气动力学的影响，将大楼顶部风洞改为倒梯形，并确定为最终设计方案。

上海环球金融中心

大楼在楼层规划方面将地上规划为101层，地下3层，楼层总面积为377 300平方米。楼层规划地下2楼至地上3楼为商场，3～5楼为会议设施，7楼至77楼为办公室，其中有两个空中门厅，分别在28～29楼及

上海浦东陆家嘴全景

52 ~ 53 楼。79 ~ 93 楼是上海柏悦酒店，由凯悦集团负责管理，90 楼设有两台风阻尼器。94 至 100 楼为观光、观景设施，共有三个观景台，其中 94 楼为“观光大厅”，为一个 750 平方米的展览场地及观景台，楼层净高 8 米，离地 423 米，可举行不同类型的展览活动，97 楼为“观光天桥”，离地 439 米，而在第 100 层又设计了一个最高的“观光天阁”，长 55 米，地上高达 474 米。

上海环球金融中心夜景

上海环球金融中心作为“上海第一高楼”，已与东方明珠、金茂大厦形成上海新地标。来到位于大楼 100 层的观光天阁，也就是高达 474 米的悬空观光长廊时，可以平视东方明珠的尖顶，可以俯瞰黄浦江两岸以及整个夜上海的亮丽灯光。在这里还能够感觉到金茂大厦的屋顶就在脚下，犹如在云中漫步，浦江两岸美景尽收眼底。在这条长达55米的观光长廊中，设有3条透明玻璃地板，可以清楚地看到地面上穿行的汽车、行人，整个城市仿佛都在脚下流动。位于97层的观光厅高达439米，它的设计也是独具匠心。这里带有开放式的玻璃顶棚，玻璃天顶可向两边滑动打开，整个观光厅就犹如飘浮在空中的一座“天桥”。而94层则设置了面积750平方米、室内净高8米的观光大厅。

## 上海金茂大厦

上海金茂大厦位于上海浦东新区世纪大道88号，耸立于黄浦江畔陆家嘴金融贸易中心，东临浦东新区的繁华景象，西眺上海市及黄浦江的幽雅景致，南向浦东张杨路商业贸易区，北临10万平方米的中央绿地，遥对东方明珠广播电视塔，毗邻延安东路隧道口，与地铁二号线连通。

上海金茂大厦

该大厦于1994年开工，1998年建成。地上88层，若再加上尖塔的楼层共有93层，地下3层，建筑高度420.5米，占地面积23 611平方米，总建筑面积约29万平方米。大厦由美国芝加哥SOM设计事务所负责建筑设计，中国金茂（集团）股份有限公司投资兴建。其结构形式属于钢筋混凝土结构，建筑造价约50亿人民币。

大厦内有多达130部电梯与555间客房，是集现代办公楼、豪华五星级酒店、商业会展、高档宴会、观光、娱乐、商场等综合设施于一体的当今沪上最方便舒适、最灵活安全的办公、金融、商贸、娱乐和餐饮的理想活动场所。它深富中华民族文化内涵，是融会西方建筑艺术的智慧型摩天大楼，现已成为上海的一座地标。

大厦的设计师以创新的设计思想，巧妙地将世界最新建筑潮流与中国传统建筑风格结合起来，成功设计出世界级的、跨世纪的经典之作，成为海派建筑的里程碑，并已成为上海著名的标志性建筑物，1998 年 6 月荣获伊利诺斯世界建筑结构大奖。1999 年 10 月荣膺新中国 50 周年上海十大经典建筑金奖首奖。

金茂大厦采用超高层建筑史上首次运用的最新结构技术，整幢大楼垂直偏差仅 2 厘米，楼顶部的晃动连半米都不到，还可以保证 12 级大风不倒，同时能抗 7 级地震。大厦的外墙由大块的玻璃墙组成，反射出似银非银、深浅不一、变化无穷的色彩。该玻璃墙由美国进口，玻璃分为两层，中间有低温传导器，外面的气温不会影响到内部。金茂大厦共有 79 台电梯，观光高速电梯一次可乘 35 人，速度为每秒 9.1 米，由下到上只要 45 秒。金茂大厦的大厅采用圆拱式的门框，给人高大宽敞明亮的感觉；墙面选用地中海有孔大理石，能起到良好隔音效果；地面大理石光而不亮，平而不滑。前厅内的八幅铜雕壁画集中体现了中国传统的书法艺术，它通过汉字，从甲骨文、钟鼎文，一直到篆、隶、楷、草的演变，反映了中华上下五千年的文明史。通往宴会厅的走廊，更是一条艺术长廊，体现出一种高雅的品位和豪华的气派。具体而言，该大厦完全融合了以下的建筑艺术和技术：

商品砼和散装水泥应用技术应用于地下连续墙，钻孔灌注桩，基坑围护、支撑，主楼核心墒，复合巨型柱，楼板等工程部位，应用的总量达到了 157 000 立方米。金茂大厦使用的商品砼用散装水泥。机械上料、自动称量、计算机控制技术，外加剂和掺和料“双掺”技术，搅拌车运输和泵送浇筑技术，不但提高了土建施工生产的机械化和专业化程度，而且增强了施工现场的文明标准化程度，并创下了一次性泵送混凝土 382.5 米高度的世界纪录。

金茂大厦的核心筒和巨型柱的模板均采用定型加工的钢大模，所以在核心筒与楼面梁的钢筋连接处，主楼旅馆区环板与核心筒钢筋连接处，巨型柱与楼面梁的钢筋连接处，采用锥螺纹连接的施工技术。整个工程锥纹接头共计 58 296 只，通过对接头的试验及抽检结果均符合 A 级水平。另外，还从七个方面改进了钢筋冷轧锥螺纹工艺：改进刀具、滚丝轮的材质；改进了工具夹；增加自动定位装置；设置滚动上料架；端头冷处理，提高强度，保证A级接头标准。使应用达到了高速、优质、低耗的目的。

金茂大厦的主体结构层高变化多，还存在墙体收分和体型变化。共有3.2米、4米、5.2米等8种高度，53层以上取消了原有的井字形内剪力墙，墙体厚度由850毫米逐步分四次收分至450毫米。尤其在24～26层、51～53层、85～87层设有三道外伸钢桁架，给模板脚手体系的设计及超高层施工作业安全性带来了极大的难度。为此，在主楼核心筒施工中，自行设计制造了“分体组合自动调平整体提升式钢平台模板体系”。与国外先进模板比较，各项性能毫不逊色，同时节约成本约1000万元人民币。成功地完成了高空解体和组装，利用一种模板体系在两种不同结构间的施工技术，创新地采用了电脑自动调平技术控制系统提升的施工技术，及采用全封闭模板体系，使施工安全可靠、操作简便，创造了一个月施工13层的施工速度。电脑自动调平技术已获得国家专利（专利号：ZL952465391.1）。该模板体系的研究和应用成果已获得上海市科技进步一等奖。在巨型柱施工中，还创新设计制造了“跳提式爬模系统”，成功地解决了巨型柱施工时。上部钢梁已安装就位，传统的模板脚手体系均无法圆满完成混凝土施工后的爬升问题。该体系创新设计了伸缩吊臂、斜面滑板、顶伸式伸缩架、翻转开启式附墙等一系列专门的构件，使爬架能顺利跨越钢梁。通过这些新型模板脚手体系的研究和应用，安全、可靠地完成了主楼核心筒和复合巨型柱连续施工。经专家鉴定，该模板脚手体系的技术水平达到了国际领先水平。

金茂大厦工程采用了C60和C50的高强度混凝土，基础底板均采用C50混凝土。主楼核心筒从地下至31层为C60混凝土，主楼核心筒从32层至62层为C50混凝土。巨型柱从地下室至31层为C60混凝土，巨型柱从32层至62层为C50混凝土。C60混凝土17 488立方米，C50混凝土33 708立方米。其中主楼基础承台厚度4米，为13 500立方米C50高标号混凝土，并一次性连续浇捣完成。在如此大的高标号混凝土连续浇捣中，选择合理的材料及配合比设计，并采用“内散外蓄法”养护，内设冷却水管，薄膜草包覆盖，及电脑测温系统。将混凝土内部温升峰值控制在100℃以内，使内外温差小于25℃。加快了混凝土内部的降温速率，缩短了施工周期，只用了两个星期就完成了养护。

金茂大厦主要填充墙、防火分区隔墙等均采用空心砌块。其中，120毫米厚砌块4 901

平方米，190 毫米厚砌块 49 742 平方米，250 毫米厚砌块 1 098 平方米，300 毫米厚砌块 3 493 平方米。此外，大厦的裙房屋面、主楼局部屋面也采用了屋面保温层。其中，裙房屋面约 7 500 平方米，主楼局部屋面约 2 500 平方米。

在金茂大厦裙房基础底板施工中，采用了国内首次出现的大面积静力释放层技术。ϕ100PVC 管 1 184 米，ϕ150PVC 管 511 米。将地下水通过大面积滤水层集中排到集水井，再通过泵抽至地面来释放和消减地下水对底板的浮力。此项技术在纵横交错的盲沟中设置多孔 PVC 滤水管。大面积静力释放层技术的应用，使裙房基础底板的厚度仅为 0.6 米左右，而按传统设计基础底板厚度至少要 1.5 ～ 2.0 米，比传统做法薄 0.9 米左右。

金茂大厦主楼基础承台为 C50 高标号混凝土，方量 13 500 立方米。在配合比设计中，掺入了一定量的磨细粉煤灰，发挥其“滚珠效应”以改善混凝土的和易性，提高混凝土的可泵性。并因此取代部分水泥，降低混凝土的水化热。同时，在砌筑砂浆拌制过程中，也掺入一定量的粉煤灰。粉煤灰的用量约 4 500 吨，达到节能、高效的目的。

设计要求在金茂大厦基础底板下施工防水层。防水材料采用美国胶体公司的纤维装单夹防咸水 CR 膨润土防水膜、膨润土填缝剂和多用途膨润土粉粒。防水膜用于大面积铺贴，填缝剂和多用途粉粒用于嵌缝、填补空洞。CR 膨润土的用量约 23 608 平方米。CR 型膨润土防水系列材料是一种柔性的高强度聚丙烯纺织物和火山灰钠基膨润土的复合物，它的技术特点是：遇水膨胀，柔软、高强度，抗污染，抗老化。它的应用，丰富和发展了国内防水材料的种类，为今后新型防水材料的研究和应用提供了实践经验。

金茂大厦工程的信息量大、范围广，针对这种情况，在施工管理过程中，计算机技术得到了广泛的应用。财务管理、合同预算、人事档案管理、施工计划管理、施工方案的设计和编制、施工翻样图的绘制、深化图纸的设计等均采用了计算机管理软件。

在金茂大厦的施工过程中，还应用了“超大超深基坑的支护技术”“高精度测量技术”“大型垂直运输机械应用技术”等一系列新技术。金茂大厦地下室开挖面积近 2 万平方米，基坑周长 570 米，开挖深度 19.65 米，土方量达到了 32 万立方米，是上海地区软土地基施工中开挖面积最大，开挖深度最深的基础。在基坑围护方面，应用了空间桁架式全现浇钢筋混凝土内支撑技术，既保证了工程质量和安全，又缩短了施工工期，提高了经济效益。

测量工作是工程建设中的“眼睛”，尤其在金茂大厦这样规模的建筑物施工中，测量工作的重要性就更显突出。因此，在施工中采用了 WILDT2 经纬仪、DII600 激光测距仪等高精度测量仪器，采用极坐标结合直角坐标法进行轴线放样，用天顶倒锥体法进行严格的测量复核，用往返水准控制高程。针对钢和混凝土两种材料不同的压缩、收缩和沉降，采用预先控制的修正补偿，达到了很好的效果。

大厦按功能可分为商务办公、豪华酒店、观光娱乐和地下车库几个部分，这些部分有机地结合起来，生动而形象地构成了一个集科技、艺术、娱乐、休闲等方面的精华于一身的一个整体。

金茂大厦塔楼 1 ~ 2 层是商务办公区大堂，这里气势雄伟，宽敞明亮，净高达 10.1 米。大堂内高格调、高档次、高科技的室内装修给人以庄严典雅，心旷神怡的特殊感受。造型优美的咨询服务台，配以高大醒目的电子显示屏，提供热情周到的快捷服务。

大堂办公区的专用候梯厅造型独特，犹如金碧辉煌的古埃及金字塔。专为办公设置的五组 26 台高速电梯采用独特的玻璃轿厢，玻璃门厅，宽敞明亮，可迅速而又舒适地把客人送达各办公楼层而又不必中转。每十层 5 ~ 6 部电梯的配置可保证客人在上下班高峰时，候梯时间不超过 35 秒，给人以便捷的交通。办公区的电梯还有一个创新的“空中对接”自救功能，一旦在半途发生故障，远程控制系统将指令相邻的电梯迅速依傍停靠，电梯轿厢的侧门将自动打开，使客人迅速脱离困境。

大厦办公区在塔楼的 3 ~ 50 层，建筑面积为 122 871 平方米，均为无柱大空间，层高 4 米，净高达 2.7 米，租户可根据自身的需要任意进行分隔和布置。其中裙房共有 6 层，建筑面积达 32 270 平方米。裙房一层备有 700 平方米展览厅，可容纳 380 座位的演示厅及小型会议室、多功能厅。演示厅配有同声传译和顶级视听设备，可举行新闻发布会、学术报告会、国际会议等。裙房 3 ~ 6 层原设计为大型购物商场，内部结构精美。横跨裙房中庭的九曲桥、拱桥，造型各异，若信步其上，仿佛来到了上海豫园，又像到了苏州，完全可以与遥远西方的蓬皮杜文化艺术中心匹敌。

办公区的统长采光窗宽敞明亮，自然采光达到最佳状态。里面的照明嵌装式灯罩，1.5 米 ×1.5 米均匀布置，光照均匀，光线柔和，照度达 450–500 勒，对电脑荧光屏无反光，不刺眼，完全考虑了电脑时代的眼保健。

金茂大厦办公区的空调选用了世界先进的低温送风的变风量机组，新风量5升/秒/人，每层办公区还设有24只手动温控器，可使室温在19 ~ 29摄氏度范围内任意调节。在空调系统的末端设有消音设备，为客人提供安静的办公环境。金茂大厦的空调设计已获美国“供暖、制冷及空气调节工程师协会”优秀设计奖。

每层办公区还设有茶水间，24小时免费提供经砂过滤器、活性炭过滤器、紫外光消毒三级过滤的饮用水和开水，免费为客人提供清洁卫生的饮用水。

金茂大厦塔楼53 ~ 87层为离地面最高、设施最齐全、装修最豪华的金茂凯悦大酒店。酒店拥有全豪华客房等555间（套），设在58 ~ 85层，其中78 ~ 85层为酒店行政楼（7个层面），并在82层设有嘉宾轩，内有贵宾接待处、专用会议室、商务中心、会客厅，并提供贵宾早餐休息服务。客房类型共有九种，比例为双人床间37%，单人床间55%，套房8%。

大厦53层的钢琴吧和玲珑吧舒适休闲，可供108位客人饮酒、观光和娱乐。54层为空中大堂，设有咖啡餐厅，并提供早、中、晚自助餐。55层粤珍轩占了一个层面，拥有琼台仙阁式的雅座和各式包房，同时供200位客人用餐。位于56层的“食在56”，提供了正宗的意大利比萨饼、意式西菜、美洲烧烤和日本料理，可同时供275位宾客用餐。“食在56”的特点是一律明炉，别具一格的场景和氛围，使每位宾人感到既是美食休闲，又是文化交往。56层中庭酒吧，更是别有洞天，抬头仰望世界独一无二的酒店中庭，扶摇直上152米，迷人的光环，似层峦叠嶂。舞台正面是一幅色彩斑斓、气势宏大的巨幅油画，油画上面的

上海金茂大厦夜景

玻璃幕墙里高速电梯上上下下，若隐若现，钢琴手正在演奏世界名曲，令人感到这里胜似人间天堂。

大厦的57层是健身中心，这里有室内温控游泳池，为男女老少分设了水浴设施、健身器材、健美、舞蹈以及按摩美容、理发、医务室等。

大厦86层是上海最豪华的会员制俱乐部，内设中餐包房4间、西餐厅1间，还有台球室、桑拿房、按摩室、酒吧间、KTV包房等。“九重天酒廊”位于87层和87夹层，可同时供248位宾客享用各式饮品，休闲和欣赏浦江两岸的美丽风光。

大厦的88层为观光层，可容纳1 000多名游客，两部速度为9.1米/秒的高速电梯用45秒将观光宾客从地下室1层直接送达观光层，环顾四周，极目眺望，上海新貌尽收眼底。

金茂大厦地下室共有3层，局部4层，建筑面积达到57 151平方米，设有800个泊车位的停车场，2 000辆自行车库。停车场的收费系统，根据不同需求的停车客人，准备有月、季、年租泊车位智慧卡，或者随机取定时票停车。800个泊车位的停车场安装了车位信息指示导引系统，实时显示和统计指示导引每层每个区域的车位情况。每层每个区域都安装有360度旋转云台摄像机，每时每刻照顾着泊放在其中的车辆。

## 广州中信广场

中信广场位于广州市商业、金融业繁华的天河北路，占地2.3万平方米，总建筑面积达32.2万平方米。该广场由香港独资公司熊谷蚬壳发展（广州）有限公司投资兴建，于1993年7月奠基，1997年4月竣工。广场主要由1幢80层摩天大楼中信大厦、两幢38层附楼、5层的裙楼以及地下两层的停车场组成。

它面向天河体育中心，背后是广州火车东站和广州地铁总站，地理位置优越，拥有一流的办公、商住环境。同时这里近4万平方米的大型配套商场集食肆、购物、休闲娱乐于一体，因此广场落成不久即身价百倍，成为广州市屈指可数的黄金商业楼盘。2002年9月，附属中信广场的玻璃墙瀑布水景被命名为新世纪羊城八景之一，称“天河飘绢”，进一步确立了中信广场作为广州市标志性建筑的地位。

广州中信广场

中信广场凭借其多元化的功能设计，国际品牌云集的业态组合和丰富的商业文化底蕴，屡获殊荣。曾先后荣获“全国行业质量示范企业”“中国购物中心示范工程”“广州市最佳购物中心”“最受高端消费者喜爱的购物场所——年度风尚百货”等奖项，并于 2006 年一举摘得中国购物中心领域最高奖项——“最佳购物中心运营奖”，被誉为广州的“商业名片”，时刻比肩国际潮流。

中信广场的建筑设计极富创造力，其建筑外形如同展翅飞翔的苍鹰，令中信广场主楼充满朝气。国际公寓内单元布局合理、视野开阔，将白云山景尽收眼底。中信商业大厦是甲级智慧型商厦，大堂楼高 17.7 米，显得开阔气派。这栋高楼全部设计为写字楼。它有如下特点：一是柱位少，间隔灵活并且实用，大小单位兼备，配套设备齐全；二是高级玻璃幕墙使视野更加广阔，往外望去，令人心旷神怡；三是配备先进的光纤通信、卫星天线、中央空调、后备电源等科技设施。此外还有 1 万条 IDD 电话和传真线路，34 部进口日立高速电梯，地下还设有两层停车场，车位达 900 个，配套设施十分齐备。

大厦主楼左右翼有对称的 38 层附楼。入口处楼高 10 米，内部采用酒店设计，辉煌气派。

附楼主要用作办公或住宅，单位面积一二百平方米不等，每户均装有空调、彩电、洗衣机、冰箱、煤气炉、热水器、排气扇及由名师设计的各款新型家具，加上酒店式的家居服务，十分方便、舒适。作为广州的顶级写字楼，中信广场租用客户包括数十家世界500强企业，以及意大利领事馆、马来西亚领事馆、香港特区驻粤办事处等派驻机构。

广州中信大厦

中信广场的建筑设计和建造质量得到业界及用户的一致赞许，其主楼外观线条简洁大方、整体稳重典雅。被国家建设部授予“全国建筑业新技术应用银牌示范工程”，同时还被评为“国家优质工程银质奖”。

广州中信大厦夜景

# 深圳地王大厦

深圳地王大厦位于深圳市罗湖区的深南东路、解放路与宝安南路交汇的三角地带，正式名称为信兴广场，因信兴广场所占土地当年拍卖时拍得深圳土地交易最高价格，所以被公众称为地王大厦。该大厦1996年完工，高69层，总高度383.95米，实高324.8米，是全国第一个钢结构高层建筑，位居目前世界十大建筑之列。信兴广场由商业大楼、商务公寓和购物中心三部分组成，是深圳的重要标志。大厦的主题性观光项目——“深港之窗”就坐落在巍峨挺拔的地王大厦顶层，是亚洲第一个高层主题性观光游览项目。在此可以俯览深圳，远眺香港市容。

地王大厦由美国建筑设计有限公司张国言设计事务所（建筑设计）、新日本制铁株式会社、茂盛工程顾问有限公司（结构设计）进行设计，由深圳建升和钢结构公司进行施工，完全采用钢框架加钢筋混凝土核心筒的结构形式，用钢量达24 500吨。大厦在施工过程中焊缝延长米达600公里，仅螺栓、栓钉就达100万颗，最大的螺栓重500多克，小的也

鸟瞰深圳

有350多克。当一个重250克的螺栓头从300米高空掉下来时，它的落地力量可以达到4吨，这时的小螺栓威力不小于子弹。工人们都说，地王有100万颗“定时炸弹”。为管理这些小子弹，工程在建设时每天登记螺栓、栓钉的使用数量，每天用几个，就发几个，绝不多发一个，而且每个人都有专门的工具袋来装，对工人的手动工具，则配上小安全带，挂在各自的安全带上，以保证小工具也不掉落。施工单位还打破传统的管理模式，将生产诸要素的动态优化配置成功地运用于项目施工中，在内地率先购置使用澳大利亚M440D内爬塔吊设备，并引进进口压型钢板二氧化碳点焊机、熔检焊机等先进设备，确保了工程质量，创造了两天半一个结构层的“新深圳速度”。该工程施工技术荣获国家科技进步三等奖，二氧化碳立焊、斜立焊技术经国家权威技术中心检验确定为国际首创。

深圳地王大厦正面照

大楼建筑体形的设计灵感来源于中世纪西方的教堂和中国古代文化中通、透、瘦的精髓，它的宽与高之比例为1∶9，创造了世界超高层建筑最“扁”和最“瘦”的纪录。大厦内33层高的商务公寓是最引人注目的设计，这里的空中游泳池空间跨距约25米，高20米，上下扩展由9层至16层。夹在商业大楼和商务公寓中间的是购物商场，它的平面设计以一个形似钥匙洞的5层高的中庭为主。

地王大厦设计的最大特点就在于它还是中国第一个主题性高层观光旅游景点，在这里运用了多种高科技手段，采取寓教于乐的形式，并有多项参与性节目让游客全情投入。这样，游客既可以从参与和娱乐中获得知识，还可以充分感受到观光的娱乐性、趣味性、参与性。而且，这里还设计了多处休闲空间，为游客提供休憩、美食、娱乐服务。游客坐在300多米高的空中俯瞰欣欣向荣的深港美景，再来一杯香浓的咖啡，或细细品味“兰桂坊”美食，会让人产生“身处闹市，远离尘嚣”的超凡之感。

地王大厦作为深圳的代表性建筑，与周围的人文、自然景观相配合，成为深圳独特的旅游景点。而新开业的主题性观光项目——“深港之窗”，就坐落在巍峨挺拔的地王大厦顶层，是亚洲第一个高层主题性观光游览项目。

地王顶层的观光项目，不同于电视塔单纯的登高望远，也不同于一般高层建筑的餐饮休闲，它创新地发掘了深港两地的人文地理景观和历史文化、都市文化的底蕴，运用国际旅游休闲的新颖高技术手法，以“深港之窗”作主题进行形象展示，将时间纬度和空间纬度融为一体，将深港区域性历史文化，现代都市商业、休闲文化，高空观光的高科技文化结合为一处，开创了国内高层观光的旅游新境界。

该项目以高空休闲文化为特色，集娱乐性、主题性、教育性、观光游乐于一体，在国内具有独创性和首创性，在深港具有唯一性。地王观光设有15个分主题游乐区：

1. 世纪创举——“看伟人不动声色的世纪交锋，观百年风云挥洒于谈笑之间。”以天安门广场和香港中环的大型电脑喷画为背景，陈列了邓小平与撒切尔夫人亲切交谈的仿真蜡像造型，表现出世纪伟人运筹帷幄、把握重大历史转折的雄才伟略和气度风范。

2. 深港巡礼——“日新月异的国际商港，一夜新城的开放之窗。”迎面墙上是江泽民与董建华亲切握手的壁画图片；9个屏幕组成电视屏幕墙，配以轻快的音乐，循环播放深港巡礼的短片。

3. 南望香港——“俯仰百年都市风光，远眺岭南明珠秀色。”在半弧形的墙面上镶有香港21世纪历史发展画卷；6架高倍望远镜，可南眺香港。

4. 深港百年——“再观深港世纪风云，一览两地百年历史。”配以环绕立体声音响，多个宽银幕放映“香港割让”“九龙强租”“香港回归”“首届特区政府成立”“深港经济腾飞”等重大历史题材的纪录短片。

5. 深港通衢——“海陆空通衢要冲，东南亚交通枢纽。”特别的环境装饰和特殊的拟声效果，丰富多彩的模拟趣味游戏，参观者可以充当机场导航指挥员、货柜码头调度员、司机等角色，通过亲身经历和感受对深港两地先进、发达的交通状况有个较直观的认识。

6. 商机无限——“机遇与挑战并存，商机与风险共生。”通过突出中国银行、汇丰银行所构筑的中环金融区商人的繁忙及股票交易所内的紧张气氛，表现深港宝地商贸金融体系完备，是国际上最佳商机集中之地。

7. 湖光山色——“岭南佳景，都市风情。”

8. 一夜之城——“八方移民荟萃一炉，四面来风新兴热土。”通过深圳改革开放和发展的大型画卷展示深圳从当年的小渔村一跃成为世人瞩目的经济特区的世纪奇迹。

9. 趣味生态——“观飞禽走兽趣态，听自然言说真谛。”通过对视听效果的处理，提醒人们在科技、经济高速发展的今天更应该注意保护环境、维护生态平衡。

10. 中央揽胜——“鹏城十大美景，一楼尽得众胜。”

11. 休闲空间——“动手参与的快乐，幽默好玩的休闲。”

12. 北瞰深圳——“改革开放的独有风景，走向世界的希望新城。”

13. 海盗传奇——“海上遭遇张保仔，惊心动魄死还生。”

14. 美食风情——“兰桂坊美酒美食，乐逍遥港味欧风。”

15. 购物天堂——“小巧新奇礼品多多，熙熙攘攘时尚休闲。”模拟中英街，客人可以随意选购纪念品。

## 香港国际金融中心

国际金融中心位于香港中环金融街 8 号，面向维多利亚港，是香港作为世界级金融中心的著名地标。总楼面面积达 43.6 万平方米，现为恒基兆业集团和香港金融管理局的总部所在地。

国际金融中心是世界少数采用双层电梯的大厦之一，国金二期共有电梯 62 部，乘电梯由地面至 90 楼的顶层只需两分钟，共有 2 500 级楼梯。在香港国际金融中心二期兴建高峰期，每日有 3 500 人同时进行工程，建筑每一层平均所需时间为 3 日。这里的停车场也很大，整个国际金融中心的停车场车位有 1 800 个。为了安全和便于管理，在国际金融中心两座办公室大厦工作的所有职员均获发给一张八达通卡，以供出入大厦时保安检查之用。国际金融中心底层连接中区行人天桥系统，连接邻近建筑物包括交易广场、香港邮政总局

香港维多利亚港风光

及中环码头。在地面则设有有盖公共汽车总站、出租车站及停车场等设施。

国际金融中心一期属于办公大厦，楼高 210 米，是国际金融中心首个完成的部分，完工于 1998 年，共地上 38 层，地下 4 层，楼面面积 72 850 平方米。楼内设有 4 层交易楼层，供大型金融机构租用，共有 18 部电梯，分为 4 个服务区域，估计每日约有 5 000 人在此工作。国际金融中心一期的主要租户包括香港交易所（12 楼）、强制性公积金计划管理局（5 楼）、富昌金融集团（27 楼部分及 32 楼）等。

国际金融中心二期楼高 415.8 米，完工于 2003 年。一般说有地上 88 层，但事实上建筑结构（蓝图）有 90 层楼，地下 6 层，楼面面积 185 805 平方米，设有 22 层交易楼层，有多达 62 部电梯。其外形设计与国际金融中心一期相似，外墙均为玻璃幕墙，在顶层设计皇冠式和象牙形装饰，晚间由投射灯照射。该楼可以说是香港财富的象征，香港金融管理局总部设于国金二期，是金管局于 2001 年 4 月以接近 37 亿港元向发展商购入，包括顶楼在内共 14 层办公室面积，分别位于 55 至 56 楼、77 至 88 楼，部分楼层租予香港按揭证券公司及国际结算银行等相关金融机构。金融管理局总裁任志刚的办公室位于 88 楼，并可使用私人专用电梯出入，以加强保安及隐私。香港新地副主席郭炳江形容国际金融中心二期为“惊世之作”。

国际金融中心二期的主要租户包括野村集团、华平、瑞士UBS AG、安永会计师事务所、美国道富银行、英国金融时报、法国巴黎银行、盈丰财资市场、松日控股等，发展商之一的恒基兆业总部亦设于国金二期的72至76楼。

国际金融中心商场共占地上4层，并连接机场快线香港站大堂，将国际金融中心其余三个部分连接一起。这里汇聚了超过200间的国际品牌商户，商场亦设有包括利苑酒家等多家食肆。此外，商场还设有电影院，除新片外，电影院亦会定期放映经典怀旧电影，吸引电影爱好人士。同时这里还是香港首个提供无线上网服务的电影院。这里还另设有咖啡店、酒吧及小型书店等设施。

香港国际金融中心

香港四季酒店是国际金融中心的酒店部分，亦是国际金融中心最后一期的计划。酒店由四季酒店集团管理，是香港首间四季酒店，于2005年9月开幕。香港四季酒店楼高40层，内部设有399间客房。酒店设备豪华，属五星级酒店，但却接近“六星级酒店”的规格。这里的大部分客房均可欣赏180度维多利亚港和九龙半岛海岸的景色。

酒店内亦设有四季汇服务式住宅，属四季酒店的一部分，是为方便长时间居留香港的人士而设的套房酒店。四季汇与香港四季酒店同时开幕，共设有519间房间，其管理及室内设计与四季酒店客房相同，也可享受维多利亚港的景色，不过租金高昂。租客不少为跨国公司、金融机构驻香港的高级职员。

香港国际金融中心二期在兴建时，曾被借用

作拍摄好莱坞电影《古墓丽影 2》部分危险动作镜头的背景。

2003 年 10 月至 11 月，国金二期落成启用前，英国金融时报、汇丰及国泰航空曾在国金二期的玻璃外墙以模仿金融时报版面的报章形式做广告。其中东面和北面报章的高度超过 50 层，达 226 米，覆盖面积达 19 000 平方米，以网状布料制成，是世界最大的报章及摩天大楼户外广告。

2004 年 10 月，法国国宝，画家毕加索在 1917 年为俄罗斯芭蕾舞家狄亚基列夫同名芭蕾舞剧绘画的最大幅帷幕画《巡游》于国际金融中心商场展出，并由专程来港的法国总统希拉克主持仪式。

香港国际金融中心二期每年一度举行跑楼梯比赛，参加者由地面跑上第 88 楼，为慈善机构筹款。

2006 年 2 月 19 日，第 9 届世界消防竞技大赛在香港举行，比赛项目亦包括国金二期跑楼梯比赛，由香港消防处救护员黄家伟以 14 分 54 秒胜出。

2006 年 5 月 17 日，电影《达 · 芬奇密码》的慈善首映礼在国际金融中心电影院举行，出席人士包括香港特别行政区行政长官曾荫权。

2007 年 12 月 31 日，国金倒数活动首度举行。除了是首个高清制作的倒数活动外，更是香港的倒数活动首次作全球播放。

此外，国际金融中心商场还经常举行时装表演等活动。

## 香港中环广场大厦

中环广场大厦位于香港湾仔区湾道 18 号，是一座现代化的三角形办公大楼。这座 78 层的摩天大厦有 374 米高，高度仅次于国际金融中心二期，是香港第二的摩天大楼。大厦于 1993 年建成，地价连建筑费用达 50 亿港元，当时也同样跻身于世界最高建筑物前 10 名之列。

中环广场大厦的建筑楼面总面积约为 130 000 平方米，最多可容纳 8 000 人，大部分办公室均面向景色优美的维多利亚海港，在此上班的人士大多可饱览怡人的海景。游客如

香港中环广场

欲远眺九龙半岛的景色，也可前往 46 楼的公众大堂参观。从这座摩天大厦俯瞰整个迷人的维多利亚海港，实在令人心旷神怡。

中环广场大厦属于加固混凝土架构建筑。地面大堂分成两层，下层有高架行人天桥连接会议展览中心、入境事务大楼及港铁湾仔站。上层有高速电梯前往 46 楼空中大堂，即高层电梯大堂，用户可在此转乘电梯往更高楼层。

大厦由三部分组成：塔楼立于一个 300 多米高，构成主入口及公共流通空间的基座上；塔身有 57 个办公楼层，并在 46 层处设有一空中大堂；塔顶部分包括第 75 层以下的 6 个机械设备层，其上则为立足于 3 个切角处的三足桅杆。大厦看起来是三角形造型，其实并不是真三角形，因为它的尖角均被切去。原因有二：首先是为了能有更多便于使用的室内面积；而更重要的是避免以其税利尖角冲向邻居而得罪他们。这样做不仅是不礼貌，更重要的是有碍“风水”。

大厦顶部以金字塔形状的坡顶以及立于其上的桅杆作收束，日光照耀下闪闪发光。立面以三种不同颜色的隔热玻璃围护。金色、银色涂层的玻璃构成垂直和水平图案，涂饰的花玻璃穿插其间，形成典雅而又闪烁发光的整体造型。

大楼顶部的避雷针装有风速计，标高为 378 米。避雷针设有以四格显示的幻彩时钟——“丽光时计”，这是一个特色的霓虹塔报时器，每日日落前半小时开始运作，直至翌日日出后的半小时（约为下午六时至翌日早上六时）。这个报时器会在不同的时段内显示不同的颜色，它包括四截拱肩型的霓虹光管，每截光管由上而下顺序在十五分钟内转色，直至四截都转为同一个颜色，便代表已过了一小时。

除了是一个革新的时计外，丽光时计已经成为香港的新标志，就等于人们一谈起埃菲尔铁塔就知道是巴黎一样。

大厦底层地面上有一个优美宽阔的花园，与比邻的公众休息场所一起构成一个供公众游憩的公园和忙碌的商业区中的一条步行通衢。

香港中环广场大厦

## 香港中国银行大厦

香港中国银行大厦位于香港中环德辅道中 2A 号，在香港中西区花园道与金钟道交界处，是中银香港中区分行的所在地，也是香港最现代化的建筑之一。大厦地上 70 层，地下 4 层，楼高 315 米，加顶上两杆的高度共有 367.4 米，其中 52 米是顶层天线的高度，总建筑面积 12.9 万平方米。

现在，大厦已被列为一级历史建筑。在香港比肩接踵的摩天大楼中，绽放着夺目的光彩。它高耸入云，气贯如虹，蕴含着一种高贵的气质，在宏伟壮丽的城市背景下，展示了非凡的尊严和气派，是“东方之珠”的标志性建筑。其新颖独特的造型融合了传统与现代的因素，它的崛起，使整个香港建筑群的空间旋律更富于优美的节奏感。其动感十足的几何建筑形态，从任何角度观赏都充满趣味。有人把它比作“一个闪烁发光的金刚钻宝塔”。它的建筑设计糅合了高超的科学技术与卓越的艺术美感，在香港鳞次栉比的摩天大楼中是极富代表性的建筑。

因此，中银大厦可以说是当今世界最重要的现代主义建筑精品。它以巧妙多姿、节节高升的崭新建筑造型，简洁明快、极富标志性的独特建筑风格，成为香港的一个制高点。它贴合着中国人崛起的希望和信心，具有极强的现代感，在世界建筑史上留下了一段难忘的华彩乐章。

香港中银大厦整座大楼采用由八片平面支撑和五根型钢混凝土柱所组成的混合结构“大型立体支撑体系”，此钢砼结构立体支撑体系，能有效地改进结构的性能。由于楼高加上当地台风季节强劲的风力，使得建筑物的结构系统需要非比寻常的解决方式，因此结构工程师罗伯森向贝氏建议采用合成的超强结构体，即以钢组构成盒状，内灌注混凝土，以之作为抗风力暨承重的主干。中银大厦利用这精妙的体系安然地承受了香港猛烈的台风袭击。

香港中国银行大厦

中银大厦的外观是一个富于变化的奇妙的多面体。大厦底部是一个边长50米的正方形柱体，笃实而又沉稳。柱身上用两条对角线，将它分成四个三角形的柱体，随着高度节节上升，它们逐渐消失。在第25层，去除掉一个三角形柱体，第38层又去除掉第二个，第51层去掉第三个。这样，大厦就只剩下一个柱体由半腰直至塔顶，推向天际。

从外观来看，大楼是一个正方平面，对角划成四组三角形，每组三角形的高度不同，如同节节上升的竹子，其设计灵感就源自竹子的“节节高升”，象征着力量、生机、茁壮和锐意进取的精神，对于银行而言，其中的含意也不言而喻。基座的麻石外墙代表长城，代表中国。其建筑特点是将中国的传统建筑意念和现代的先进建筑科技结合起来，由四个不同高度结晶体般的三角柱身组成，呈多面棱形，好比璀璨生辉的水晶体，在阳光照射下呈现出不同色彩。

中银大厦建筑外墙以铝板为构架，装嵌着银色的反光玻璃，其透明的视觉效果，犹如多切面的钻石，昂首蓝天，璀璨夺目。它流光溢彩，反射着周围城市繁华的景致，华丽非凡。而大厦的底座是用深浅不一的灰色花岗石饰面，这样，既不与塔楼铝和玻璃的幕墙冲突，还有利于周围园林绿化的造型设计，使得大厦看起来仿佛是生根于地上。

玻璃帷幕墙需要定期清洗，中银大厦的造型独特，清洁维护需要特殊的设计配合，因为建筑物没有平台，清洁工作台得储藏在第十八、三十一、四十四与六十九楼的机械房内，操作时，工作台得由特别设计的窗门出入，斜面的部分，在斜面周边设计轨道以架设工作台，受大斜撑构体的影响，垂直的窗棂不是连续的，工作台的挂钩特别加长以增加安全性，一幢建筑施工完成并不意味结束，日久天长的维护工作随着业主迁入而开始，建筑师有责任借着良好的设计为业主考虑，中银大厦是一个典范。

大厦东西两侧各有一个庭园，园中有流水、瀑布、奇石与树木，流水顺着地势潺潺而下。水在此具有双重意义，实质方面，水声可以消灭周围高架道路的交通噪声；另一方面水流生生不息，隐喻财源广进，象征为银行带来佳运。西南处耸立朱铭的“和谐相处”铜塑，对着的两个巨大青铜像在灰色的花岗岩衬托下，甚是抢眼，铜塑的位置正是到香港观光胜地山顶缆车站的必经之处。就整个计划而言，设计师没有按香港一般的惯常方式将建筑盖满整个基地，而用心地在东西两侧规划了庭园，为人挤楼拥的香港创造了精致的室外空间。

此外，对中银大厦的设计还充分考虑了风水学元素，设计者吸收了风水先生的一些说法。设计之初，中银大厦曾经设有一股泉水，后门进去，前门出来，但后来听说这个水是源，代表着财源，就是财，这样任其流走就是破财。于是，设计者就改进了自己的设计方案，增加了一个水池，用来蓄水。水到下面，就流进了池子，池中还可养鱼。按风水学的意思，这样就把财给蓄住了。

中银大厦建筑物立面作垂直向上的构图，内部为当时少见的钢支架结构，外墙采用本地花岗岩，以“现代主义”配合中国式装饰元素的“折中派”设计。大厦入口有两尊朝东的石狮子拱卫，中设金属旋转门，首层为银行大厅，墙面铺设意大利进口的大理石，有四条青铜和不锈钢饰柱，天花采用威尼斯金色马赛克砌成中国钱币图案，经理办公室及各部门分置于夹层及楼上，另设有两个住宅供银行干事及管理员居住，地下层为停车场。大厦首设可承载多人的电梯，由入口专责人员操纵。

总体而言，整座大楼采用由八片平面支撑和五根型钢混凝土柱所组成的混合结构“大型立体支撑体系”，在改进结构性能方面具有如下独到之处：

1. 采用几何不变的轴力代替几何可变的弯曲杆系，来抵抗水平荷载，更加经济有效。

2. 利用多片平面支撑的组合，形成一个立体支撑体系，使立体支撑在承担全部水平荷载的同时，还承担了高楼的几乎全部的重力，从而进一步增强了立体支撑抵抗倾覆力矩的能力。

3. 将抵抗倾覆力矩用的抗压和抗拉竖杆件，布置在建筑方形平面的四个角，从而在抵抗任何方向的水平力时，均具有最大的抗力矩的力偶臂。

4. 利用立体支撑及各支撑平面内的钢柱和斜杆，将各楼层重力荷载传递至角柱，加大了楼层重力荷载作为抵抗倾覆力矩平衡重的力偶臂，从而提高了作为平衡重的有效性。

## 高雄东帝士大厦

高雄东帝士大厦又称高雄 85 大楼，位于台湾高雄市苓雅区，紧邻高雄港和新光码头，是南台湾的摩天大楼之一，是南台湾的地标，也是世界知名的摩天大楼之一。该大厦楼高 347.5 米，加上天线共高 378 米，地上 85 层，地下 5 层，完工于 1997 年。

大厦处于高雄最繁荣且最有发展潜力的地区，东侧为自强路，南侧为新光路，北侧为三多路，西边只隔半条街与成功路相毗邻。这里的交通也非常便利，南北向可通小港国际机场与高雄火车站，东向可通凤山、屏东，西侧邻接高雄港区。

大楼由世界著名的李祖原大师设计，拥有特殊的贯穿构思。大楼左右两栋建筑在 35 楼以上合并成单一的高塔，直到 85 层的尖顶，而在中央塔下方留下一个中空的空间。大楼的外形表现出所在城市的名字“高”（高雄）。

高雄东帝士大厦

此外，本大楼也是台湾第一个引进抗风阻尼器的摩天大楼。大楼内也配置了多达 92 部的电梯和手扶梯，最快的电梯每分钟速率为 750 米，可在 45 秒之内上升 77 层楼，是世界最快的电梯之一。

大楼内部主要为东帝士集团拥有的办公室，此外尚含集合住宅，以及位于 37 层至 80 层的高雄金典酒店。大楼最底下三层为停车场；地下二楼至地上七楼为百货公司；八楼至十二楼为魔幻天地；大楼右侧十三楼至三十五楼为广场展览厅；左侧由各企业进驻；三十七楼则由高雄晶华酒店进驻；七十四、七十五则是开放式的观景楼层，也是大楼最有看头的所在。

74 楼是一个专门为旅客设计的观景层，内展示有许多和高雄市相关的摄影照片和拍卖物品的橱窗，以及明信片邮筒等。旅客亦可在此购买饮料。

高雄东帝士大厦美景

# 第二节　印度的著名建筑

## 卡朱拉霍寺庙群

卡朱拉霍寺庙群位于印度中央省，距德里约 500 千米，因其拥有最庞大、也最具代表性的北印度石庙群而享有盛名。卡朱拉霍村内的寺庙，不仅数量极多，其建筑样式与墙壁上的雕刻，都是印度最珍贵的文化遗产。

卡朱拉霍闪耀着炫目的古王朝光环。10 世纪至 13 世纪间，卡朱拉霍是印度昌德拉王朝的首都，由纳努克王所建。昌德拉王朝虽然是个小王朝，却建造了许多伟大的宗教建筑。在卡朱拉霍的黄金时代，村内印度教寺庙总共超过 80 座。这些寺庙的样式后来成为北印度寺庙风格的范本。

卡修拉荷寺庙群

目前卡朱拉霍的石庙群分成西群、南群和东群三个区域。西群寺院位于卡朱拉霍的中心地带，总共包括 14 座寺庙，大部分都经过修复。每年 2 ～ 3 月左右，卡朱拉霍都会在此举行舞蹈祭。南群寺院只有两座寺院，位于村庄南方僻静的角落，旁边有一条河流和小桥。东群距离卡朱拉霍中心地带，包括寺院和耆那教徒的小区，寺院对面有几间房舍，是耆那教徒沐浴的地方。这些鬼斧神工、精致绝伦的巨大石庙，在 1986 年被联合国教科文组织列入《世界文化及自然遗产保护名录》。

卡朱拉霍的寺庙建筑呈现出典型的北印度风格，从这些寺庙群的形制可归纳出几种基本构筑。每座寺庙都建于高高的基台上，每座庙都有一个或多个圆锥形屋顶，有些庙周围环绕着回廊。而卡朱拉霍寺庙最惊人的艺术成就，就是装饰在庙壁上的雕刻。这些数量丰富的雕刻作品，内容有印度教神祇、英雄，以及许多女神雕像，还有自然界的太阳、月亮、星星、河流、湖泊、动物、花朵等物象，最特别的是湿婆和性力女神交欢的各种姿态，还有印度教女神的 64 种性力。尽管世人对于印度教寺庙所装饰的雕刻有着许多不同的看法，但从纯艺术角度来看，卡朱拉霍的石雕堪称早期印度工艺最伟大的创作。

值得一提的是，卡朱拉霍的许多寺庙，早期和后期往往供奉不同的神祇，有的寺庙目前成了耆那教寺庙，但墙壁上的雕刻，仍保留着原本祀奉神祇的形象或化身。而东群的某些寺庙雕刻，同时拥有印度教与耆那教的神祇或图案，充满了宗教轮替与融合的意象。目前卡朱拉霍的寺庙都是经过后代重建的，其中只有西群的拉希玛纳庙的基台是原始建筑。然而这些寺庙恢复旧观之后，仍以比例完美的样式和精致无比的雕刻技艺，令世人发出由衷的赞赏。

卡朱拉霍寺庙上的性爱雕刻，其实无关色情，纯粹是一种艺术形式罢了。尽管世人对于这些雕刻的主题和动机提出过许多不同的见解，但是没有人可以否认，卡朱拉霍的寺庙雕刻，无论形状、线条、姿态和表情，都是精彩绝伦的艺术创作。印度寺庙主要供奉湿婆神、毗湿奴神、戴维女神以及这些神祇的坐骑。湿婆神代表破坏、毗湿奴神代表保护、戴维女神代表性力，大梵天在创造宇宙之后，已经完成任务返回天上，所以在印度当地供奉大梵天的寺庙相当罕见。湿婆神是印度教中最受敬畏的神祇，因此印度境内到处都有湿婆神庙。湿婆神虽然代表破坏，但是破坏的另一个意义就是再生。由于湿婆神兼具毁灭和创生能力，所以湿婆神庙里通常都供奉着一具灵伽，这是湿婆男性生殖器的象征，代表性力与繁衍。戴维女神被视为宇宙之母，印度教所有女神都是她的化身，也兼具毁灭和创生的双层能力，是母性和性力的象征。印度教徒相信湿婆和性力女神的结合就是人类创生的原动力，所以，在印度教寺庙中，可以看到象征男性生殖器的灵伽置于象征女性生殖器的雅尼之中。卡朱拉霍寺庙的雕刻之所以离不开性爱的呈现，主要还是来自宗教上的意义。根据印度教教义，宗教与性力、生育、多产有着密切关系。卡朱拉霍寺庙所雕刻的女性神像，全部都是体态丰腴、乳房饱满，代表母性的温柔和生育能力。而男女神像交媾的画面，除了充满贲张的情欲外，还包含不可思议的瑜伽动作。

印度卡修拉荷寺庙墙壁上的浮雕

印度教寺庙中供奉神像的地方，称之为胎房。其中湿婆神庙供奉湿婆灵甘，毗湿奴神庙供奉毗湿奴神像或各种化身，戴维女神庙有的供奉女神各种化身，有的则是无形的象征。卡朱拉霍寺庙虽以描绘性事驰名，但是，从寺庙的建造技巧和装饰风格看来，都堪称早期印度工匠最伟大的艺术成就。

## 阿姆利则金庙

阿姆利则金庙位于印度边境城市阿姆利则，坐落在一个叫作“神池”的水池中央。金庙四周的墙壁上镶嵌着熠熠发光的大理石，整个建筑上部通体镏金，极为壮观。这座被誉为“锡克教圣冠上的宝石”的建筑，风格典雅，造型优美，既有伊斯兰教建筑的肃穆庄重，又有印度教建筑的绚丽璀璨，因而当之无愧的地成为印度锡克教的宗教和政治中心。

金庙是印度锡克教的神庙，该庙供奉印度教湿婆神。湿婆神是印度教三大神之一，是

阿姆利则金庙

毁灭之神，其前身是印度河文明时代的生殖之神“兽主”和吠陀风暴之神鲁陀罗，兼具生殖与毁灭、创造与破坏双重性格，林伽（男根）是湿婆的最基本象征。金碧辉煌的金庙，不仅是锡克教徒的圣地，而且也是印度的游览名胜，每年游客川流不息。

阿姆利则金庙由锡克教第五代祖师阿尔琼1589年主持建造，1601年完工，迄今已有400年历史。因该庙门及大小19个圆形寺顶均贴满金箔，在阳光照耀下，分外璀璨夺目，一直以来被锡克人尊称为“上帝之殿”。

金庙坐落在人工开凿的、面积1 500平方米的圣湖中间，一条60米长的栈桥通往湖的中央。平静的湖水将庙倒映于水面，增添了庙的特殊魅力。

金庙城堡式的门楼上有白色钟楼和呈梅花形的大小5个金顶，举目望去，浩然大气，金碧辉煌映满了整个视野。总面积约10公顷的金庙，内部呈长方形布局，中心为一人工湖，湖四周为十几米宽的黑白大理石所围绕，高耸的城堡上架起的射灯从四个方向聚向中心，一座金灿灿的庙宇巍然屹立于湖水正中，“上帝之殿”便在眼前。圣殿庙顶为一大金圆顶，四角各立有一个小金圆顶，仿如四个金甲武士护卫着头戴金冠的威严帝王，通体镀满了100多公斤的黄金。也有人说，圣殿造型更像一朵倒放的莲花，莲花反插于湖水、直通大地，表明了锡克教对人世间苦难的关心。

锡克教徒在金庙水中举行仪式

前往金庙的人们

阿姆利则金庙内景（局部）

庙分为三层，系印度教传统建筑和伊斯兰教建筑形式融合的典范。第一层是教徒祈祷大厅，以大理石板铺地，嵌有几何线形不规则图案，豪华四方大理石柱分布在厅四周，柱上雕有美丽的对称花纹，凹凸棱角。第二、三层为经室、圣物室、博物馆等，奉有1604年放置的《阿低格兰特》根本经典，置放在神圣的祭坛上。庙顶有4个精致的小亭，中间是1个硕大的钵形塔，与4个小亭的塔顶浑然一体。金庙的第二、三层和顶上裸露的地方都铺上了镀金的铜叶片，使整座建筑金光闪闪，白天在阳光下熠熠生辉，夜晚在月光和灯光下反射出夺目的光彩。

庙内共分12个区域，除圣殿外，还有香客休息室、诵经堂、法师起居室、修道殿、膳厅、储藏和陈列室等。一条长约50米的大理石桥将圣殿与湖边平台相连，密密麻麻的教徒在桥上摩肩接踵。踏着暖洋洋的大理石板漫步湖边，人在各个角度都能看到倒映在湖水之中的金顶圣殿，远处白色围楼与翠绿的菩提树在让人赏心悦目之余，更让人感到平和与安静。

## 泰姬陵

泰姬陵，又称“泰吉·玛哈尔陵”，是一座用白色大理石建成的巨大陵墓，位于印度北方邦的阿格拉城外，亚穆纳河右侧，被誉为“完美建筑”。该墓是莫卧儿皇帝沙·贾汗为他心爱的妃子建的，是莫卧儿帝国的著名建筑。这座陵墓由殿堂、钟楼、尖塔、水池等构成，全部用纯白色大理石建筑，用玻璃、玛瑙镶嵌，有极高的艺术价值，是伊斯兰建筑中的代表作。

泰姬陵于1631年开始动工，历时22年，每天动用2万役工。除了汇集全印度最好的建筑师和工匠外，还聘请了中东、伊斯兰地区的建筑师和工匠，共耗费4 000万卢比，这导致了莫卧儿王朝的衰落。泰姬陵刚完工不久，沙·贾汗之子奥朗则布弑兄杀弟篡位成功，沙·贾汗国王本人也被囚禁在离泰姬陵不远的阿格拉堡的八角宫内，最终忧郁而死（病死）。

泰姬陵是世界奇迹之一，它展现了高超的建筑设计水平，体现了最佳的建筑艺术和风

印度泰姬陵

格。泰姬陵是一座伟大的爱情纪念碑，它是一代君王爱情的见证，向世人讲述着他们的爱情故事。

凡是见过泰姬陵的人，都被它那洁白晶莹、玲珑剔透的身影所倾倒。这是一座全部用白色大理石建成的宫殿式陵园，是一件集伊斯兰和印度建筑艺术于一体的古代经典作品，泰戈尔曾赞美道："泰姬陵是'时间面颊上的一滴泪'。"在世人眼中，泰姬陵就是印度的代名词。这座被誉为世界七大奇迹之一的宏伟陵墓，正如万里长城一样，浓缩着一个伟大民族和文明古国数千年的灿烂文化。泰姬陵在早中晚所呈现出的面貌各不相同，早上是灿烂的金色，白天的阳光下是耀眼的白色，而在月光下又成了温柔的蓝色。

作为印度知名度最高的古迹之一，泰姬陵在 1983 年入选《世界文化及自然遗产保护名录》。2007 年 7 月 8 日被评选为"世界新七大奇迹"。泰姬陵是印度穆斯林艺术最完美的瑰宝，是世界遗产中的经典杰作之一。

泰姬陵的构思和布局充分体现了伊斯兰建筑艺术庄严肃穆、气势宏伟的特点，整个建筑富于哲理，是一个完美无缺的艺术珍品。

泰姬陵整体设计上强调数学计算的精密、几何学构成的均衡、光学效应的变化、宇宙学图解的清晰。审美上突出女性柔美和慈安的气质，如水般睿智与宁静，又充满了皇家典雅恢宏的气度。当夜色降临的时候，寝宫上方巨大的洁白的鳞茎圆顶，被四个曲线优美的小圆顶凉亭环绕着。在这个圆顶底下，隐藏着另一个从外边看不见的圆顶，构成双重复合穹隆，包容了一个比殿堂更广大的宇宙空间，象征着乐园与天国的召唤。

这座伊斯兰风格的建筑外形端庄宏伟，墓穴门窗及围屏都用白色大理石镂雕成菱形带花边的小格，墙上用翡翠、水晶、玛瑙、红绿宝石镶嵌着色彩艳丽的藤蔓花朵。

泰姬陵整个建筑占地面积约 17 万平方米，呈长方形，东西长约 576 米，南北宽约 293 米，四周是红色的围墙。从大门到陵墓有一条用红石铺成的长甬道。泰姬陵是用从 322 公里外的采石场运来的大理石造的，白色大理石砌成的陵墓建在 5.5 米高、96 米见方的大理石基座上，四角各有一座 40 米高的圆塔，称作邦克楼。陵墓主体建筑呈八角形，中央是半球形的圆顶，整座主体都以沙・贾汗最喜欢的白色大理石所建，而在白色的大理石上则镶满了各种颜色的宝石，拼缀成一些美丽的花纹与图案。建筑时，在主体下方挖了 18 个井，每个井都以一层石头、一层柚木的方式，将地基层层叠起，以减低地震对主体的伤害，可见沙・贾汗对宠妃的爱护。陵墓内部只靠室外透入的阳光照明，墓穴总高 74 米，上部是高耸的圆形穹顶，下部为八角形陵壁。4 扇高大的拱门门框上镶嵌着黑色大理石，陵墓上的文字是用黑色大理石做的。上面刻有《古兰经》经文。宫壁上用宝石镶成的花卉构思巧妙，光彩照人。在大理石屏风内有两副空石棺，而沙・贾汗与宠妃的真正长眠地点是在地下另一土窖中的中央墓室里，泰姬与沙・贾汗的大理石棺材安放在雕花大理石围栏内。

在泰姬陵主体的东西两侧屹立着两座完全相同的清真寺翼殿，这两座翼殿均以红砂岩建筑而成，顶部是典型的白色圆顶，而兴建这两座清真寺的主要目的是为了维持整座泰姬陵建筑的平衡效果，以达到对称之美。

在泰姬陵莫卧儿式花园主体前方，是一个典型的波斯式花园。花园前方的中央部位有一喷泉，而且有两行并排的树木把花园划分成 4 个同样大小的长方形，这是因为“4”字在伊斯兰教中有着神圣与平和的意思。

泰姬陵建筑群总体布局比较完善，陵墓是唯一的构图中心，居于中轴线末端，在前面展开方形的草地，因而，一进第二道门，就有足够的观赏距离，视角良好。建筑群的色彩沉静明丽，湛蓝的天空下，草色青青托着晶莹洁白的陵墓和高塔，两侧赭红色的建筑物把它映照得格外洁白，如冰如雪。倒影清亮，荡漾在清澈的水池中，为死者而建的陵墓，竟洋溢着乐生的欢愉气息。这里最让人称奇的是泰姬陵的陵墓倒影，泰姬陵在水中的倒影呈现了泰姬的少女形象。

就陵墓本身来说，肃穆、明朗。它的构图稳重而又舒展：台基宽阔，和主体约略成一个方锥形，但四座塔又使整体轮廓空灵。它的体形洗练：各部分的几何形状明确，互相关系清楚，虚实变化肯定，没有过于琐碎的东西，没有含糊不清的东西，诚朴坦率。它的比例和谐：主要部分之间有大体相近的几何关系，例如，塔高（连台基）近于两塔间距离的一半，主体立面的中央部分的高近于立面总宽度的一半，立面两侧部分的高近于立面不计抹角部分的宽度的一半，其余的大小、高低、粗细也各得其宜。它的主次分明：穹顶统率全局，尺度最大；正中凹廊是立面的中心，尺度其次；两侧和抹角斜面上凹廊反衬中央凹廊，尺度第三；四角的光塔尺度最小，它们反过来衬托出中央的阔大宏伟。此外，大小凹廊造成的层次进退、光影变化、虚实对照，大小穹顶和高塔造成的活泼的天际轮廓，穹顶和发券的柔和的曲线，等等，使陵墓于肃穆的纪念性之外，又具有开朗亲切的形象。

此外，泰姬陵的建筑者还熟练地运用了构图的对立统一规律，使这座很简单的建筑物显得风情万种。陵墓方形的主体和浑圆的穹顶在形体上对比很强，但它们却是统一的：它们都有一致的几何精确性，主体正面发券的轮廓同穹顶的相呼应，立面中央部分的宽度和穹顶的直径相当。同时，主体和穹顶之间的过渡联系很有匠心：主体抹角，向圆接近；在穹顶的四角布置了小穹顶，它们形成了方形的布局；小穹顶是圆的，而它们下面的亭子却是八角形的，同主体呼应。四个小穹顶同主穹顶在相似之外包含着对比：一是体积和尺度的对比，反衬出大穹顶的宏伟；二是虚实的对比，反衬出大穹顶的庄重。细高的塔同陵墓本身形成最强的对比，它们把陵墓映照得分外端庄宏大。同时，它们之间也是统一的：它们都有相同的穹顶，它们都是简练单纯的，包含着圆和直的形式呼互；而且它们在构图上联系密切，一起被高高的台基稳稳托着，两座塔形成的矩形同陵墓主体正立面的矩形的比例是相似的，等等。各部分除了有适当的联系、呼应、相似和彼此渗透之外，它们之间十分明确的主从关系保证了陵墓的统一完整。

## 阿格拉古堡

阿格拉堡位于亚穆纳河畔的小山丘上，整个古堡总体呈半圆形，全部采用红砂岩建造而成，故又称红堡，与首都德里的红堡齐名。这座宫堡外形非常雄伟壮观，城内的宫殿虽经历漫长的岁月，但画梁和墙壁上精巧的雕刻与设计，仍隐约显现着昔日富丽堂皇的风貌。作为曾经的莫卧儿王朝的皇城所在地，阿格拉堡把莫卧儿统治者的皇宫围在中间。古堡邻近泰姬陵，城内有八角石塔楼、谒见之厅、贾汗吉尔宫、莫迪寺以及两座非常秀丽的清真寺等宛如童话故事一样的宫殿。是印度教和伊斯兰教建筑的代表之作，印度著名的旅游之地。1983 年被列入《世界文化及自然遗产保护名录》。

印度阿格拉古堡的大厅

阿格拉古堡是印度－伊斯兰艺术顶峰时期的建筑代表作。整座古堡南北长约915米，东西宽约548米，墙高约33.5米。城墙周长约2 500米，有两座大城门，三座小城门。西边正门是壮丽的德里门，有拱门、护门楼、凉亭和塔柱，西门与集市相通，南门称阿马尔·辛格门，较德里门小，通往宫廷。三座小门分别是克什米尔门、喀布尔门和阿兹末门。

印度阿格拉古堡的门廊

古堡内的建筑物曾多达500多座，集印度教和伊斯兰教建筑艺术之大成，庄严而华丽，但保留至今者已经很少。古堡内的所有宫殿，全都用大理石和其他名贵石块砌成。殿中柱间壁上雕刻人物、花鸟，用大理石镂空的窗楼上，镶嵌着五颜六色的宝石，耀眼夺目。其中最为华丽的是枢密宫，白色大理石的宫墙光彩照人，镀金的宫顶熠熠生辉，镶嵌宝石的柱子灿烂夺目。枢密宫是皇帝和大臣们议事的地方，全都用大理石砌成，三面是由正方形柱组成的拱门，另一面是绣雕方形窗户，雕刻的画面是典型的伊斯兰式建筑图案。

古堡分设内宫和外宫两部分。内宫是娱乐宫，主要是帝王、王妃和公主休息、游玩和娱乐的场所；外宫的主要建筑物为觐见宫，是莫卧儿皇帝接待达官贵人、王公大臣和外国使节的地方。殿内墙正中间有一壁龛，它的前面是国王的大理石宝座，高三米，上面雕刻着花鸟、树木等浮雕。加汉基尔宫是城堡中的重要建筑物，宫内大院四周有二层小楼环绕，宫墙金碧辉煌，彩画似锦。

阿格拉堡还有一座八角形的石塔小楼，登临塔顶，极目远眺，可以看到举世闻名的泰姬陵和亚穆纳河，与阿格拉堡遥遥相对。据说，当年沙杰汗王被其第三子幽禁在这座古堡时，就是经常默默地坐在小楼中，怀着无限的思念之情，望向泰姬陵，似乎在倾诉他那一颗孤寂哀伤的心。

## 凯拉萨神庙

凯拉萨神庙是印度埃洛拉石窟第 16 窟，是埃洛拉石窟中著名的印度教石窟，在今马哈拉施特拉邦奥兰加巴德西北，开凿于公元 8 ~ 9 世纪，是世界上由人工在整体花岗岩上雕凿成的最大石窟古庙。

公元 6 ~ 10 世纪前后，在早期遮卢迦王朝和拉什特拉库塔王朝统治德干地区期间，埃洛拉一座南北走向的新月形火山岩山麓陡坡上，陆继开凿了 34 座石窟，这就是世界闻名的埃洛拉石窟。埃洛拉石窟以雕刻著称，和以壁画闻名的阿旃陀石窟并称印度艺术的两大宝库。埃洛拉第 16 窟凯拉萨神庙位于埃洛拉石窟群中段，神庙包括全部装饰雕刻细节，都是由山麓上一整块巨大

凯拉萨神庙

的天然花岗岩峭壁被凿空雕镂而成。首先从崖顶向地面挖掘，切削出三面石壁，中间镂空的神庙犹如从地上陡然升起，真可谓鬼斧神工，被誉为“印度岩凿神庙的顶峰”“岩石的史诗”。

凯拉萨神庙

凯拉萨神庙是祀奉印度教大神湿婆的神庙，象征着湿婆隐居在喜马拉雅雪山中的神山——凯拉萨山。神庙纵深约80多米，宽约40多米，高约32米，由门楼、祠堂、前殿和主殿4个基本建筑单元组成。

凯拉萨神庙（局部）

凯拉萨神庙中的浮雕佛像

凯拉萨神庙内景（局部）

神庙西面的入口处是一座高大的长方形门楼，屏蔽着圣域，隔绝了外界，进入门楼便是一座双层亭阁，这里是供奉湿婆的坐骑公牛南迪的祠堂。祠堂两侧各有一根雕饰豪华的幢柱，高约 18.3 米，幢柱两旁分立着 2 只大象。祠堂后面，是前后相连的前殿和主殿，前殿内部是由 4 根一组的 16 根列柱支撑的会堂。前殿南北外侧各凸出一座门廊，在前殿宽阔的方形平顶中心，刻有硕大的三重莲瓣浮雕图案，上面雄踞着 4 头狮子。主殿高大雄伟，神像林立，从顶端延伸的 3 层庙塔精巧无比，四壁回廊上雕像众多，北回廊 12 座，东回廊 19 座，中间回廊 9 座，南回廊 12 座，这些雕像，或威武强悍，或温柔欢快，神采各异，栩栩如生，神殿中楣上一排石雕大象深厚雄劲。

神庙内外布满了大量浮雕嵌板、壁龛和饰带。雕刻题材主要是有关湿婆的往世书神话和史诗《罗摩衍那》《摩诃婆罗多》的故事。主殿高塔外壁上一个个凌空飘舞的飞天雕像，更具有火山般的爆发力和流星般的跃动感。在神庙入口走廊圆柱之间的壁龛中伫立着 3 尊河流女神浮雕：恒河、亚穆纳河与瑟勒斯沃蒂河女神，既保持着笈多古典主义的高贵、宁静、和谐，又充满着印度巴洛克式的华美、活泼、优雅，被公认为印度雕刻中女性美的最高典范。

凯拉萨神庙不仅是印度，而且也是世界建筑史上的奇迹。是什么力量让一代又一代的古印度人，耗尽一生的生命时光，一刀一锤，精雕细刻，硬是把一座石山变成一个壮观而华美的神庙？这是何等的信仰，何等的虔诚，实在是令人可敬可叹。

## 印度德里莲花庙

莲花庙又名巴哈伊寺、灵曦堂，位于德里的东南部，建成于 1986 年，是崇尚人类同源、世界同一的大同教的教庙。这座由白色大理石建造而成的教庙，以其壮观美丽著称，早已成为印度人的骄傲。莲花庙是一座风格别致的建筑，它既不同于印度教庙，也不同于伊斯兰教清真寺，甚至同印度其他比较大的教派的教庙也无一点相像。作为德里独一无二的标志性建筑，其巧妙设计成为这座寺庙的最大看点，莲花庙以其独特的魅力，多年来，以大海般的胸怀，每年吸引着成千上万慕名而来的游客。在印度星罗棋布、金碧辉煌的寺庙中，印度新德里东南的莲花庙，则以其光风霁月、匠心独具给人们留下深刻的印象。

印度德里莲花庙

莲花庙的外貌酷似一朵盛开的莲花，故称“莲花庙”。德里莲花庙的形状之所以采用莲花，与印度的历史有一定关系。莲花在印度教和佛教派中被奉为神物，在当代印度人心目中又贵为国花，所以这座庙宇一建成就备受印度人的喜爱。

莲花庙占地面积 26.6 公顷，早在 1953 年就购置土地，经过 20 余年的筹备，1980 年 4 月 21 日起开始动工，于 1984 年 12 月 24 日建成。整个建筑在体现民族特色的前提下，充分显示出现代化的大气。寺庙从顶尖至地面高度达 34.27 米，底座直径 74 米，由三层花瓣组成，全部采用白色大理石建造。中央大厅座位可容纳 1 300 人。底座边上有 9 个连环的清水池，烘托着这巨大的“莲花”。大门右手旁的铜制栏写着该庙建制的宗旨：“无论何种宗教、种姓都可以来这里祷告、休闲。”作为一个独立的世界性宗教的巴哈伊信仰并不具有排他性，这是它与其他宗教最大的不同之处。在巴哈伊寺庙，信奉巴哈伊教（又称“大同教”）的教徒可以心平气和地与不同宗教及种族背景的人士静静地坐在一起诚心祈祷、休息。在其周围还有办公大楼、会议厅、图书馆及视听中心等配套建筑。值得一提的是，寺庙所需资金均来源于印度及世界各地的巴哈伊信徒捐赠。

莲花庙的内部设置十分简单，只是一个高大空阔的圣殿，既无神像，也无雕刻、壁画等装饰性物件。唯有的是光滑的地板上安放着一排排白色大理石长椅。白色是该庙最主要的色调。进庙的教徒以及参观的人也不需进行什么特殊的仪式，只要脱鞋进殿，走到大理石椅上就座，然后沉思默祷就行。

踏上红砂石阶，走进白色花瓣下的莲花大厅内，清静凉爽之感扑面而来。与外表一样，室内四周没有任何富丽堂皇的点缀。偌大的寺庙，并无一尊供奉的神灵。乍一看，就如同进了大学的公共教室：室内正前方有一讲台，一排排大理石为面的条椅上，静静地坐着三三两两的人们，虔诚的人们悄悄地坐下来，或祈祷或休憩片刻。抬头仰望大厅正中，仍是由 9 片花瓣组成的巨大莲花，庄重朴素。

莲花，清净、圣洁、吉祥，与印度宗教崇拜的精神息息相关。这一丰富的内涵，给予了设计师灵感，以含苞欲放的莲花作为建筑外观，充分表达出了印度的宗教文化气质：莲花分 3 层花瓣，每层 9 片，共同组成了 27 片花瓣，形成了这朵含苞欲放的白莲花。“9”这个数字，在教徒的心中，寓意颇深，9 为数字最高之意，它象征着完整、一致和团结。

设计者法国建筑师法力甫·沙巴依照莲花在水中生长的特性，在整个建筑的周围设计了 9 个大清水池，砖红色的莲花基座浸于清冽的水中，在微风的吹拂下，清水掀起阵阵涟漪，为这朵水中盛开的白莲花，增添了许多灵性与妩媚。此举除了美观的效果，9 大水池还起到了自然冷气系统的作用。这样在炎炎夏日，祈祷大厅内虽无空调设备，但人们只要从外进入，马上就能享受到凉爽舒适，这些充分体现出了设计师的精妙构思。让人心动的设计，凝聚了印度元素，从整体上实现了建筑与自然的和谐统一，为此，它也赢得世人的盛誉。

印度德里莲花庙近景

# 第三节　日本的著名建筑

## 东　京　塔

东京塔正式名称为日本电波塔，又称东京铁塔，位于日本东京都港区芝公园，是一座以巴黎埃菲尔铁塔为范本而建造的铁塔。东京铁塔诞生以前，世界上第一高塔是法国巴黎的埃菲尔铁塔，但现在东京铁塔超过它 8.6 米，高达 333 米。同时，建造该塔所使用的建筑材料只有埃菲尔铁塔的一半，造塔时间也只用了一年半。用这样少的材料和这样短的时间，平地竖起这座防台风、抗地震的庞然大物，在当时几乎震惊了全世界。

该塔 1958 年 10 月竣工，为日本电波塔株式会社所有，并由其负责主持日常维护管理工作。东京铁塔建成后一直为东京第一高建筑物，直至 2012 年 2 月东京天空树（634 米）建成而退居第二位。不过，有点庆幸，同时也有点遗憾的是，在 2011 年 3 月 11 日发生的 8.9 级地震中，东京铁塔塔尖被震歪了，但铁塔尚存。

日本东京塔

日本东京塔近景

东京铁塔由建筑师内藤多仲与日建设计株式会社共同设计，是世界最高的自立式铁塔，朝鲜战争时使用过的部分战车被用作建塔时的原材料。该塔重 4 000 吨，与重 7 300 吨的埃菲尔铁塔相比重量大幅减轻。塔由四脚支撑，为棱锥体，塔身被涂成一段一段的橙黄色和乳白色，鲜艳夺目。

塔的灯光照明由世界著名照明设计师石井干子设计主持，照明时间为日落到午夜零点之间。灯光颜色随季节变化，夏季为白色，春、秋、冬季为橙色。

由于塔的上部装有无线电发射天线，因而这里是整个建筑物的心脏，对外发送无线电波，为 NHK（日本广播协会的缩写）、日本电视网、东京放送、朝日电视、富士电视、十二台等电视台的 7 个频道传送节目。另外，除发送电视、广播等各种无线电波外，还在大地震发生时发送列车停止信号，兼有航标、风向风速测量、温度测量等功能。还可以发射侦察、消防等方面的特种电波。

在塔高 100 米的地方，有一个二层楼高的展望台；在高 250 米的地方，有一个玻璃展望台，3 台电梯不停地运送参观的人们。从大楼底层到瞭望台，乘电梯只需一分钟，若徒步则需攀登563级阶梯。瞭望台内是一个20米见方的房间，四周用整块的大玻璃镶装，游客置身其中，仿佛凌空出世，远离人间。晴天，向下俯视，整个东京一览无余，西边美丽的富士山，淡妆素裹，婉丽多姿，令人赞叹。入夜，塔身装饰灯骤然齐明，在夜空中构成一幅绚丽多彩的图案，愈发显得神奇、雄伟。另外，“富士广播”的天线位于特别瞭望台下。此天线在安装的时候因为重量有所增加，使得铁塔不得不加固铁骨，支撑重量。

仰视东京塔

塔的下部为铁塔大楼，一楼为休息厅；二楼有商场；三楼是规模居日本及远东第一的蜡像馆，蜡像馆内有数十尊和真人一般大小的蜡像，四周的布景，有神话中的仙境、恐怖的囚室及逼供室等场面，加上灯光及音响效果，使游客宛若置身其境之感；四楼是近代科学馆和电视摄影棚。在大楼的入口处右侧，还矗立着参加第一次南极考察队的犬群塑像。在这栋大楼里面设有餐厅、百货店等，供应齐全，大大方便了游客。特别值得一提的是，楼内特开辟了科学馆，展出电视、无线电设备、各式各样的实验仪器、丰富多彩的科普图片，使游客既尽游兴，又增长知识。

东京湾夜景

# 法 隆 寺

法隆寺又称斑鸠寺，位于日本奈良县大和郡山西南，是圣德太子于飞鸟时代建造的佛教木结构寺庙。据传该寺西院始建于公元607年，但是东院建筑年代已无从考证。法隆寺占地面积约187 000平方米，寺内保存有自飞鸟时代以来的各种建筑及文物珍宝，被指定为国宝——重要文化财产的文物约190类合计2 300余件。法隆寺分为东西两院，西院保存了金堂、五重塔，东院建有梦殿等。西院伽蓝是世界上最古的木构建筑群。法隆寺建筑物群和法隆寺共同在1993年以“法隆寺地区佛教建造物”之名义列入《世界文化及自然遗产保护名录》。

法隆寺分东西两院，占地面积约187 000平方米，东院有梦殿等建筑，西院有金堂、五重塔、山门、回廊等木结构建筑。法隆寺的一个特点是云拱，被称为飞鸟样式的代表。西院伽蓝位于从南大门进入后正面稍微高出一段的地方。进入伽蓝，右为金堂，左为五重塔，外围“凸”字形回廊。回廊正南面开中门，中门左右延伸出的回廊与北侧大讲堂左右相接。回廊途中“凸”字形的肩部，东有钟楼，西有经藏。金堂、五重塔、中门、回廊是七世纪后半叶再建的，也是世界最古老的木造建造物群。日本寺院门的正面的柱间多为奇数（3间、5间、7间等），法隆寺正面柱间为4间，但正中立柱十分特异，门内左右安置塑造金刚力士立像。作为日本最早（8世纪初）的仁王像是十分贵重的，但是由于安置场所受风雨侵蚀、难于修补，身体部分已经用木造的后补替代。金堂上层没有设房间，将屋顶设

法隆寺

为二重是为了外观的气派。金堂的斗拱称为云斗、云肘木，是多用曲线的独特款式。此外，二层的“卍”字形高栏（扶手）、将其支撑起来的“人”字形束也很独特。支撑第二重的屋檐的四方的雕刻有龙的柱子是为了强化建筑构造而在镰仓时代的修理时附加的。金堂的壁画是日本佛教绘画的代表作，在国际上也十分著名。堂内分中间、东间、西间（其间并没有用墙壁等隔开），各自供奉着释迦如来、药师如来、阿弥陀如来。金堂安置有不少日本佛教美术史上著名的造像，但是堂内光线暗淡，不容易鉴赏。五重塔内没有楼板，平面呈方形，塔高 31.5 米，塔刹约占 1/3 高，上有九个相轮，是日本最古老的塔，属于中国南北朝时期的建筑风格。塔的特色是底层到顶层的房檐的递减率高，第五重顶层房檐的一边只有底层房檐的约一半左右。第一层内部东西南北四面各自安置着称作“塔本四面具”的塑造群像，其中 80 尊塑像为国宝。东面是《维摩经》中文殊菩萨与维摩居士问答的场面，北面是释迦涅槃，西面是分舍利（即印度诸国王分配释迦遗骨的场面），南面是弥勒之净土。塔内部严禁进入而且光线不足，塑像的鉴赏十分困难。五重塔内部也有壁画但剥落严重，现在别处保管，是重要文物。回廊与金堂为同时期建立，既是走廊又是区分圣境与外界的墙围。但是靠近大讲堂附近的折弯部分以北是平安时代所建，当初的回廊在大讲堂前闭合，大讲堂在回廊以外。经藏是奈良时代建筑，两层。钟楼建于经藏对称位置上，平安时代建立。大讲堂平安时代建立，安置药师三尊像和四天王像。东院伽蓝在圣德太子一族住过的斑鸠宫遗迹上建立，以八角圆堂梦殿为中心，四周环绕回廊，回廊南面为礼堂，北面为绘殿及舍利殿，绘殿及舍利殿北接传法堂。梦殿天平时代建立，堂内安置圣德太子等身像的救世观音像。观音菩萨立像（救世观音）是飞鸟时代木造像，安置于梦殿中央。曾长期被白布包裹，成为秘佛，明治初期冈仓天心等人首先将白布取下发现佛像，天心等人的发现过程有部分被神化，具体真相不明。现在春秋一定期间开放，平时依旧是秘佛。此外，这里还有行信僧都坐像、道诠律师坐像、圣观音立像、绘殿及舍利殿、传法堂、梵天、帝释天立像、四天王立像、药师如来坐像、释迦如来坐像、弥勒佛坐像、阿弥陀如来坐像，均为平安时代木造、重要文物。

法隆寺内还有众多的堂宇及称为“子院”的附属寺院，如新堂、宝珠院本堂、律学院本堂、宗源寺四角门、福园院本堂、北室院本堂、北室院太子殿、北室院表门等，均为重要文物。

法隆寺给人印象最深的另一特色，是一条绵长的甬道和两旁土黄色墙壁。甬道中间铺设着青石板，石板两边是细沙和碎石，两旁墙不高，墙顶是青色的瓦，墙基是石块，中段是土黄色，古朴乡气，如同中国乡间的黄土墙。黄墙质地很硬并呈细致纹印，显然是仿土。正是这条石板甬道和黄色土墙将法隆寺各个庭院和谐地连在一起，成为寺内的一种标志。

法隆寺七大不可思议的说法开始于江户时代，主要可归纳为以下七条，但是寺院没有具体正确的记录：

1. 法隆寺伽蓝内蜘蛛不结网，鸟雀不拉粪。实际上伽蓝内不可能完全没有蛛网鸟粪，这有可能是院内僧众希望法隆寺保持清静的一种良好愿望。

2. 南大门前有一块称为鲷石的大石。南大门阶梯下的地面埋有鱼形的大石，据说不管下多大的雨，雨水也不会漫过石头，可能含有希望鱼（或者水）只到此处打住之意。

3. 五重塔上的九轮插有四把镰刀。一说镰刀是为了封住圣德太子怨灵而设，还有一种说法是祈求防止雷击。这可能受到中国古来五行说影响，五行中雷属“木”，镰刀属“金”，金克木，所以用镰刀镇雷。此外还传说如果看到镰刀向上为丰年，向下为荒年。

4. 法隆寺中有三个伏藏。伏藏就是地下的仓库，这是法隆寺破损时，为再建而暂时存放财宝的地方，分别位于金堂东北角、经藏内、回廊南西角，被石盖覆盖。

5. 因可池内青蛙都是独眼。据传圣德太子在学习的时候因为蛙声太吵而用毛笔点了青蛙的眼睛一下，从此此池中的青蛙都只有一只眼睛了。

6. 梦殿的礼盘（僧人用座台）背面出汗。每年 2 月将梦殿救世观音像前的礼盘暴晒，根据蒸发出的水汽多少预测一年的粮食收成。

7. 地面没有排水口。实际排水口是有的，这一说法估计是为了表现法隆寺排水好、地盘好。

法隆寺是圣德太子创建的南都七大寺中的一寺，是佛教传入日本时修建的最早的一批寺院之一，成为其后日本佛教兴盛的基础。据传比同为圣德太子所创建的大阪四天王寺的建成要晚约 20 年（具体已无从考察），但是作为一处日本现存年代最为久远的古刹，法隆寺在日本佛教寺院中拥有极其特殊与崇高的地位，堪与奈良东大寺齐名，是众多日本佛教徒的朝圣之地。

法隆寺的正式名称是法隆学门寺，正如这一正式名称所述，是一处佛教教学的道场。法隆寺宗派在中世称为“三经宗”或“太子宗”。在此以前主要研究的是法相、律、三论等学派。特别是到了镰仓时代，圣德太子撰述的胜鬘经、维摩经、法华经的注释书《三经义疏》备受推崇。明治五年，太政官布告建议“真言宗”“净土宗”等大宗派统合，结果法隆寺一度被“真言宗”所辖，法隆寺与兴福寺传统上成为共通信仰“法相宗”的寺庙。现在法隆寺宗派上是圣德宗本山，但是昭和二十六年（1951 年）之前，法隆寺是与兴福寺、药师寺、清水寺（清水寺在这一年也脱离法相宗自立北法相宗）同属法相宗的寺院，此后，法隆寺脱离了长期有藤原一门为后盾的兴福寺的支配。作为圣德宗独立以后，作为法隆寺下属分寺的有中宫寺、法轮寺、法起寺等合计二十九寺。

## 金 阁 寺

鹿苑寺，又名金阁寺，是一座最早完成于应永四年（1397 年）的日本古刹，位于京都府京都市北区，是一座临济宗相国寺派的寺院，其名称源自于日本室町时代著名的足利氏第三代幕府将军足利义满之法名，又因为寺内核心建筑“舍利殿”的外墙全是以金箔装饰，所以又被昵称为“金阁寺”。

鹿苑寺现址是镰仓时代西园寺家所拥有的宅邸，为藤原公经（后改名西园寺公经）所建，曾经荣华一时，但在历经多代之后因为缺乏整理而倾塌。应永元年（1394 年）足利义满以位于河内国的领地与西园寺家交换获得这块当时称为“北山第”的山庄，开始大兴土木整理改建。隔年他卸下征夷大将军职位让渡给其子足利义持并出家入道，只保留太政大臣的头衔督政。应永四年，他将北山第改名为“北山殿”，并且以主要核心建筑“舍利殿”作为自己修禅的场所。由于义满将舍利殿修筑得金碧辉煌，当时的人就已称其为“金阁寺”。义满死后，其子遵照他的遗愿，劝请梦窗国师开山，将北山殿由宅邸用途改为禅寺，并以义满的法号命名为鹿苑寺，山号则为“北山”。

在之后的应仁之乱中，鹿苑寺境内大部分的建筑物都遭到焚毁，只有主建物舍利殿幸免，成为北山文化唯一的建筑遗址，因而被日本政府列为国宝。然而很不幸的是，在昭和

金碧辉煌的日本金阁寺

二十五年（1950 年）时，舍利殿因为一名 21 岁的见习僧人林承贤放火自焚而完全烧毁，连放在殿中供奉的国宝——足利义满也一同化为灰烬。日本名作家三岛由纪夫的同名小说《金阁寺》与水上勉的《五番町夕雾楼》都是以此事件为背景题材著成的。

今天，我们所看到的舍利殿是昭和三十年（1955 年）时依照原样重新修复建造的，昭和六十二年（1987 年）全殿外壁的金箔装饰皆全面换新，成为目前的状态。

金阁寺是日本宝贵的文物和著名的旅游点。金阁寺与富士山、艺妓并列为外国人眼中日本三大典型印象。该寺全部由金箔装饰，一只飞舞的金色凤凰矗立屋顶，十分夺目。金阁寺华丽、不羁、销魂夺魄。将所在时代的传统文化和新兴的物价文化融为一体，是室町时代的代表作。鹿苑寺除了是知名的观光旅游景点之外，也被日本政府指定为国宝，并于 1994 年以“古京都的历史遗迹”的一部分被联合国教科文组织指定为世界文化遗产的重要历史建筑。

金阁寺（舍利殿）是一座紧邻镜湖池畔的三层楼阁状建筑，一楼是延续了当初藤原时代样貌的“法水院”（属寝殿造风格，也就是平安时代的贵族建筑风），二楼是镰仓时期的“潮音洞”（一种武家造，意指武士建筑风格），三楼则为中国（唐朝）风格的“究竟顶”（属禅宗佛殿建筑）。寺顶有宝塔状的结构，顶端有只象征着吉祥的金凤凰装饰。

日本金阁寺顶部

三种不同时代的建筑风格，完美融合于一栋建筑物之上，是金阁寺之所以被推崇的原因，除此之外，效仿自衣笠山的池泉回游式庭园里有许多风格别致的日式造景，让它成为室町时代最具代表性的名园。

金阁寺的庭园里的造景分别为：陆舟之松、银河泉、严下水、龙门之淹、登龙门、鲤鱼石、安民尺、白蛇之冢等。寺院内的夕佳亭是一间茶室用途的小型建筑物，以内部一根不规则形天然木做成的屋柱“南天床柱”出名。“陆舟之松”是足利义满将军栽种的盆栽，形状犹如扬帆的船一般，树龄现在已有600年以上。

# 桂 离 宫

日本桂离宫标志牌

在日本京都西部桂川的西岸，有座掩映在绿树丛中的古色古香的建筑，这就是闻名遐迩的桂离宫。桂川流经日本的古都京都市，沿岸有不少风景优美的旅游胜地，岚山就是其中之一。桂离宫，原名桂山庄，因桂川在它旁边流过而得名。桂离宫是日本庭院建筑的杰作，桂离宫的建筑和庭园布局，堪称日本民族建筑的精华，不少外国人认为，“日本之美”即以桂离宫为代表。

桂离宫建于日本元和六年（1620 年）。是智仁亲王和智忠亲王父子创立的。智仁亲王是正亲町天皇的孙子，诚仁天皇的皇六子，后阳成天皇的皇弟，同时被大将军丰臣秀吉收为养子，被封为八条宫。他酷爱中国传统文化，23 岁追随细川幽斋学习，精通绘画、音乐、花道、茶道、造园。他的长子智忠亲王，与父亲一样，也是一个文人，也喜欢造园。所以说，桂离宫可说是日本文人园的代表之作。智仁亲王 1620 年开始建造桂离宫，1625 年建成。时隔 20 年，智忠亲王于 1645 年重修增筑，于 1649 年完工。到明治十六年（1883 年），

日本桂离宫（局部）

桂山庄成为皇室的行宫，并改称桂离宫，归当时的宫内省管辖。

桂离宫占地6.94公顷，有山、有湖、有岛。山上松柏枫竹翠绿成荫，湖中水清见底，倒影如镜。岛内楼亭堂舍错落有致。桂离宫的主要建筑有书院、松琴亭、笑意轩、园林堂、月波楼和赏花亭等。当今之局是智忠亲王完善后的景观。从造园风格上看，桂离宫是多种风格的综合体，既是池泉园，又是书院造庭园，也是茶庭和文人园。

说它是池泉园，因为它以泉源为中心，构筑水池，池中布置五个岛屿，岛屿之间用桥相连。这五个岛屿和水池即是日本国土的象征。岛上堆土山，山上建亭子。岛上分别有土桥、木桥和石桥通向岸边。岸边的小路曲曲折折地伸向四面八方，给人以“曲径通幽”之感。

桂离宫以大书院为主体建筑，书院分为古书院、新书院、新御殿。这里是亲王居住和读书的地方，内有乐器房、剑房、书房、画室等，相当于中国皇家园林的主殿和书房。呈雁行式布局，是日本书院建筑的代表。桂离宫里有三栋著名的书院造建筑。坐落在湖水岸边的这三座书院造依次为古书院、中书院和新御殿。书院里收藏有上千册的古书和各种古董，都是皇室的珍品。

说它是文人园，因为所有的园林小品建筑都有出处，与中国文化或诗句有关。取名桂离宫即与汉文化有关，中国汉代有桂宫，把嫦娥所居称为桂殿或月殿，当然，离宫显出退隐之意。造园时总体布局的依据就是白居易的《池上篇及序》。园林堂、笑意轩、月波楼、赏花亭都来自中国诗文，如月波楼引自白居易的“月点波心一颗珠”。松琴亭二字是后阳成天皇所题，建筑背山面水，后植松树，轻风吹过，松涛阵阵，宛如琴瑟和鸣。松琴亭和月波楼的两座建筑的窗子，可收取几面的景观，与中国古园的框景如出一辙，只不过视点更低。如果说与宗教有关的，那就是字亭和园林堂。建

日本桂离宫书院局部

于土山顶的字亭平面成字，四柱四坡顶，草顶松柱，有佛家朴素之象。而园林堂则显得庄重，正前以土桥为前景，建筑屋顶全用瓦顶，梁架十分规矩，用以祭祀先师细川幽斋和供奉祖先牌位。

日本桂离宫雕刻

说它是茶庭，因为大部分建筑是茶室建筑，松琴亭、园林堂和笑意轩都是日本“茶房”式建筑，是供在这里游玩的皇室品茶、观景和休息之处。桂离宫是舟游与回游相结合的园林，既可依园路步行，徜徉穿梭于山水之间，又可坐船穿梭于洲岛之间。所有建筑的正立面都面向水池，通船的水路上架起高大的土桥，水湾处架设石梁。平面布局不是轴线式，而是中心式，所有景点都环水而建。

为了保护国家文化遗产，日本政府于1976年聘请建筑专家和教授多人组成委员会，负责拟订方案，对桂离宫进行翻修。他们对建筑物实行大拆卸，用合成树脂对原建筑材料进行加固，然后重新组装，历时5年多，于1982年3月才竣工。专家们估计，经过这次彻底整修，这座宫苑至少可以维持300多年。

日本桂离宫缩微景观图

# 姬 路 城

姬路城是一座位于日本兵库县姬路市的城堡。位于姬路市中心，为该市主体象征。姬路，日语中指“蚕茧”。由于姬路城所处的姬山、鹭山两座山冈酷似蚕茧，方圆一带逐渐被人们称为“姬路”。因为城堡的外墙是白色的，城堡的外形又像一只高雅的白鹭，所以又称白鹭城，是日本现存的规模最宏大，风格最典雅的一座代表性城堡。

姬路城和熊本城、松本城合称日本三大名城，和松山城、歌山城合称日本三大连立式平山城。由于其保存度高，被称为“日本第一名城”。1931 年被指定为国宝，1993 年被联合国教科文组织列为世界文化遗产。

姬路城是 16 世纪日本城堡建筑幸存最好的典范。城堡建造在海拔 45.6 米的姬山之巅，主要城郭高 31 米。城堡由 83 座建筑物组成，它拥有高度发达的防御系统和精巧的防护装置。城堡也增加了对始于幕府时代的日本封建文化的理解。包括主要城堡主楼在内的 8 座建筑

日本姬路城

被视为国宝，其余74座建筑被确认为国家的重要文化财产。保存完好的建筑物和外围工事在向世人展示了伟大遗产的同时，又体现了日本城堡建筑的精致和战略防御技能的完善。

日本姬路城（局部）

由于地理位置的重要，1333年姬路一带已经驻扎军队；1346年开始建筑城堡；1580年战国时代末期的武将丰臣秀吉在这里继续兴建城堡；1681年，德川幕府的第一代将军德川家康的女婿池田辉政又重建城堡并扩大成今日的规模。池田辉政兴建城堡的工程浩大，用木材387吨，还用了75 000块总重达3 048吨的瓷砖，以及大量每块重一吨的巨大岩石。城堡的设计，巧妙地糅和了军事需要和艺术取向，这在日本城堡建筑中是个创举。

这个城堡建成后有13个家族先后入住，历时530年。至今“姬路城”仍是原来的建筑，这在日本是十分珍贵的。城堡中心部分是5层的天守阁，它纯白亮丽的外形和充满和谐的美感，越发显出姬路城的出类拔萃。姬路城的结构严密，固若金汤，它的三重螺旋形战略防御工事包括外部、中部和内部壕沟。防御工事修筑得精巧，从3条同心圆护城河开始，城壕环绕高大曲折的石城郭，城郭之间设置几座大门和瞭望塔。城墙和瞭望塔上有射箭、

花海中的日本姬路城

打枪的小孔；城堡中内庭的道路，千回百转，好似迷魂阵，从顶楼上却可以看得清楚。最大的城堡主楼海拔 92 米。三座较小的城堡主楼被独特的系列防御墙精巧地连为一体。起伏蜒绵的山墙与白色的灰泥墙达到一种优美的平衡，给予人们宁静、雅致的感觉。

天守阁外为 5 层、内有 6 层，还有一层在地下，整个建筑都用日本特有的涂壁材料白灰浆进行封涂，屋顶采用了瓦片，瓦片的叠缝也涂抹了白灰浆。

现在，春天有姬路城赏樱会“花见大鼓”、千姬牡丹节，夏天有姬路“港口节”，秋天有姬路城赏月会，冬天有姬路日本陶器展等，一年四季游客不断。另外周围还有与城堡关系颇深的日本庭园——好子园、男山千姬天满宫和兵库县立历史博物馆等。有很多时代剧和电影也在这里进行拍摄。姬路城已作为不复存在的江户城的象征而存在。

## 第四节　土耳其的著名建筑

### 蓝色清真寺

蓝色清真寺是回教世界最优秀的建筑师锡南的得意弟子穆罕默德·阿迦的作品，是伊斯坦布尔最重要的建筑之一，也是世界十大奇景之一。蓝色清真寺其实是通称，得名于伊兹尼蓝瓷砖的光彩，它真正的名称应该是苏丹艾哈迈德清真大寺，它可以说是伊斯坦布尔旧市街的中心，也是伊斯坦布尔最负盛名的清真寺建筑。

蓝色清真寺外有由 36 座大小不同的坟墓构成的陵墓，中间一座是苏丹·艾哈迈德一世的。陵前是一座 19 世纪的大理石石面的钟塔，后面为图书馆。陵墓始建于艾哈迈德在位时，1617 年艾哈迈德死后，由其子奥斯曼二世监督完工。该陵为方形，圆顶式的门廊，后院有广场。入口的大拱形门由 6 根大柱子支撑着，中央为一十字圆顶，旁边是一小圆顶。黑檀木的墓门上刻着《可兰经》经文。灰胶纸拍板窗现已被玻璃窗所替代，使里面非常明亮。窗间细镶板为 17 世纪的瓦所覆盖，分别为深绿、深红、蓝和白色。这一瓦饰的惊人的特点在于内部深蓝的背景下又有一组白色铭文。圆顶和墙是泥夯的。在面对入口的大理石神

土耳其蓝色清真寺建筑特色

蓝色清真寺里的地面

龛上，写着奥斯曼二世关于建造该陵的碑文。

蓝色清真寺建于17世纪，寺院的大圆顶直径达数十米，另外还有4个较小的圆顶和30个小圆顶，这些大圆小圆结合在一起，煞是好看；而清真寺不可或缺的尖塔，蓝色清真寺当然也有，而且比一般的清真寺还多了一根；据说只有回教圣城麦加的清真寺才能盖六根尖塔，但这里有了例外。据说蓝色清真寺在兴建时，建筑师听到苏丹艾哈迈德一世“黄金的”的命令，由于“黄金的”和“六根的”音很近，结果蓝色清真寺就逾矩有了六根尖塔，这六根传音塔，是回教世界国家中独一无二的设计。其造型典雅在白云蓝天的衬托下，益发显得庄严巍峨。在这面积广大的殿堂里，可同时容纳五千名回教徒做祈祷，整个殿堂四壁则有260个大小不同的窗子，窗子上有五颜六色的玻璃镶嵌图案。穿过这些小窗的光线融入昏黄、呈圆形排列的玻璃灯光中，幻光明舞，像是个虚拟的空间。

寺院的整个殿堂全部用大理石建造，内壁镶有两万多片伊兹尼蓝瓷砖，使整个内殿蓝光熠熠。地上铺满大大小小的伊索匹亚的朝贡的地毯，其余空无所有，当回教徒们在这里伏地祷告时，气氛庄严肃穆，加上四处都泛着一层隐隐的蓝光，使人仿佛置身于真主阿拉的温暖怀抱里。寺外的围墙内有中庭大院，两廊设有几个水龙头，供朝奉者净手之用。人们要脱鞋进入殿堂，回教徒们可以从正门进入，非回教徒的观光客则只能由侧门进入。

蓝色清真寺内部

此外，这里还有一个最大的看点，那就是阿拉伯书写艺术。支撑大圆顶的4根大柱槽纹明显，柱头的蓝底金字阿拉伯文和挂在柱身的黑底金字阿拉伯文，真的像艺术花纹。

最特别的是，建造蓝色清真寺没有使用一根钉子，而且历经数次地震而未倒坍，堪称“建筑史上的奇迹”。

## 圣索菲亚大教堂

圣索菲亚大教堂位于土耳其伊斯坦布尔，坐落在蓝色清真寺对面，因其巨大的圆顶而闻名于世，它是拜占庭式建筑的代表作，它的突出成就在于创造了以帆拱上的穹顶为中心的复杂拱券结构平衡体系，是一幢“改变了建筑史”的拜占庭式建筑典范，大教堂以一位名为索菲亚的圣人而命名，因此称为“圣索菲亚”，这个词在希腊语里的意思是上帝智慧。

圣索菲亚大教堂建于东罗马皇帝统治时期（公元532年—537年），当时拜占庭帝国正处于鼎盛阶段，为世界上十大令人向往的教堂之一。教堂恢宏无比，充分体现了当时卓越的建筑艺术，成为后来伊斯兰清真寺的设计模板，拜占庭帝国衰落后，圣索菲亚大教堂已转变成了供奉安拉的土耳其清真寺。现在，圣索菲亚大教堂是属于基督徒和穆罕默德信徒共有的一个宗教博物馆。也是世界上唯一由神庙改建为教堂、又由教堂改为清真寺的宗教建筑，目前大教堂已成为世界最著名的教堂之一，也是历史长河中遗留下来的最精美的建筑物之一。圣索菲亚大教堂作为一座雄伟壮丽的建筑古迹，冷眼旁观过政治兴迭、宗教斗争与历史的沧桑，而她的美丽庄严，依然撼动每一个参观者的心。

圣索菲亚大教堂穹顶彩绘

圣索菲亚大教堂占地面积近8 000平方米，其中中央大厅5 000多平方米，教堂前厅600多平方米，正南入口有两道门庭，末端有半圆神龛。该教堂是集中式的，东西长77米，南北长71米，是一座三拱长方形建筑。这座教堂内一共使用了107根柱子，柱头大多采用华丽的科林斯柱式，柱身上还增加了金属环扣以防止开裂。大教堂最大的圆柱高 19 至 20 米，直径约 1.5 米，以花岗岩制成，重逾 70 吨。查士丁尼一世曾下令将巴勒贝克、黎巴嫩的一些建筑拆卸，并运送到君士坦丁堡（伊斯坦布尔）建造圣索菲亚大教堂，圣索菲亚的主要建筑材料为砖块。

教堂布局属于以穹隆覆盖的巴西利卡式，中央穹隆突出，四面体量相仿但有侧重。教堂的圆顶高 60 米，相当于 20 层楼高，是世界有名的五大圆顶之一。

中央圆顶的最大直径达 31.24 米，较万神庙的穹顶直径少了四分之一，但高度却多了四分之一。圆顶下连绵的拱廊使圆顶看似失重，主圆顶的重力被两个向东西方扩展的半圆顶主殿、四个角落的柱墩以及建筑物南北外方的支撑物所抵消。内部空间丰富多变，穹隆之下，与柱之间，大小空间前后上下相互渗透，穹隆底部密排着一圈 40 个单拱窗，光线射入时形成的幻影，使大圆顶显得轻巧凌空。由于经历过为数不少的维修，圆顶现在已经不是绝对圆形的底座，而是略呈椭圆。

圣索菲亚大教堂的彩绘窗户

教堂内部空间曲折多变，饰有金底的彩色玻璃镶嵌画。教堂整体装饰富丽堂皇，地板、墙壁、廊柱是五颜六色的大理石，柱头、拱门、飞檐等处以雕花装饰，圆顶的边缘是 40 具吊灯，教坛上镶有象牙、银和玉石，大主教的宝座以纯银制成，祭坛上悬挂着丝与金银混织的窗帘，上有皇帝和皇后接受基督和马利亚祝福的画像。

站在教堂里，最强烈的感受是空旷，人在这里是那么的渺小。高不可攀的穹顶和气势恢宏的大理石柱子带给游客一种强烈的震撼，从四周窗户透进来的自然光线给幽暗的教堂营造了迷幻的宗教气氛，仰头望着顶穹上方的圣母圣子像，宗教的感召力量那么的强烈。它是拜占庭式建筑的代表作，它的突出成就在于创造了以帆拱上的穹顶为中心的复杂拱券结构平衡体系。从教堂内一侧的昏暗、狭窄的碎石铺就的通道蜿蜒而上，能到达环绕教堂内三面的两层长廊，能从不同的空间角度欣赏这座辉煌的大教堂，教堂外的净洗池显示着伊斯兰教的色彩。

圣索菲亚大教堂从许多方面来看都是令人惊叹的建筑，不可否认它是数学家的杰作。其设计人员中的一位是来自特拉列斯的安提缪斯——就是《燃烧的镜子》和《不平常的机械装置》这两篇著作的作者。另一位建筑师比安提缪斯年轻一点，他是来自米利都的伊西多尔，他针对亚历山大利亚的希罗的文章《论拱形建筑》写过一篇评论。安提缪斯和伊西多尔是阿基米德学科方面的大师，圣索菲亚大教堂的设计图，很有可能与刻在阿基米德墓碑上的图案相似。圣索菲亚大教堂的特别之处在于平面采用了希腊式十字架的造型，在空间上，则创造了巨型的圆顶，而且在室内没有用到柱子来支撑，君士坦丁大帝请来的数学工程师们发明出以拱门、扶壁、小圆顶等设计来支撑和分担穹隆重量的建筑方式，以便安置又高又圆的圆顶，让人仰望天界的美好与神圣。

神圣的教堂是当时的城市中心，而统治者对教堂所投注的心力不难看出统治者借由对宗教的奉献，夸示帝国的权力与财富，而对周遭地区施与影响力的用心。

圣索菲亚大教堂的内部装饰也很有特点，教堂内部空间既集中，又曲折多变，教堂穹顶下的空间与南北两侧是明确隔开的，可是东西两侧又是统一的，当然这都是为了宗教仪式的需要，增大纵深的空间；南北两侧的空间透过柱廊与中央部分相通，它的内部又以柱廊作划分。这样层次多了，引起对空间的无限幻觉。

墩子和墙上以彩色大理石贴面，由白、绿、黑、红等颜色组成各种图案。柱子以暗绿色为主，亦有部分是深红色。柱头一律用白色大理石，镶以金箔。柱头、柱础和柱身的交接线处，以包金的铜箍镶饰。穹顶和拱顶全用彩色玻璃马赛克镶嵌了天使及圣徒像作装饰，以金色和少量蓝色作底子。地面上亦以马赛克镶嵌成图案，因此上下左右显得金碧辉煌，色彩琳琅满目。仰望圆顶上悬挂的写着“穆罕默德”的阿拉伯文金字的大圆盘，以及更高处镶嵌着基督的马赛克拼贴，会让人感到一处建筑从教堂变成清真寺，再变成现今两教图腾和平共存的建筑代表，真的是一个独一无二的传奇。大教堂内墙上有天使杰布拉欣的巨幅油画，它向教徒们描绘了天国幸福、安详而和平的景象。尽管大厅四周有许多带彩色玻璃的拱形窗户，但由于大厅极其宏伟，自然采光的亮度与大厅面积不成比例，因此显得大厅阴暗，加之上千年浓郁的宗教氛围，让人有种莫名的压力和恐怖感。当你仰头向大厅顶部望去时，的确使人头晕目眩，叫人不敢多待。建筑结构之高超、艺术之精美、气氛之神秘，充分反映人们对神灵的敬畏，对天堂的神往。

## 第五节　马来西亚的著名建筑

### 国家清真寺

马来西亚国家清真寺位于首都吉隆坡市中心地区的老火车站边上，是东南亚地区最大的清真寺，世界著名的清真大寺，是伊斯兰建筑艺术的杰出代表。该寺由马来西亚首任总理拉赫曼 1957 年倡议修建，并于 1965 年全部竣工。国家清真寺的建筑造型非常优美，气势恢宏，式样与装饰同沙特阿拉伯麦加城的三大清真寺有很多相似之处，是由马来西亚的建筑设计师考察了世界上主要伊斯兰国家的清真寺之后设计建造的，是阿拉伯伊斯兰建筑

马来西亚国家清真寺

形式和现代形式相结合的产物。它既是马来西亚举行国家宗教仪式的重要场所，也是著名的风景胜地，来此朝圣的国内外游客众多。

马来西亚国家清真寺内景局部 1

马来西亚国家清真寺与一般清真寺的“洋葱头”式圆顶大相径庭，有着特别的星形屋顶，也算突出了回教特征。这座清真寺没有文莱杰米清真寺的富丽堂皇，却另有一种轻灵端庄的气派，尤其是朝拜厅外那一片森林般的柱廊，营造出一种现代感和空间感，带出几分庄严和神秘。整座清真寺的设计不仅庄严肃穆，而且给人一种美的享受。

马来西亚国家清真寺内景局部 2

该寺占地面积 5.5 公顷，从正门看，与其他国家或地方的清真寺相比，马来西亚的国家清真寺就好像一个庄严的宫殿。这里的主要建筑有祈祷大厅、大尖塔、陵墓和教堂办公大楼等。进入祈祷大厅前要经过一个宽阔的厅堂，该厅堂左右有宽大的走廊，走廊外面是巨大的阳台，站在阳台可以居高临下看到周围的街景，给人一种庄严之中的轻松感。国家清真寺大厅的内部与外部的设计风格一样，简单又不失庄重，金色的水晶大吊灯从屋顶垂下，照耀着屋顶下色彩斑斓的玻璃，使得原本可容纳 8 000 人祈祷的厅堂更显宽阔明亮，所以有些重大的宗教仪式都在这里举行。大厅顶部宛若巨伞，是由 49 个大小不等的圆拱组成的，保护着虔诚的教徒，顶部由中间向四周分散。最大的圆拱直径有 45 米，呈 18 条放射星芒，代表马来西亚全国的 13 个州和伊斯兰教 5 个信条。大尖塔塔尖的形状像火箭，象征穆斯林重视现代科学技术，寓意为伊斯兰教可以与科学相比。大尖塔全高73米，有电梯和楼梯通到上端。在国家清真寺的后面建有造型优美的陵墓，清真寺和陵墓之间有万桥廊相通。陵上有遮阳圆顶，陵内只有六七个墓穴，因为这里只安葬伊斯兰教的“国家英雄”，即只有曾经担任过国家总理职务的人才可以葬在这里，副总理在职时逝世的也可葬在此地。目前这里有前总理拉扎克和前副总理伊斯梅尔的墓。国家清真寺里还设有贵宾室、图书馆和可以容纳千人的诵经堂等。在这片宽广、雄伟的建筑群中央，还建有水池和喷泉，并有花草树木点缀其间。寺院的外墙上有各种伊斯兰教雕刻。

马来西亚国家清真寺俨然是一组充满时尚感的现代建筑，完全颠覆了清真寺的传统形象，它既没有巨大的穹隆顶，也无繁复的雕饰，竟然是那样通透、开敞、简洁，呈现出一种轻灵端庄的气质。整个建筑用现代建筑的手法，不断重复地使用伊斯兰纹饰，并做一定的镂空处理，通过一系列组合构筑出一个空间，使之成为人们感悟教义真髓的精神场所，这或许就是建筑师的灵感。其典雅的环境与独特的设计，使国家清真寺不但成为虔诚教徒朝圣的重要场所和向往胜地，也成为吉隆坡的一道著名景点。

马来西亚双塔大厦

## 双塔大厦

吉隆坡的双塔大厦也叫佩重纳斯大厦、马来西亚国家石油大厦、双峰大厦、双子大厦，位于吉隆坡市中心美芝律，占地约572平方千米，为综合办公楼建筑。大厦高度为452米，88层，是由马来西亚国家石油公司投资 20 亿马币建成的，目前是世界上最高的双塔大楼。从吉隆坡市内各处都能很容易看见这两座巍峨壮观，气势雄壮的大厦，它们就像两座高高的尖塔刺破长空。大楼作为吉隆坡的标志性城市景观之一，也是马来西亚经济蓬勃发展的象征。

双子塔的设计风格体现了吉隆坡这座城市年轻、中庸、现代化的城市个性，突出了标志性景观设计的独特性理念。这座双塔楼的设计是经由国际性的比稿，最后决定采用著名的西萨·佩里建筑事务所提出的构想。该塔由美国建筑设计师佩里设计，高 452 米，共 88 层，是世界高层著名建筑物之一。

整栋大楼的格局采用传统回教建筑常见的几何造型，包含了四方形和圆形。楼体选用世界最先进的建筑材料，表面材料选用铝合金、不锈钢和钢化玻璃。双塔的楼面构成以及其优雅的剪影给它们带来了独特的轮廓。其平面是两个扭转并重叠的正方形，用较小的圆形填补空缺。这种造型可以理解为来自伊斯兰的灵感，而同时又明显是现代的和西方的。双塔的外檐为 46.36 米直径的混凝土外筒，中心部位是高强钢筋混凝土内筒，外筒和内筒之间是用高轧制钢梁支托的金属板与混凝土复合楼板联系在一起。4 架钢筋混凝土空腹格梁在第 38 层

马来西亚双塔大厦夜景

内筒四角处与外筒结合。位于圆形与正方形交接点位置处的 16 根混凝土柱子支承了上部的结构荷载。塔楼的一个值得一提的特色是在第 42 层处的天桥。如建筑师所称，这座有人字形支架的桥似乎像一座登天门。这一连接双子塔的空中走廊是目前世界上最高的过街大桥，站在这里，可以俯瞰马来西亚最繁华的景象。

这两座塔楼两塔分别由韩国和日本的建筑公司承建，1 号塔为马来西亚国家石油公司总部办公大楼，2 号塔楼为对外招租的办公写字楼。塔内中央空调系统是由天然气作为能源驱动，并设有完善的防火保安系统。塔内包含了 74.32 万平方米以上的办公面积，13.935 万平方米的购物与娱乐设施，4 500 辆车位的地下停车场，一个石油博物馆，一个音乐厅，以及一个多媒体会议中心。塔内有全马来西亚最高档的商店，销售的都是品牌商品，当然价格也是最高的；有东南亚最大的古典交响音乐厅——马来西亚国油爱乐古典交响音乐厅。

## 第六节　阿联酋的著名建筑

### 迪拜哈利法塔

哈利法塔也叫迪拜塔，位于阿拉伯联合酋长国迪拜境内，为当前世界第一高楼与人工构造物，该塔于 2010 年 1 月 4 日正式完工并启用。迪拜塔囊括了一系列最高级形容词，是世界最高的建筑——828 米，也是世界最高的自立建筑；拥有世界最多的楼层数——162 层；是世界最高的混凝土结构——601 米。

哈利法塔共有 162 层，内设有住宅、办公室和豪华酒店。发展商希望将塔塑造成“自给自足”的群体，让住户足不出塔，即可解决一切生活需要。人们可到 122 楼的餐厅，边欣赏海拔 440 米的壮丽景色，边享受世界各地的美食。123 层的高层大堂设有健身室和室内泳池，没有恐高症的人还可以挑战露天泳池。迪拜塔观景台创纪录地设在第 124 层，可俯瞰海湾。它在迪拜以外数十公里处的沙丘中依稀可见；若从天空俯视，它就像一根银针直插云霄。高层建筑和都市居所理事会研究和沟通经理让·克勒克斯说：“在信封上写下你的名字和迪拜塔的名字，全世界任何一个邮局都不会找错地方。”

哈利法塔

哈利法塔是一座综合性建筑，37 层以下是阿玛尼高级酒店；45 ~ 108 层是高级公寓，共 700 套；78 层是世界最高的游泳池；109 ~ 162 层为写字楼；124 层为世界最高的观光层，透过幕墙的玻璃可以看到 80 千米外的伊朗；158 层是世界最高的清真寺；162 ~ 206 层为传播、电信、设备用楼层；顶部 70 米是钢桅杆。

哈利法塔不但高度惊人，连建筑物料和设备也“分量十足”。哈利法塔总共使用 33 万立方米混凝土、3.9 万吨钢材及 14.2 万平方米玻璃。大厦那么高，当然需要先进的运输设备。大厦内设有 56 部升降机，速度最高达每秒 17.4 米，另外还有双层的观光升降机，每次最多可载 42 人。

此外，哈利法塔也为建筑科技掀开新的一页。为巩固建筑物结构，大厦动用了超过 31 万立方米的强化混凝土及 6.2 万吨的强化钢筋，而且也是史无前例地把混凝土垂直泵上逾 460 米的地方，打破台北 101 大厦建造时的 448 米纪录。哈利法塔光是大厦本身的修建就耗资至少 10 亿美元，还不包括其内部大型购物中心、湖泊和稍矮的塔楼群的修筑费用。为了修建哈利法塔，共调用了大约 4 000 名工人和 100 台起重机。它不仅是世界第一高楼，还是世界第一高建筑。

作为世界最高建筑，迪拜塔托起迪拜领导人缔造“中东纽约”的梦想，为海湾诸国立起经济多元化发展的标杆。

建筑设计的基座周围采用了富有伊斯兰建筑风格的几何图形——六瓣的沙漠之花，即平面是三瓣对称盛开的花朵，立面通过 21 个逐渐升高的退台形成螺旋线，整个建筑物像含苞待放的鲜花。这朵鲜花在沙漠耀眼的阳光下，幕墙与蓝天一色，发出熠熠光辉。这些设计方案展示了一种具有挑战性的单式结构，由联为一体的管状多塔组成，具有太空时代风格的外形。设计的楼面为“Y”字形，并由三个建筑部分逐渐连贯成一核心体，从沙漠上升，以上螺旋的模式，减少大楼的剖面使它更直往天际，在顶端，中央核心逐转化成尖塔，Y 字形的楼面也使得哈利法塔有较大的视野享受。

迪拜音乐喷泉

在结构设计上，迪拜哈利法塔的高度已超越了纯钢结构高层建筑的使用范围，但又不同于内部混凝土外围钢结构的传统模式，在体系上又有了新的突破。由于超高，设计上着重解决抗风设计和竖向压缩、徐变收缩等竖向变形问题；施工上哈利法塔创造了混凝土单级泵送 606 米的世界纪录，创造了一个新的奇迹。

全钢结构优于混凝土结构，适合于超高层建筑，这是20世纪六七十年代的普遍共识，哈利法塔做了前所未有的重大突破，采用了下部混凝土结构、上部钢结构的全新结构体系。即30 ~ 601米为钢筋混凝土剪力墙体系，601 ~ 828米为钢结构，其中601 ~ 760米采用带斜撑的钢框架。该塔采用三叉形平面取得了较大的侧向刚度，降低了风荷载，有利于超高层建筑抗风设计，同时对称的平面还可以保持平面形状简单，使施工方便。塔的整个抗侧力体系是一个竖向带扶壁的核心筒，六边形的核心筒居中；每一翼的纵向走廊墙形成核心筒的扶壁，共6道；横向分户墙作为纵墙的加劲肋；此外，每翼的端部还有4根独立的端柱。这样一来，抗侧力结构形成空间整体受力，具有良好的侧向刚度和抗扭刚度。塔的中心筒的抗扭作用可以模拟为一个封闭的空心轴。这个轴因三个翼上的6道纵墙扶壁而大大加强；而走廊纵墙又被分户横墙加强。整个建筑就像一根刚度极大的竖向梁，抵抗风和地震产生的剪力和弯矩。同时，由于加强层的协调，端部柱子也参加抗侧力工作。

塔的竖向形状按建筑设计逐步退台，剪力墙在退台楼层处切断，端部柱向内移。分段步步切断可以使墙、柱的荷载平顺逐渐变化，同时也避免了墙、柱截面突然变化给施工带来的困难。因为退台要形成优美的塔身宽度变化曲线，而且要与风力的变化相适应。另外，该塔的建筑设计在竖向布置了7个设备层兼避难层，每个设备层占2 ~ 3个标准层。利用其中的5个设备层做成结构加强层。加强层设置全高的外伸剪力墙作为刚性大梁，使得端部柱的轴力形成大力矩抵抗侧向力的倾覆力矩，同时刚性大梁调整了各墙、柱的竖向变形，使得其轴向应力更均匀，降低了各构件徐变变形差。

总体而言，该塔的混凝土结构设计完全是按美国规范ACI 318-02进行。设计时尽量考虑构件的体积与表面积的比值接近，使各构件的收缩速度接近，减少收缩变形差。在立面内收处，钢筋混凝土连梁要传递竖向荷载（包括徐变和收缩的效应），并联系剪力墙以承受侧向荷载。

塔的施工全过程分15个阶段，采用三维模型进行分析，同时也考虑了收缩和徐变。每个模型都代表施工过程的一个时间点，施加当时所增加的新荷载。分析还延续到施工结束后50年。

# 阿拉伯塔酒店

阿拉伯塔酒店又称迪拜帆船酒店，位于中东地区阿拉伯联合酋长国迪拜酋长国的迪拜市，为全世界最豪华的酒店。酒店内金碧辉煌、奢华无比，曾是世界上第一家7星级酒店。在阿拉伯塔酒店顶部还有一个圆台形状的直升机停机坪。阿拉伯塔最初的创意是由阿联酋国防部长、迪拜王储阿勒马克图姆提出的，他梦想给迪拜一个悉尼歌剧院、埃菲尔铁塔式的地标。因此，经过全世界上百名设计师的奇思妙想，再加上迪拜人巨大的钱口袋和5年时间，终于缔造出一个梦幻般的建筑——阿拉伯塔酒店。该酒店将浓烈的伊斯兰风格和极尽奢华的装饰与高科技手段、建材完美结合，建筑本身就获奖无数。阿拉伯塔酒店仿佛是阿拉丁的宫殿：墙上挂着著名艺术家的油画，每个房间备有17个电话，门把和厕所水管都“爬”满黄金，每个套房中还有为客人解释各项高科技设施的私人管家……全部202间套房中，最低的房价也要900美元一晚，皇家套房则需18 000美元一晚。最豪华的780平方米的总统套房更是华丽非凡，在第25层。家具是镀金的，设有一个电影院、两间卧室、

阿拉伯塔酒店

两间起居室、一个餐厅，出入有专用电梯。这家酒店拥有八辆宝马和两辆劳斯莱斯，专供住店旅客直接往返机场，也可从旅馆专设的机场坐直升机，花 15 分钟从空中俯瞰迪拜美景。这里搜罗了来自世界各地的摆设，有私家电梯、私家电影院、私家餐厅、旋转睡床、可选择上中下三段式喷水的淋浴喷头等。这一地区景色旖旎的、绵长的沙滩海岸和温暖的大海、迷人的沙漠，是喜欢冒险的游客的理想之地。当然，阿拉伯塔酒店就是游客最奢华的临时家园。而今，由于其独领风骚、无出其右的建筑特色、奢华环境和至高无上的服务，已经升级为世界 8 星级酒店之一。

阿拉伯塔酒店一共有 56 层、321 米高，是全球最高的饭店，比法国埃菲尔铁塔还高上一截。该酒店由英国设计师汤姆·赖特设计，外观如同一张鼓满了风的帆。建设帆船酒店的工程花了 5 年的时间，2 年半时间在阿拉伯海填人造岛，2 年半时间用在建筑本身，使用了 9 000 吨钢铁，并把 250 根基建桩柱打在 40 米深海下。

阿拉伯塔酒店糅合了最新的建筑工程科技，迷人的景致及造型，使它看上去仿佛和天空融为一体。酒店采用双层膜结构建筑形式，造型轻盈、飘逸，具有很强的膜结构特点及现代风格。

阿拉伯塔酒店所有的 202 间房皆为两层楼的套房，最小面积的房间都有 170 平方米；而最大面积的皇家套房，有 780 平方米之大。而且全部是落地玻璃窗，随时可以面对一望无际的阿拉伯海。进入房间会有一个管家为客人解释房内各项高科技设施如何使用，因为酒店的服务宗旨就是务必让房客有阿拉伯国王的感觉。并且入住皇家套房，还能享受管家、厨师和服务员七对一的服务。在狠狠地让人感到吃惊之余，也让人感叹金钱的力量。

沐浴在夕阳中的阿拉伯塔酒店

酒店内的海鲜餐厅仿佛是在深海里为顾客捕捉最新鲜的海鲜，在这里进膳的确是难忘的经历——要动用潜水艇接送。从酒店大堂出发直达海鲜餐厅，虽然航程短短3分钟，可是已经进入一个神奇的海底世界。沿途有鲜艳夺目的热带鱼在潜水艇两旁游来游去，美不胜收。安坐在舒适的餐厅椅上，环顾四周的玻璃窗外，珊瑚、海鱼所构成的流动景象，伴随客人享受整顿美食。

海里有餐厅，空中也有餐厅。客人只需乘搭快速电梯，33秒内便可直达位于阿拉伯海湾上200米高空的餐厅。以太空为设计元素的餐厅，采用蓝绿为主的柔和灯光，再加上波浪设计的衬托，就仿佛进入另一个世界。餐厅可容纳140名顾客，晚餐之际，夜空璀璨，观赏迪拜的天空和海湾，享受地中海风味的高级厨艺，想必是人生至高的享受了。而仅供应美味的地中海餐，则是该餐厅的一大特色。由于是以水上的帆为外观造型，饭店到处都是与水有关的主题（也许在沙漠国家，水比金更彰显财力）。一进饭店门的两大喷水池，不时有不同的喷水方式，每一种皆经过精心设计，约15 ~ 20分钟就换一种喷法，跟水舞没什么两样，搭着电梯还可以欣赏高达十几米的水族箱，很难相信外头就是炎热高温的阿拉伯沙漠。

迪拜的特色美食融合了黎巴嫩、伊朗、摩洛哥、埃及、叙利亚、巴基斯坦和印度等各国特色，也许有些人认为迪拜美食的特色就是没特色。而就是这种口味的混合真正成就了阿联酋美食的与众不同。其代表性的特色菜包括：阿拉伯烤鸡、阿拉伯甜品、阿拉伯烤牛、阿拉伯烤羊。

## 第七节　耶路撒冷的著名建筑

### 圆顶清真寺

圆顶清真寺又称金顶清真寺、萨赫莱清真寺，坐落在耶路撒冷老城东部的伊斯兰教圣地内，在阿克萨清真寺以北300米处，是伊斯兰教著名清真寺。穆斯林称其为萨赫莱，意为“岩石”，故亦称岩石清真寺，视其为高贵圣殿，犹太人和基督徒称其为圣殿山。它一直是耶路撒冷最著名的标志之一，数百年来，欧洲游客一直称之为奥玛清真寺。该寺由第九任哈里发阿卜杜勒·马利克于公元687年到公元691年间建造。穆斯林相信圆顶清真寺中间的

耶路撒冷圆顶清真寺

岩石就是穆罕默德夜行登霄，和天使加百列一起，到天堂见到真主的地方。

圆顶清真寺是现存于世的最古老的清真寺之一，也是少有的没有高耸的、直逼云霄的宣礼塔的清真寺。自公元 7 世纪以来几经翻修，圆顶清真寺由木屋顶变成了今天美丽的金色八角形穹顶，承载了穆斯林的虔诚与兴盛。它的大圆顶高 54 米，直径 24 米。圆顶清真寺内还有一块镇寺之宝：一块淡蓝色的巨石，被放置在寺的中央，长 17.7 米、宽 13.5 米、高出地面 1.2 米，以银、铜镶嵌，铜栏杆围着。这块岩石上有一个大凹坑，相传是先知穆罕默德在此处“登霄”留下的马蹄印。

闻名世界的圆顶清真寺总是频频被摄入投向耶路撒冷的镜头中，它雄伟而炫目的金顶无论清晨还是黄昏，都会在蓝天下产生一种让人无法抗拒的美感。1994 年由约旦国王侯赛因出资 650 万美元为这个圆顶覆盖上了 24 公斤纯金箔，使它彻底名扬天下。圆顶清真寺无疑是耶路撒冷最耀眼、最炫丽的建筑。目前，以色列政府允许穆斯林委员会管理该清真寺，禁止犹太人和基督徒进入。

相传该寺原为欧麦尔建的木清真寺，公元 691 年改建成八角形清真寺。穆斯林相信圆顶清真寺中间的岩石就是穆罕默德夜行登霄，和天使加百列一起到天堂见到真主的地方。

耶路撒冷圆顶清真寺夜景

相传伊斯兰教圣人穆罕默德曾在创教后第九年（即公元 619 年）的一个晚上，在天使陪同下骑一匹面如美女的天马从麦加飞到耶路撒冷，踏石登天，聆听真主的天启。后来在穆罕默德登天的地方建起了金顶清真寺，那块石头现在还保存在清真寺内。伊斯兰教也认为穆罕默德是继摩西、耶稣等先知后，真主派往人间的最后一位使者。

## 圣墓大教堂

圣墓教堂又称“复活大堂”，是耶稣坟墓所在地，耶路撒冷基督教大教堂之一，位于耶路撒冷旧城。耶路撒冷是世界著名的历史古城，教堂处在耶路撒冷，有着和其城市同样的悠久历史。在这座有 4000 年历史的城池上，刻满了征战和兴亡的印记。据统计，它先后遭受过各国的征服共达 37 次之多。这座古城特别以浓厚的宗教情调著称，犹太教、基督教和伊斯兰教，各自根据自己的宗教传闻，尊它为圣城。犹太教把耶路撒冷一贯看作他们的宗教中心以及他们顶礼和思慕的所在，为了保持城市的圣洁，犹太教法典甚至严格规定，除玫瑰花外，不得在城内有其他的花园。基督教徒则认为这里是救主耶稣钉死在十字架上的地方，是他一生传教的主要活动场所。伊斯兰教则相传耶路撒冷是先知穆罕默德骑飞马直上七重天，接受天启的神圣地点。三教奉一城为圣地，使耶路撒冷在全世界处于独一无二的地位。在历史的长河中，许多邦国的兴亡、民族的攻战、宗教的纷争，在这里深深地纠结在一起，直到今天还没有平息。

圣墓大教堂局部

耶路撒冷圣墓教堂是耶稣基督遇难、安葬和复活的地方，因此更具有不同凡响的意义。传说耶稣被害前，就是沿着“受难之路”背负着沉重的十字架，一步步艰难地走向刑场的。从 4 世纪开始，圣墓教堂就一直是信徒们朝圣的地方。现在这里是世界上最神圣的基督教圣地。

圣墓大教堂内穹顶

圣墓大教堂由三部分组成：圣墓教堂、骷髅地教堂和寻获圣架教堂。圣墓教堂就建在骷髅地的山谷中，那儿是埋葬耶稣的地方，教堂外观像一个十字架，教堂内的小教堂实际上只是整座建筑的大殿：和罗马的万神殿一样呈环形，只能通过圣墓上方的圆顶采光，16 根大理石柱环绕圆顶，勾勒出 17 个拱廊，形成一条空中飞拱，飞拱同样饰有 16 根柱子和 17 个拱廊，只是比承托的柱子和拱廊要小些。飞拱中楣的上方凿有壁龛，与诸拱廊相对，圆顶便依着壁龛的弧度搭起。昔日壁龛均以马赛克装饰，描绘了十二门徒、圣海伦娜和君士坦丁大帝的形象，另外还有 3 幅不知名的肖像。

圣墓教堂共有上下两层，由苦路进入，直接就会踏入教堂的二楼，这里是苦路的第十处和第十一处，分别展示着两件巨幅油画：犹太先知亚伯拉罕祭献儿子以撒和耶稣被钉在十字架上。第十二站是耶稣殉难的地点，这里矗立着著名的耶稣被钉死在十字架上的雕塑。第

圣墓大教堂内景局部1

圣墓大教堂内景局部2

圣墓大教堂内景局部3

十三站在圣墓教堂的正门大厅，一块带着血红色斑的大理石散发有异香，是传说中摆放耶稣遗体的地方。从这里往左，大厅中央是小教堂状的圣墓所在地，这里是苦路的终点第十四站。圣墓其实就是一个石洞，极为狭小，不足两米宽。据传，这里原本是贵族约瑟夫购买的墓地，当年他因敬仰耶稣而把自己的墓地捐献出来埋葬耶稣。耶稣基督在世的时候说自己死后的第三天要复活（马太福音17章22至23节：耶稣说：人子将被交于人们手中，他们要杀害他，第三天他必要复活）。

据说在耶稣去世后的第三天早晨，马利亚到墓地的时候，看见洞门的石头已经被人滚开了。进入墓室，发现耶稣基督的身体也不见了。于是，马利亚就在洞门口哭泣，因为马利亚以为耶稣的身体被人盗去了。在马利亚低头哭泣的时候。突然有两位天使站在马利亚的后面对马利亚说："为什么在死人中找活人呢？他不在这里，已经复活了。"被认为是耶稣殉难和复活处的圣墓教堂现由6个教派共同掌管，是教中有堂、堂中有教的典型。其实，关于耶稣的出生与复活各教派在说法上存在不少差异，不过好在如今，各个教派已经搁置争论，安然共处。

# 阿克萨清真寺

阿克萨清真寺位于耶路撒冷古德斯东区旧城东部沙里夫内院的西南角，地位仅次于麦加圣寺和麦地那先知寺，是伊斯兰教第三大圣寺。阿拉伯语“阿克萨”意为“极远”，故又称远寺，其实就是《古兰经》第 17 章说的“远寺”，是耶历 621 年穆圣登霄前率领自阿丹到尔萨（耶稣）等历代圣人礼拜的地方，是伊斯兰三个最神圣的地方之一。之所以叫远寺，系源于《古兰经》载伊斯兰教先知穆罕默德于公元 621 年 7 月的一个夜晚由天使吉卜利勒陪同自麦加乘天马到耶路撒冷登霄夜游七重天的传说。传说中穆罕默德一夜间从禁寺到了远寺，他教自己的仆人“由禁寺夜赴我赐福于其四周的远寺”。伊斯兰初期，远寺曾一度被定为穆斯林礼拜的朝向。

阿克萨清真寺于公元 705 年由倭马亚王朝哈里发阿卜杜勒·马利克主持始建，后由其子瓦利德于公元 709 年建成。该寺建在原圣殿教堂残存的基墙上，教堂的完好部分也被修建在寺中。公元 780 年毁于地震，后几经翻修，现保存的大部分建筑为 10 世纪阿巴斯王

阿克萨清真寺

阿克萨清真寺远景

朝第十九任哈里发戛希尔时代留下的。公元 932 年，阿巴斯王朝第十九任哈里发戛希尔斥巨资重建了远寺，使用方块条状石料砌筑墙壁，庄重伟岸而坚固，高大厚实，千年不朽。在古代，神圣的建筑物均是石头所砌。远寺实际上就是一座平顶寺殿，与一般教堂无大区别。公元 11 世纪初增建了具有伊斯兰特色的大圆顶，镏金装饰，高高矗立于蓝天碧空，在耶城的骄阳下熠熠生辉，更是庄严辉煌。远寺改建后，礼拜大殿长 90 米，高 88 米，约 30 层楼高，宽 36 米，殿内耸有 53 根大理石圆柱，49 根大理石方柱，擎撑着屋顶。此前远寺只有东西两面有门，因是面南礼拜，所以又开了一道北门。远寺整体建筑显得高大宏伟，气势壮观。大殿可容纳 5 000 人礼拜。圆顶和北门为 11 世纪增建。西方历史学家称该寺是“地球上最豪华最优美的建筑物和历史遗产”。

1300 年，欧洲基督教十字军占领耶路撒冷后，肆意践踏和蹂躏圣寺尊严。他们将该寺的一部分改为教堂，另一部分当作骑士团的营房和武器库，大殿旁边建了一长溜马厩。把圣寺糟蹋得不成样子。88 年后，埃及阿尤布王朝苏丹萨拉丁，率领阿拉伯联军从十字军铁蹄下收复了耶路撒冷圣城，远寺重回穆斯林手里，萨拉丁下令清除了十字军污垢，全面重修远寺，用彩色马赛克镶嵌，装饰圆顶内穹，重建了“米哈拉布”（凹壁），用名贵木材精制了一座“敏拜尔”（宣讲台），安放在大殿一侧。寺内还另辟一处长方形礼拜殿，内有大小厅堂各一间，大厅称阿齐兹厅，小厅称宰凯里亚厅，装饰极为华丽，内有凹壁，称宰凯里亚凹壁，据悉此是当年宰凯里亚先知礼拜、静坐、参悟、赞主之处。1948 年以色列侵占耶路撒冷后，不断拆毁阿克萨圣寺周围的相关建筑物，1969 年 8 月 21 日又放火烧毁了圣寺的大部分设施和名贵文物，木质宣讲台化为灰烬，令人痛心。他们还在原通向远寺的老地廊下面打隧道、妄图毁掉圣寺，在上面建犹太教堂。

# 第八节　亚洲其他国家的著名建筑

## 沙特阿拉伯的麦加穆斯林禁寺

麦加禁寺也叫麦加大清真寺，是伊斯兰教第一大圣寺，位于阿拉伯半岛麦加城（今沙特阿拉伯境内）中心，是全世界穆斯林礼拜朝向克尔白（天房）的所在地。

由于穆罕默德生前曾将其周围划为禁地，即禁止非穆斯林入内和狩猎杀生、斗殴等行为，故名禁寺。

麦加禁寺在全世界穆斯林心目中占有神圣的地位，每年都有一两百万穆斯林花费巨额资财，不顾长途劳累，从遥远的地方来到这里朝觐，以表示自己是安拉的虔诚信徒。回历10月1日至12月10日是穆斯林的朝觐期。每年这段时间，肤色不同、语言各异的穆斯林，

麦加穆斯林禁寺局部

怀着同一种心情从世界各地似潮水般涌向麦加城，麦加城顿时变得异常繁华，异常喧闹。少量的人住在城内的旅馆里，大多数人则是找一个地方搭起一个临时的帐篷。那些帐篷，一顶接一顶，一排挨一排，从城内伸向城外，在城区四周绵延数公里，满山遍野的帐篷，使麦加城犹如漂浮在一片白色的海洋之上。麦加在伊斯兰世界被誉为“诸城之母”，圣地只对穆斯林开放，非穆斯林者一律谢绝入内。

早期的禁寺只是一块东西宽、南北窄的露天礼拜场所，除克尔白外无其他建筑。公元638年，第二任哈里发欧麦尔扩大了院落，并修建了围墙。公元646年，第三任哈里发奥斯曼又进行了扩建并增修了廊檐。公元656年，阿巴斯王朝哈里发艾卜·加法尔·曼苏尔在扩建禁寺过程中，增加了黄金装饰和各种雕刻，还修建了第一座宣礼塔。后经历代哈里发和当代沙特阿拉伯政府扩建，禁寺面积已达18万平方米，可同时容纳50万人礼拜。

禁寺建筑风格独特，布局严整。一万多平方米的平坦广场中心有一座长方形的圣殿——克尔白（天房）。天房又称圣殿，相传是公元前18世纪先知易卜拉欣和他的儿子伊斯梅尔监建而成的。天房高14米，内三根顶柱昂然挺立，其东北侧装有两扇金门，离地约2米，高3米，宽2米，是用286公斤的赤金精工铸造的。天房自上而下终年用黑丝绸帷幔蒙罩，帷幔中腰和门帘上用金银线绣有《古兰经》文，帷幔每年更换一次，据说这一传统已延续了1300多年。

天房外东南角一米半高的墙上镶嵌着一块30厘米长的带微红的褐色陨石，即有名的黑石，或称玄石，穆斯林视其为神物，相传当年穆罕默德曾亲吻过它。朝觐者游转天房经过此石时，都争先与之亲吻或举双手以示敬意。黑石因有裂缝，在1844年以银框把它镶嵌起来。天房东面正对黑石处，有个四柱圆顶小阁，四周围有方形铜栅栏，阁中是传说中易卜拉欣建造天房时留下脚印之处。

据记载，克尔白早先是古阿拉伯多神教献祭的古殿，殿内有各种神的偶像，穆罕默德在公元630年攻占麦加，保存了克尔白，清除殿内外360万尊偶像，改为伊斯兰教朝拜的中心。每年伊斯兰教历12月，来自世界各地的虔诚的穆斯林到麦加朝觐时，都要围着天房游转。麦加的其他圣地还有城东20公里的阿拉法特山、穆兹达利法和米纳等地，是朝

麦加穆斯林禁寺远景

觐者进行站山诵经、射石（驱邪）活动之地。

环绕禁寺的是分为上下走道的拱廊。计有 64 道大门，其中有三道主要大门，即阿布杜勒·阿齐兹国王门、欧麦尔（副朝）门和赛拉姆（和平）门。6 座高达 92 米的尖塔分别竖立在三道大门的两侧，塔基宽达 7.7 米，塔顶装有包金青铜月牙，与耸立在萨法山顶另一座尖塔相望。20 米高的围墙将 64 道大门和 7 座尖塔连接起来，并建有用大理石砌成的多层阶梯。禁寺周围有大理石圆柱 892 根，圆顶建筑 500 多个。面对克尔白黑石方向有一圆顶小阁子，四周围以表铜栅栏，据传是易卜拉欣修建天房时的立足处。另有“渗渗泉”等，均被认为是禁寺内的圣迹。

禁寺的围墙、楼梯、台阶以及整个地面都用洁白的大理石铺砌，骄阳之下光彩夺目，气势磅礴。入夜，在千百盏水银灯的照射下，禁寺显得格外肃穆、庄严。

现在，为了方便行人，沙特政府在接近禁寺背后的山坡上，打通了人行隧道，通往山后生活区。同时，为了方便朝觐者登上高层大殿，还在禁寺北边增加自动电梯，在屋顶露天礼拜空地上增建凉篷，在晴朗的白天为礼拜人遮阳保持凉爽。此外，沙特政府还在禁寺四周增加十八个门便于人潮进出，屋顶增加三个绿色圆顶，楼层之间增加五百根大理石石柱。麦加禁寺每年大朝和副朝接待世界各地的穆斯林超过一千万人，这座清真寺是全世界穆斯林的信仰中心，在沙特政府的保护下，不断扩建和增加新设施，成为全世界穆斯林的骄傲。

麦加大清真寺是穆斯林的圣地，易卜拉欣是伊斯兰教中传说的人物，他被称为安拉的至交。传说，当时易卜拉欣的父亲及其族人都崇拜偶像，为了让他们转而信仰真主安拉，易卜拉欣请求真主显示使尸骨腐烂之物复活的神昭。真主让易卜拉欣捉来4只鸟，将它们一一肢解，然后分别放到4座山峰上去。真主要易卜拉欣大声呼唤，他大喊了几声，飞鸟的各部分便自动聚集起来恢复原形，鸟儿又在蓝天上展翅翱翔了。人们见了这一幕心里虽然受到震动，可回到家里，却仍然供奉着偶像。易卜拉欣很着急，就跑到神庙里把那些玉雕、木刻、泥塑的偶像全部打翻捣烂。族人都气得发狂，把他捉起来，用粗绳五花大绑将他全身上下捆得严严实实，然后在广场燃起一堆熊熊大火，把易卜拉欣扔进火里，让他接受最严厉的惩罚。大火一下子就把绳索烧断了，而易卜拉欣却毫发未损，他从火堆里跳出来，继续宣扬着伊斯兰教的教义。人们惊呆了，终于跟随易卜拉欣，虔诚地诵读着《古兰经》，信奉起真主安拉来。

“伊斯兰”意为“顺从”，而教徒“穆斯林”即为“顺从者”，随着信仰伊斯兰教的穆斯林不断增多，公元前18世纪，易卜拉欣和他的儿子伊斯梅尔监建了一座圣寺，以弘扬真主的法力和供人们朝觐礼拜，这就是伊斯兰教圣地——麦加大清真寺。

## 柬埔寨的吴哥古迹

吴哥古迹又名吴哥考古园，位于东南亚中南半岛的柬埔寨西北方的暹粒省，洞里萨湖之北，南距暹粒市6千米，吴哥是高棉语“城市”的意思。吴哥遗迹是柬埔寨宗教艺术遗迹的总称，包括高棉王国从9世纪到15世纪历代都城和寺庙，尤以大吴哥王城、吴哥寺、巴壤寺和班迭斯雷寺最为著名。作为柬埔寨早期建筑风格代表，1992年，联合国教科文组织世界遗产委员会把整个吴哥古迹列入世界文化遗产名录。

柬埔寨吴哥窟

吴哥古迹寺庙建筑

排列整齐的佛像

吴哥古都包括大、小吴哥两地的吴哥通王城和吴哥寺（又名吴哥窟），有各种建筑约600座，散布在45平方千米的森林中，包括石造宫殿、佛寺完塔，层层屹立。这里的全部建筑都用巨大石块砌成，还有各种精美雕刻，是世界著名的佛教建筑。吴哥遗迹长期被埋没在丛林草莽中，至19世纪后期才被重新发现。

吴哥地区风格独特的建筑和雕刻艺术，是柬埔寨古代文化发展史上的一个高峰，是一种可以同世界最先进的文明相媲美的历史文化。由于风雨的剥蚀，有的已成为废墟，今天仍保留下来的大量遗迹被称为吴哥古迹。这个举世闻名的遗迹现已成为东南亚的一个游览胜地，同中国的长城、埃及的金字塔、印度尼西亚的婆罗浮屠并列，一起被称为东方古代的四大奇迹。

吴哥古迹始建于公元802年，完成于1201年，前后历时400年，在政教合一的“神王思想”之下建造了吴哥城、吴哥窟与周围寺庙群。在几百年的建造过程中，吴哥三易中心。

公元9世纪初，高棉国王阇耶跋摩二世一统柬埔寨地区，宣布自爪哇独立，将首都建立于洞里萨湖北边的诃里诃罗洛耶，亦即在现今的罗洛士遗迹群地区。阇耶跋摩二世自封为“宇宙之王”，笃信婆罗门教，崇拜湿婆神，为吴哥王朝奠定宗教意识基础。而阇耶跋摩二世政教合一的“神王思想”，在吴哥王朝传续百年。因陀罗跋摩一世即位后，在诃里诃罗洛耶建造当地第一座寺庙——神牛寺，公元880年完成，是早期小型宗庙建筑，并以寺前卧有神牛为名。因陀罗跋摩一世另建有国寺巴孔寺供奉湿婆神，是高棉第一座庙山型寺庙。

公元9世纪末，耶输跋摩一世开始全力建设首都耶输陀罗补罗，亦即现今的吴哥地区。他下令建造东大人工湖，并于巴肯山上建造国寺巴肯寺，象征印度神话世界中心的须弥山，四周建有沟渠，象征须弥山周围的咸海。此外，耶输跋摩一世也建造了许多印度教寺庙与修院。

公元967年，罗贞陀罗跋摩二世的朝臣于吴哥东北方兴建女王宫，主要供奉婆罗门教湿婆神。以稀有的红色砂岩雕刻精致浮雕，被认为是吴哥雕刻艺术最高水平作品。

百年间，大小神庙竞相建筑。11世纪中优陀耶迭多跋摩二世建造献给湿婆神的国寺巴普昂寺，也是一座大型须弥山寺。优陀耶迭多跋摩二世并在西侧挖掘西大人工湖，以替代逐渐干涸的东大人工湖。

吴哥地区最主要的寺庙建筑吴哥窟，由苏利耶跋摩二世于1113年至1150年间建造。吴哥窟是一座献给毗湿奴神的须弥山寺，也是当时打破传统设计的国寺。该寺以五塔和三层回廊构成，外有灌水的壕沟作为咸海，墙面浮雕神话故事与苏耶跋摩二世个人的皇室生活。建筑占地广阔，宏伟壮丽，墙面雕刻生动自然，为高棉古典艺术代表作，是世界第一大宗教建筑。

苏耶跋摩二世去世后，吴哥王国陷入内乱，接着外敌占城入侵。当时还是王子的阇耶跋摩七世驱逐占城人，1181年登基为王，在位三十余年间帝国达至鼎盛。他在成为废墟的首都大兴土木，重建吴哥城。鉴于先前被占城入侵的惨痛经验，阇耶跋摩七世将吴哥城城墙筑得特别高又厚实，城外建有护城河。城中心的巴戎寺，最著名的就是以阇耶跋摩七世面容为蓝本来雕刻的54尊四面佛像，也是“微笑高棉”的由来，寺庙墙上浮雕不只展现阇耶跋摩七世与占城战斗的壮阔场面，也有描绘市井小民的生活场景。而因为阇耶跋摩七世笃信佛教，吴哥地区信仰开始由印度教转变为佛教，在巴戎寺中也可以看到印度教与佛教并存的特殊风格。除此之外，阇耶跋摩七世还建造了大批寺庙如塔普伦寺、达松将军庙等，也兴建了不少医院、旅舍。

吴哥古迹是由一组组宏伟的石构建筑和精美的石刻浮雕组成，以吴哥通王城（大吴哥）和吴哥窟（小吴哥）为主。除大吴哥、小吴哥及三个王都中心外，女王宫和空中宫殿也是吴哥古迹中著名的景点。

吴哥遗迹一组巨大的石建筑群，主要由大量宏伟的石塔、石屋和许多精美玲珑的石刻浮雕组成。全部结构几乎都用很大的石块堆砌而成。吴哥古迹的建筑里，有一些特别巨大的石头，通常每一块石头一吨重，有的重达八九吨。

大吴哥城与小吴哥有许多精美的佛塔以及众多的石刻浮雕。吴哥古迹的雕刻艺术成就极高，吴哥寺各层回廊内侧皆饰浅浮雕，覆盖面长达 800 多米，内容多关于佛教、印度教两大史诗《罗摩衍那》和《摩诃婆罗多》的描绘，也穿插许多世俗生活场景。画面层次分明，装饰效果极强。其雕刻作品以“吴哥式微笑”的风格著称。

佛塔全部用巨大的石块垒砌而成。佛塔刻有各种形态的雕像，有的高达数米，生动逼真。吴哥寺中的五座莲花蓓蕾似的佛塔高耸入云，是高棉民族引以为骄傲的精湛建筑。

吴哥寺

大吴哥城，亦称“吴哥通”，是高棉王国的都城。位于今暹粒省东部。王城呈正方形，周长达 12 千米。石砌城墙高 7 米，宽亦 7 米。墙外有壕沟和护城河。城门之上建石塔，塔饰大佛。门外左右排列天神两列，各高 2 米，共 54 尊。城内有寺塔、皇宫等一系列建筑群，巴壤寺即为其中之一。巴壤寺是建在城中心的佛寺，寺门东向，始建于 12 世纪末。三层方形台基，各层有回廊，廊内饰浅浮雕和小石塔。第三层台基上所立中心大塔，高 45 米。周围绕以 16 座中型塔和几十座小塔，构成完整的塔群。大塔上部雕有湿婆四面神像，居高临下，环顾四野，具有神秘玄思的意味，也反映出佛教与印度教的融合。

吴哥寺里的僧人

小吴哥，又称吴哥窟、吴哥寺。位于大吴哥王城南郊。始建于国王苏里亚跋摩二世时。平面设计犹如大小四个“口”字相迭套，形成里外三层。第一层台基东西长 215 米，南北宽 180 米。有六处入口通向第二层台基，这层台基长 115 米，宽 100 米，比第一层高出 7 米。第三层台基为正方形，边长 75 米。中心为大塔，离地面 65 米。四隅各有相同形制的一座小塔。第二层台基四隅亦然。所以吴哥寺共有九塔，今唯存第三层之五塔。整体设计体现了佛教须弥山世界的思想，成为宇宙中心之象征。

空中宫殿，是一座全石结构建筑，据说建于 11 世纪。宫殿建在一座高 12 米的高台上，成金字塔形，分三层。台中心建有一塔，塔上涂金，光芒四射。高台四周有石砌回廊环绕。由于台高，给人一种悬在空中的感觉，因而得名。

女王宫被誉为“吴哥古迹的明珠”，位于吴哥城东北约 25 千米处，原名湿婆宫，建成于吴哥王朝（门内加者）耶跋摩五世元年（公元 968 年）。它坐西朝东，长 200 米，宽约 100 米，中心为 3 座并列的塔形神祠和左右对称的配殿。朱红色的塔祠建在一个 1 米多高的台基上，居中一座最高，约 10 米。正中的神祠供湿婆神，南面神祠供梵天神，北面神祠供毗湿奴神。每座塔祠的东、南、北各有一门，门高仅 1.2 米，礼拜者须弯腰屈膝方能入内。另外，每个门前均有守护神石雕一对，两侧墙上有手持长矛的武士及仙女的浮雕。塔祠外围 3 道围塔，内外围墙之间，有拱门、镂花石柱和石碑等。整个塔祠群巍峨壮观，建筑奇巧别致，雕刻细腻优美。每座塔祠上都刻有各种神鬼罗刹的雕像。塔基及其两侧的神龛和门楼上也是千姿百态的浮雕，内容多是记载古代高棉人民的生活情景和抵御外族侵略的战斗场面。1431 年吴哥城被暹罗攻陷时，女王宫也遭到破坏。

除以上著名遗迹外，吴哥古迹还有巴孔寺、班蒂喀黛、班蒂色玛寺、巴普昂寺、巴戎寺、周萨神庙、东大人工湖、西大人工湖、东梅奔、西梅奔、豆蔻寺、罗蕾寺、涅槃宫、巴肯山、猪山、亚扬寺 / 阿约寺、圣剑寺、神牛寺、圣皮度寺、变身塔、皇家浴池、塔普伦寺、达松、茶胶寺、斗象台、十二生肖塔、癫王台、塔玛依遗址等。

## 缅甸的仰光大金塔

仰光大金塔位于缅甸仰光市北茵雅湖畔的圣丁固达拉山上，是仰光的最高点，又称瑞光大金塔。金碧辉煌的仰光大金塔，与印度尼西亚的婆罗浮屠塔和柬埔寨的吴哥窟一起被称为东方艺术的瑰宝，是驰名世界的佛塔，也是缅甸国家的象征。

大金塔是缅甸最神圣的佛教圣地。传说释迦牟尼成佛后，为报答缅人曾赠蜜糕为食而回赠了八根头发。据史料传说记载，佛发被迎回缅甸后，有些不可思议的事发生了："这是一个撼动人神的骚动，从发丝散发出来的光穿透天（堂）地（狱），使盲的能见，聋的能听，哑的能说得清楚；而且天降旱雷，地动山摇，连须弥山也受到影响，宝石像雨般从天而降，深度达至膝下而止；在喜马拉雅山上的树，即使不在开花的季节中也纷纷开花结果了。"与此同时，佛发忽显神力自空中降下金砖，于是众人拾起金砖砌塔，大金塔由此而形成。实际上大金塔为砖塔，只是外部贴金。

仰光大金塔

气势宏伟、建筑精湛的仰光大金塔，不仅是世界建筑艺术的杰作，也是世界上历史最悠久、价值最昂贵的佛塔。每逢节日，很多人都到这里拜佛，人们进入佛塔时必须赤脚而行，就连国家元首也不例外，否则就被视为对佛的最大不敬。

大金塔始建于公元 585 年，初建时只有 20 米高，后历代多次修缮。15 世纪的德彬瑞蒂王曾用相当于他和王后体重 4 倍的金子和大量宝石，对此塔作做了一次修整。现在塔的高度是 112 米，是 1774 年阿瑙帕雅王的儿子辛漂信王修建的，本次修建时，在塔顶还安装了新的金伞。

大金塔的形状像一个倒置的巨钟，用砖砌成，金塔底座塔基为十字折角形，总周长达 427 米。塔顶有做工精细的金属罩檐，檐上挂有金铃 1 065 个，银铃 420 个，并镶嵌有 7 000 颗罕见的红、蓝、绿各色宝石，其中有一块重 76 克拉的著名金钢钻。塔身经过多次贴金，上面的黄金已有 7 000 公斤重。整座金塔宝光闪烁，雍容华贵，雄伟壮观。

大金塔东南西北都有大门，四角各有一座半人半狮雕像。门内有长廊式的石阶可登至塔前，阶梯两旁摆满商摊，有用木、竹、骨、象牙等雕刻的佛像和人像，有供佛用的香、烛、鲜花，还有各种缅甸的风味小吃。阶梯上面是用大理石铺成的平台，平台中央是主塔。

塔的四周有造型相近的千座半塔和64座小塔环绕。

缅甸仰光大金塔夜景

1989年9月，缅甸政府对大金塔又进行了一次大规模的修缮，拓宽了4条走廊式的入口通道，在塔的四面安装了有玻璃窗的电梯，使大金塔更加宏伟壮观和富丽堂皇。因为此塔建在仰光市北茵雅湖畔的圣山上，所以不管人们站在市内的哪一个位置，都能看见金光灿灿的塔顶。如果站在塔顶上，仰光市全貌可一览无余。

## 黎巴嫩的巴尔贝克太阳神庙

巴尔贝克神庙位于黎巴嫩贝鲁特东北85千米的贝卡平原北部，是世界驰名的古迹。巴尔贝克神庙虽称作罗马神庙遗址，但它实际上是腓尼基文明与罗马文明相融合的产物。它历经近2000年的刀兵水火而残败不堪，但残存的宏伟规模仍使人惊叹不已。巴尔贝克神庙原是祭祀太阳神的地方，但其中宏大的酒神殿被贝卡谷地内众多葡萄酒庄视为他们品质保证的象征。巴尔贝克神庙是目前世界上最大的古罗马神庙遗址之一，同时也是世界上保存最完好的古罗马建筑遗址。

公元前3000年，崇拜太阳神的迦南人在这里修建了一座祭祀太阳神“巴尔”的庙宇，称为“巴尔贝克”（“贝克”意为城，“巴尔贝克”意为“太阳城”），后腓尼基人取代迦南人在此定居。古希腊亚历山大大帝占领黎巴嫩后，在其沿海建立了贸易中心，同时也同化了由腓尼基人居住的巴尔贝克城，巴尔贝克遂易名为“希利奥波利（太阳之城）”。公元前47年，凯撒大帝认为希利奥波利战略地位重要，加快了希利奥波利和神庙的建设，

黎巴嫩巴尔贝克太阳神庙

并派军队驻防。其后奥古斯都皇帝驱遣两万名奴隶，历时数十年，在腓尼基神庙原址上大规模扩建。公元 60 年，巴尔贝克神庙基本竣工。以后经过 300 多年的继续修建，最后成为规模宏伟的神庙群，用以祭祀罗马主神朱庇特、酒神巴卡斯和美神维纳斯。公元 312 年，君士坦丁大帝皈依基督教，希利奥波利神庙改建成教堂，其中的阿夫卡神殿完全拆毁。君士坦丁大帝的继承人朱理安不信仰基督教，阿夫卡神殿得以重建。公元 375 ~ 395 年间，在提奥多亚的统治下，阿夫卡神殿又被废弃。该地区现存的许多基督教建筑物都是在提奥多亚时代建立的。

从 2 世纪中叶起，罗马几位皇帝由安托尼乌斯带头，从事于这座神庙的扩建装饰工作，使之成为一座卫城。公元 211—217 年卡刺卡拉最终完成这座建筑物，使之成为一座要塞。7 世纪时，阿拉伯人统治黎巴嫩，巴尔贝克又恢复原名。奥斯曼帝国时期（1516—1918 年），巴尔贝克隶属大马士革省。该城曾先后毁于发生在 1158 年、1203 年、1664 年和 1659 年的地震，神庙大部分倒塌，居民多半迁徙。

据称巴尔贝克神庙是世界上规模最宏伟的古罗马建筑群，全世界包括罗马，迄今已找不到比它更完整的神庙遗址。神庙由祭礼大厅、朱庇特庙、酒神巴卡斯庙、美神维纳斯庙组成，

巴尔贝克遗址一角

巴尔贝克遗址的岩石和石柱

巴尔贝克遗址中的神庙遗址

全部用巨石垒成，气势极其巍峨。庙外有巨石筑的高墙环绕，庙内的庭院和大殿坐落在巨石砌成的高达数十米的台基上，巨石长 19 ~ 20 米，宽 4.5 米，厚 3.6 米，其中有的重达 2 000 吨。从祭礼大厅穿过入口，迎面有几块富有腓尼基特色的巨石浮雕。经过一个六边形的前院，来到祭礼大厅，厅长 104.5 米，宽 103 米。厅内有两个祭坛，古代曾用美貌少女活祭。由于大厅开阔，公元 4 世纪罗马皇帝狄奥多西曾在此建了一座长方形基督教教堂，但后墙已毁。厅中原有 128 根大花岗石石柱组成的石廊已梁摧柱折，散乱遍地。大厅西端，有石阶通向朱庇特庙。此庙约建于公元 1 世纪罗马尼禄皇帝时代，是一座科林斯式建筑物，四面以高大的石柱组成气势雄伟的柱廊，大殿正面各有巨柱 10 根，侧面各 19 根，共计 54 根。巨柱高达 20 米，直径 2.3 米，均由 3 节圆柱镶接而成。石缝之间毫无黏合剂，而刀刃不能入。朱庇特神庙已濒全毁，巨柱只剩下六根，排成一行。它们以其雄伟高峻被视为黎巴嫩的骄傲，人们常把这六根大石柱和雪松并称为黎巴嫩的象征。朱庇特神庙之左是酒神巴卡斯庙，这也是一座科林斯式建筑物，约建于公元 100 年。正面耸立 8 根石柱，侧翼各 15 根，石柱高 15 米，直径 2 米，柱上刻满包括各种蔬菜水果的精致图案。石柱镶接成长廊，拱顶有巨石浮雕，刻有 28 个神像。神庙中有巴卡斯像，旁有大酒窖，四周墙上刻有葡萄和酒壶组成的图案。现在庙顶虽已坍坏，但四壁及石柱尚存。巴卡斯神庙前为美神维纳斯庙，建于公元 245 年。此庙是一座圆形建筑，高 68 米，宽 36 米，四周环绕 50 根石柱，内供奉维纳斯神像。相传古代青年男女在酒神庙畅饮后，就来到这里欢聚。

## 印度尼西亚的婆罗浮屠大佛寺

婆罗浮屠大佛寺位于印度尼西亚中爪哇岛半部，距离日惹市西北 40 千米处的葛都峡谷。是印度尼西亚的佛教建筑和雕刻的杰出代表，是一座大乘佛教佛塔遗迹。这座庞大的佛教古迹历经莫拉比火山的火山灰流、恐怖主义的炸弹袭击以及 2006 年的地震，但依然保存了下来，1200 多年的沧桑岁月并没有毁坏它的容颜，它仍然神秘而美丽。像柬埔寨的吴哥窟和缅甸的蒲甘一样，爪哇岛的婆罗浮屠也是东南亚不可多得的壮观景点。它是世界上面积最大的佛教建筑遗迹，一直被人们称为南半球最大、最古老和最壮观的古迹，其工程之浩大，建筑之壮观，可与中国的长城、埃及的金字塔以及柬埔寨的吴哥古迹相媲美，被世人共誉为古代东方的四大奇迹。婆罗浮屠大佛寺是世界文化遗产，1991 年列入《世界文化及自然遗产保护名录》。2012 年 6 月底，被吉尼斯世界纪录大全确认为当今世界上最大的佛寺。

印度尼西亚婆罗浮屠大佛寺

婆罗浮屠大佛寺（局部）

公元 8 世纪，为了供奉佛舍利，当时统治爪哇的夏连特拉王朝建造了这座规模宏大的建筑。但是接下来的 800 年中，信仰的转变和火山爆发使它逐渐被荒废和遗忘，直到 1814 年荷兰统治期间才被重新发现。

婆罗浮屠和其他同类的建筑有很大的差异，它被建于一座山上，而不是平地。不过建筑工艺和爪哇的其他庙宇相似。由于它的实心结构和类似金字塔的造型，人们起初认为婆罗浮屠是一座舍利塔，而不是庙宇。舍利塔的目的是供奉佛陀，有时也仅仅是一种虔诚的标志。而庙宇则是在房屋中供奉佛陀，并且给信徒参观朝拜。然而从婆罗浮屠的精心设计和建造来看，它事实上是一座庙宇。婆罗浮屠的台阶和走廊引导信徒们拾级而上，直至顶层。婆罗浮屠的每一层都代表着修炼的一个境界。信徒们的朝拜路线装饰着象征佛教大乘世界的各种图案。

佛塔的度量十分精确，统计发现佛塔各部分经常形成 4∶6∶9 的比例。考古学家猜想这一比例具有历法、天文和宇宙观的意义，就像柬埔寨的吴哥窟。从垂直方向上可以将主要建筑分为塔基、塔身和塔顶三个部分。塔基是一个边长为 123 米的正方形，高 4 米。塔共九层，下面的六层是正方形，上面三层是圆形。塔身由五层逐渐缩小的正方形构成。第一层距塔基的边缘 7 米，然后每层以 2 米的差距缩小，留下狭长的走廊。塔顶由三层圆形构成，每一层上建有一圈多孔的舍利塔，三层的舍利塔形成三个同心圆。正中是一座主要的圆塔，圆塔的顶端是整座建筑的最高处，离地 35 米，被七十二座钟形舍利塔团团包围。每座舍利塔装饰着许多孔，里面端坐着佛陀的雕像。佛塔的建筑材料是取自附近河流的约 5.5 万立方米石料。这些石料被切成合适的大小，由人工运至建筑地点。石块之间用卯榫连接，建筑完工之后工匠们在石块上刻下浮雕。佛塔建有良好的排水系统，以适应当地的暴雨。为防积水，每个角上都有装饰着滴水嘴兽的排水孔，整座佛塔共有 100 个这样的排水孔。婆罗浮屠每一边的中间都有入口，总共有 32 只石狮子看守着四个入口，每个入口都有台阶通向塔顶。佛塔的主入口在东边，浮雕上的故事从这里开始。山坡上有台阶通往山下的平地。

佛塔的三个部分代表着通往佛教大乘世界的三个修炼境界，即：欲界、色界和无色界。塔基代表欲界，五层的塔身代表色界，而三层圆形的塔顶和主圆塔代表无色界。色界的细致装饰的方形在无色界演化为毫无装饰的圆形，象征着人们从拘泥于色和相的色界过渡到无色界。

1885 年人们在塔基的下面发现了一个隐藏的部分。这部分隐藏的塔基里刻有浮雕，其中的 160 幅描绘了真实的欲界。现存的浮雕上有简短的铭文，似乎是给雕刻师的指示和描

婆罗浮屠

绘要雕刻的场景。婆罗浮屠有大约 2 670 块浮雕，其中 1460 块叙事浮雕、1212 块装饰浮雕，覆盖了建筑的立面和回廊。浮雕的总面积达 2 500 平方米，分布于隐藏的塔基和塔身。叙事浮雕被分为十一组，环绕整座建筑，总长 3 000 米。第一组浮雕在隐藏的塔基中，其余十组从婆罗浮屠东门开始分布于塔身的下面四层。墙上的叙事浮雕顺时针分布，而回廊上的反方向分布。这种分布方式符合佛教徒朝拜圣迹时的右旋礼：信徒顺时针绕行，而圣迹常在右侧。隐藏的塔基里的浮雕叙述了佛教的因果报应律。塔身第一层墙上的浮雕分上下两栏，每栏各 120 块石板。上栏叙述了佛陀的生平，下栏和塔身第一、二层的回廊一起叙述了佛陀的前生（本生）。其余的浮雕叙述了善财五十三参修成正果的故事。

除了石头上雕刻的佛教大乘世界故事之外，婆罗浮屠还有许多佛像。双腿交叉的佛像端坐于莲花座上。它们分布于塔身（色界）的五层正方形和塔顶（无色界）的三层圆形上。塔身的佛像供奉于壁龛中，在栏杆的外侧围成一圈。随着面积逐层缩小，佛像的数目也逐层递减。塔身的第一层（最底层）有 104 个壁龛，第二层有 104 个，第三层 88 个，第四层 72 个，第五层 64 个，总共 432 尊佛像。塔顶的佛像被安放在多孔的舍利塔内，第一层（最底层）有 32 座舍利塔，第二层 24 座，第三层 16 座，总共 72 座。塔身和塔顶的佛像共计 504 尊，其中三百多尊被部分破坏（多数缺头），而 43 尊全无踪影。起初看来这些佛像大同小异，然而它们的手势（印相）有微妙的差别。塔身的佛像共有五组印相，根据大乘佛教的说法代表着五个方位：东（右手结镇地印，左手结根本定印）、西（双手结根本定印）、南（右手结施愿印，左手结根本定印）、北（右手结施无畏印，左手结根本定印）、中（双手于胸前结讲经印）。

婆罗浮屠佛像

塔身从下而上的四层佛像手结前四种印相，它们的印相与面对的方位对应。塔身最上层佛像一律双手于胸前结讲经印。每种印相代表五方佛（或称“五智如来”）的一方，分别是东方金刚不动佛（不动如来），西方阿弥陀佛（无量光佛、无量寿佛、无量光如来等），南方宝生佛（宝生如），北方不空成就佛（不空成就如来），中央毗卢遮那佛（大日如来）。塔顶的佛像则是转法轮印的释迦牟尼。

## 乌兹别克斯坦的撒马尔罕城

撒马尔罕城位于今乌兹别克斯坦首都塔什干附近海拔约 710 米的泽拉夫尚河畔，东北至首都塔什于 270 千米，这里是当年中国通向印度、阿拉伯和欧洲的必经之地，四方商贾云集，各种文化互相交融，一派“国际都市”的景象。撒马尔罕古称马拉坎达（前 329 年），为公元前 4 世纪粟特和 14 至 15 世纪帖木儿帝国的首都。1924 ～ 1930 年曾为乌兹别克苏维埃共和国首都。作为世界著名的古城之一，撒马尔罕与罗马、雅典、巴比伦同龄，有 2500 多年历史，在古阿拉伯文献中被称为“东方璀璨的明珠”，是历史上中亚重要的政治、科学、文化中心，也是古“丝绸之路”上的枢纽之一。

撒马尔罕城雷吉斯坦广场

撒马尔罕历史古城是世界多元文化交汇的大熔炉。撒马尔罕地处古代东西方文化交流的中心，其城市建筑和城镇景观，是伊斯兰文化创造力的杰作。撒马尔罕的杰出建筑，如比比·哈尼姆大清真寺和列吉斯坦广场，极大地促进了从地中海到印度次大陆广大地区的伊斯兰建筑的发展，撒马尔罕古城的艺术、建筑和城市结构表现了公元 13 世纪至今中亚文化发展的最重要阶段。城内现存文物古迹众多，如建于 15 世纪的帖木儿家族陵墓、15 ~ 17 世纪的列吉斯坦伊斯兰教神学院、兀鲁伯天文台、11 至 15 世纪中亚最大的“不死之王”陵墓建筑群等。它金碧辉煌的宫殿陵寝、庄严肃穆的古清真寺和神学院，还有气势恢宏的古天文台和大学等鳞次栉比的古迹，就像《一千零一夜》中描述的阿拉伯神话国度。13 世纪以后，这里陆续建立起花剌子模王国和帖木儿帝国，最终使撒马尔罕成为中亚地区的一颗明珠。作为历史名城和兵家必争之地，撒马尔罕被一次次烈火焚城，又一次比一次更加壮丽地重建起来，几千年屹立不倒。从撒马尔罕城的古迹中，至今还能看出公元前 4 世纪以来中亚、欧洲、土耳其、阿拉伯、蒙古、波斯等地的占领者带来的文化影响的痕迹。中国汉唐史书中，都有对称为“康居”和“康国”的撒马尔罕繁荣景象的描述。今天，在撒马尔罕维修古迹的工地，还不时有世界各地的古钱币出土。2001 年联合国教科文组织将撒马尔罕文化中心作为文化遗产，列入《世界文化及自然遗产保护名录》。

撒马尔罕的名胜古迹，无论是帖木儿大帝的陵寝，还是雄伟的清真寺和神学院、修道院都无不令人赞叹和惊奇。这些古建筑不但高大壮观，而且构造精巧考究，四周镶嵌着玛瑙方砖，地面铺以名贵石材，内饰多为真金壁画，所有的门窗和栏杆上都有精雕细刻的图案、经文和阿拉伯文字，这些古迹交相辉映、浑然一体，好像还在诉说着昔日撒马尔罕的兴盛和奢华。

列吉斯坦神学院位于撒马尔罕市中心的列吉斯坦（意为“沙地”）广场，是一组宏大的建筑群，建于公元 15 至 17 世纪。建筑群由三座神学院组成：左侧为兀鲁伯神学院（兀鲁伯为乌中世纪的学者、天文学家、诗人和哲学家），建于 1417—1420 年；正面为季里雅·卡利（意为镶金的）神学院，建于 1646—1660 年；右侧为希尔·多尔（意为藏狮的）神学院，建于 1619—1636 年。这三座建筑高大壮观、气势宏伟，内有金碧辉煌的清真寺。兀鲁伯神学院的正门和彩色的穹顶是用各种色彩的陶瓷装饰的，后遭地震破坏，又重新修建了高13米、直径13米的新穹顶，建筑材料采用特殊金属结构。这些神学院是中世纪培养穆斯林神职人员的学府，其中兀鲁伯神学院是15世纪最好的穆斯林学府之一。三座神学院虽建于不同时代，但风格组合相当成功，是中世纪中亚建筑的杰作。

阿米尔墓

古尔·艾米尔陵墓位于撒马尔罕市区内，是帖木儿及其后嗣的陵墓，建于15世纪。陵墓造型壮观，色彩鲜艳，有球锥形大圆顶，具有浓厚的东方建筑特色，是世界著名的中亚建筑瑰宝。陵墓始建于1403年，最初作为猝死的帖木儿之孙穆罕默德·苏尔丹之墓，后成为帖木儿家族墓。陵墓的灵堂中放有9个象征性的石棺椁，真正盛放遗体的棺椁深深埋在地下。陵墓中分别安葬着帖木儿、帖木儿的两个儿子、两个孙子（其中一个是兀鲁伯）、兀鲁伯的两个儿子、兀鲁伯的宗教老师以及一个未查明姓氏者。这里最为引人注目的是帖木儿之孙兀鲁伯为帖木儿建的墨绿色玉石棺。帖木儿墓上写着：谁掘我的墓，谁就遭殃。1941年6月8日曾有人挖掘了帖木儿的墓，两周后希特勒就开始进攻苏联。不过，那一次对墓葬的发掘证实了关于帖木儿面部特征的历史记载，证实了兀鲁伯死于暴力杀害的传说，以及所葬其他帖木儿家族成员身份的真实性。

兀鲁伯天文台是乌兹别克斯坦的重要古迹之一，坐落在撒马尔罕的东北郊。它由帖木儿帝国的创建人帖木儿之孙、著名天文学家、学者、诗人和哲学家、撒马尔罕的统治者兀鲁伯于1428 ~ 1429年建造，是中世纪时期具有世界影响的天文台之一。兀鲁伯天文台是一个三层圆形建筑物，有独特的40米大理石六分仪和水平度盘。兀鲁伯在此测出的一年时间的长短与现代科学计算的结果相差极微。今天，兀鲁伯天文台只留下一座巨大的、由大理石制成的六分仪。六分仪安装在离地面11米深、2米宽的斜坑道里，部分伸出地面，坑道上面是兀鲁伯天文台博物馆。当年兀鲁伯天文台编制的《新天文表》概述了当时的天文学基础理论和1018颗星辰的方位，这是继古希腊天文学家希巴尔赫之后，测定星辰位置的最准确的记录。

沙赫静达陵墓建于14至15世纪，由13座陵墓和一座清真寺组成。沙赫静达意为永生之王，是撒马尔罕的执政者及其家属的坟墓。建筑的基调为青色，以彩色陶瓷贴面作为装饰。其中最主要的一座是伊斯兰教创建人穆罕默德的堂弟库萨姆之墓。帖木儿大帝的妻子图玛·阿卡和侄女图尔坎·阿卡也葬在这里。相传8世纪初，伊斯兰教创始人穆罕默德的堂弟库萨姆来到撒马尔罕传教，不幸被杀害。后来伊斯兰教成为当地的国教，库萨姆遇难之地定为“圣地”。14世纪在这里建造了库萨姆之墓，后来汗王将自己和家族成员的坟墓也建在此地，形成建筑群。其中以帖木儿的妻子图玛·阿卡和侄女图尔坎·阿卡的墓最为美丽。

撒马尔罕历史博物馆1970年开放，位于小城阿弗罗西奥卜的东南部。阿弗罗西奥卜是撒马尔罕最古老的城区，其历史上溯到公元前6世纪，公元1220年3月被蒙古军队摧毁。阿弗罗西奥卜城现已被列入联合国教科文

马德拉兀鲁伯尖塔

阿克萨赖陵墓拱形窗

阿克萨赖陵墓内壁

组织世界遗产名录。该博物馆的展品有2万多件，主要是阿弗罗西奥卜城考古发掘的文物。其中公元7世纪的壁画描绘了来自中国、突厥、朝鲜等世界各地的使者形象，称得上是稀世珍品。

霍贾·达尼亚拉陵墓建于19世纪中叶，外观为一连串圆顶形建筑，坐北朝南。霍贾·达尼亚拉的石棺长18米（信徒认为这一长度可保持他们同墓中神灵的联系）。霍贾·达尼亚拉为公元前6世纪的著名先知、心理学家、社会活动家。他同时受到世界最主要的三大宗教的尊敬。民间传说，霍贾·达尼亚拉的遗体藏在哪里，就会给那里的人们带来福音，所以霍贾·达尼亚拉的墓被多次迁移。按照帖木儿的命令，霍贾·达尼亚拉的墓最终被迁到了撒马尔罕。该陵墓旁还有一处据称能治百病的泉水。

阿利·布哈里建筑群距撒马尔罕市约25千米，根据卡里莫夫总统的倡议在阿利·布哈里逝世地修建。整个建筑群十分宏伟，由陵墓、清真寺、精美木质亭台等组成。阿利·布哈里（公元810—公元870年）是9世纪著名的伊斯兰教神学家、学者。他的一生都在搜集伊斯兰教的箴言，对其筛选整理，并义务向人们传授。他的著作集《阿斯·萨希赫》被认为是仅次于《古兰经》的第二部伊斯兰教的经典著作，对古兰经进行了诠释。

比比·哈尼姆清真寺建于1399—1405年，是帖木儿在其帝国首都撒马尔罕为他漂亮

清真寺内景

的妻子所建。该清真寺是中世纪中亚伊斯兰建筑艺术的杰作，它是礼拜五清真寺和神学院的综合体，建筑精美，结构简洁、明快，装饰典雅、细腻。

比比·哈尼姆清真寺的平面为面宽 99 米、进深 140 米的长方形，中间是中庭，西方是主礼拜堂，大门在东侧。在南北两侧，有两个由穹顶覆盖的副礼拜堂，中庭四周是由 480 根柱子支撑的厅和围廊，其屋顶由许多小穹顶组成。

## 叙利亚的大马士革清真寺

大马士革清真寺坐落在叙利亚首都大马士革旧城中央，位于古罗马的朱庇特庙（公元 1 世纪）和早期基督教的圣约翰教堂（公元 5 世纪）的旧址之上，是驰名伊斯兰世界、年代最久远的清真寺之一。哈里发欧麦尔将圣约翰教堂改作清真寺，后遭损毁。705 年，哈里发瓦利德重建。由于这一时期属于倭马亚朝时期，故又有倭马亚清真寺和五麦叶清真寺之称。它是伊斯兰世界的经典建筑之一，也是世界清真寺的建筑范本，被认为是伊斯兰教的第四大圣寺。该清真寺在穆斯林心目中是“连接天地的醒目的宗教标志”。每天都有大

叙利亚大马士革清真寺

批来自全球各地的穆斯林信徒到此礼拜。所以，无论是信徒还是游客，来大马士革而不参观五麦叶寺，就如同去中国没登长城一般。

倭马亚清真寺具有浓郁的伊斯兰建筑风格，整体建筑巍峨雄伟，富丽堂皇。该清真寺是大马士革的标志性建筑，占地3.3万多平方米，用巨石垒成，四周有护城河，河上有吊桥。城堡上有300个射孔，谯楼似的高塔，上有堞眼。

寺院大门高达10多米，围墙东西长385米，南北宽305米，墙里附有一圈拱廊，拱廊墙壁上有用金砂、石块和贝壳镶嵌成的巨大彩色壁画，描绘倭马亚时代大马士革的盛景。庭院中央有3座封闭式圆顶建筑，其中西面的是藏经楼，东面是钟楼，分别藏有《古兰经》抄本和古钟；中央是水房，内有一座大理石水池。全寺有3座高耸云霄的尖塔。

寺院的主体由3个封闭式的圆柱大殿和环抱东、北、西三面的列柱拱顶长廊组成，长158米，宽100米，总建筑面积为15 800平方米。礼拜大殿位于庭院南部，用巨大石块砌成，长136米，宽37米，被合抱粗的大理石柱子分成3楹间，大殿内金碧辉煌，墙壁、梁柱、讲台均用大理石、瓷砖和五彩玻璃镶嵌，并雕刻有精制的图案，圆柱的柱头一律涂成金色。殿内以合抱的大理石圆柱支撑，在这些圆柱和金碧辉煌的殿内四壁顶棚上，不但雕有精致的花纹，还有镶嵌着黄金、宝石、贝壳的红、黑、白大理石艺术雕刻。大殿顶上还吊着一盏盏巨大的水晶灯。殿内南墙为正向，有4个精致的大理石凹壁和一个珍贵的大理石宣讲台。这些壁龛和讲台上都是用五彩玻璃、“基沙泥”瓷砖镶嵌出各种美丽的树木花卉及形状各异的几何图案，耀人眼目。4个半圆形的凹壁，用黄金和宝石细工镶嵌。在大理石凹壁中有朝向麦加的米海拉布，其上方为礼拜大殿，也是大寺的大圆穹顶，这一建筑结构成为其后清真寺的范本。礼拜大

大马士革清真寺穹顶

殿前是长方形的露天庭院，全部用瓷砖铺地。大殿正门是凯旋式的穹形大门，门廊和前厅连在一起，门两边各有圆柱。大殿中部是二圆顶。庭院中间有公元 976 年所建的一座大理石的水池，供沐浴之用。

由于其建筑上的独特性、装饰上的奢华程度，倭马亚清真寺在伊斯兰建筑界拥有特殊且重要的地位。

在清真寺的庭院中向南面看，是麦加的朝向。站立在庭院中心，任何人都会感到渺小，四面整齐、威严的建筑群，显得格外宏伟高大。在殿内立柱和墙壁的洁白大理石上，镶嵌着黄金、宝石和贝壳的拼图，参观者无不赞叹古代工艺精湛的穆斯林，倾注了他们心中对这座清真寺的崇敬和爱慕。站在大殿内，身在高赞真主轰鸣声音的回荡中，感觉到这个声音向天空发射出去，围绕地球而转，与五大洲所有清真寺传出的赞主声发生共鸣，从摩洛哥到西班牙，跨洋去美洲，从太平洋上的印度尼西亚传到亚洲中国，取道中亚返回阿拉伯，在太阳底下浑然一片。

大马士革清真寺确立了清真寺建筑的结构模式，成为世界各地穆斯林建造清真寺的样板，使世界上所有的清真寺布局大同小异。在这座清真寺建筑组合中，有许多趣闻逸事，例如它有三座形式不同的唤礼塔，每座塔都有典故。名为盖特贝的塔，增建于 15 世纪，是模仿开罗艾资哈尔清真寺的宣礼塔的多面型样式；先知尔撒塔，据说是根据圣训预言，先知尔撒将在那里从天堂下降再现人间；第三座塔是以先知叶海雅命名。因为，那里原是一座以圣约翰命名的基督教堂，圣约翰在《古兰经》中的名称是先知叶海雅，建立这座宣礼塔以纪念那里曾经有先知命名的基督教堂。在寺院中，既有先知穆圣直系外孙侯赛因贤人纪念厅；还有战胜十字军的穆斯林英雄萨拉哈丁陵墓。

大马士革清真寺，本身就是一座伊斯兰文明历史博物馆，在这里，人们可以看到公元 8 世纪的建筑水平，也可以看到古代埃及建筑的特色和 18 世纪土耳其奥斯曼建筑艺术。这座清真寺，也是一部人类宗教发展史，从原始社会的多神崇拜，进步到信仰唯一真神的基督教，最后发展成为伊斯兰的神圣殿堂，信仰“万物非主，唯有真主；穆罕默德是真主的使者”基本信条。今天的大马士革清真寺，是中东地区少数对外开放的古老清真寺，每年接待数以万计的各国游客，其中有许多高贵的客人，如教皇保罗二世，证明穆斯林的清真寺对任何人都宽容和开放。

在人类文明最古老的土地上，大马士革清真寺见证了历史，也见证了人心的信仰变化。大寺落成后1000多年来，曾几次遭到火灾。最初的大寺遗物只有一对蜡烛台和一扇蓝色玻璃窗完好保存下来。大寺现存的大部分建筑物都是被焚后重建的。

大马士革清真寺一角

大马士革所处地理位置很特别，面朝阿拉伯大沙漠，背靠地中海，古代的公路纵横交叉穿过这座古城，连同四面八方的文化。大马士革曾经是国际商贸中心、文化交流中心、宗教变革中心，1400年来伊斯兰坚如磐石，永远屹立在亚欧非三大洲交接点这座繁华的城市中。南来北往东征西讨的许多将军、武士、国王和皇帝们，城头频繁更换大王旗，但是大马士革清真寺中赞颂真主的声音和崇拜真主的拜功没有一天停止过，以后将永远继续下去，直到永久。《古兰经》说：“不信道者或许要希望他们原是归顺的。”大马士革清真寺，不愧为伊斯兰文明的一块建筑瑰宝，从古到今，到现场观看者无不惊叹不已。

# 伊拉克的萨马拉大清真寺

萨马拉大清真寺位于伊拉克底格里斯河畔，巴格达西北的萨马拉城。建于公元848—852年。

伊斯兰教于公元7世纪初兴起于阿拉伯半岛，创始人是穆罕默德。穆罕默德及其信徒发展了伊斯兰教，建立了宗教、政治、军事、经济相结合的社团和制度。基本上实现了阿拉伯半岛的统一，奠定了未来政教合一国家的基础。632年，穆罕默德去世后，他的后继者哈里发（伊斯兰国家的统治者称为“哈里发”）以圣战为名义，发挥其军、政、教合一的优势，开始了对外扩张，其势力东到中亚和印度河流域，西达非洲北部，并进占了西班牙。公元8世纪中期形成了横跨亚、欧、非的阿拉伯帝国。

随着阿拉伯帝国的形成，伊斯兰教在世界范围内得到广泛传播，在其传播过程中也吸收了不同种族、不同地区的文化艺术，进而发展出一种以伊斯兰教信仰为主导的生活方式和综合的整体文化。伊斯兰教最初并没有什么大型建筑。在穆罕默德反对偶像崇拜的禁令下，所有地方神的雕像全被捣毁。

伊斯兰教信仰的核心是绝对的一神论，即对真主安拉的绝对的唯一的顺从。在伊斯兰教兴起的早期，穆罕默德去世之后的半个世纪内，因为伊斯兰阿拉伯人大多还没有固定住处，基本上是结成游牧部落散居各地，所以穆斯林的祈祷场所一般都是临时凑合的。但它们有一个共同的特点，就是在里面一定要标示出麦加的方向以作为穆斯林祈祷的方向，一般用一排柱廊加以强调，或者直接把入口置于麦加朝向的正对面。

从公元7世纪末开始，穆斯林统治者建立了稳固政权，便开始大规模地兴建清真寺，以巩固宗教的权力。清真寺按照伊斯兰教的圣书《古兰经》的教诲，在建筑安排及内部装饰上有许多自己的特点。伊斯兰教要求穆斯林每周5次进寺礼拜，尤其是星期五必行聚会，所以清真寺的殿内空间都比较大。

萨马拉在公元836年以后，曾两度作为哈里发的都城，哈里发在此曾修建了许多规模宏大、气派讲究的工程，萨马拉大清真寺是其中的典型代表。萨马拉大清真寺被称作世界上最大的清真寺。它规模宏大，气势恢宏。它南北长238米，东西宽155米，总面积有4万多平方米，十分庞大壮观，从空中俯瞰更能感受其规模的宏大。它的建筑形制与基本面貌是当时清真寺的典范。大清真寺平面呈长方形，中轴线指向麦加的朝向，中间有一个侧堂环绕的庭院，长为145米，宽100米，侧堂导向着麦加的朝向。依据《古兰经》，信徒必须朝向麦加礼拜，萨马拉城在麦加的北面，所以整个清真寺的中心——礼拜殿设在寺院的南边。礼拜殿的规模也是全寺最大的，一共进深9间。东、西两边的殿堂进深为4间，北面进深为3间。在麦加朝向那边的正中央有个小小的神龛作为标志，称作“米拉伯”。

萨马拉大清真寺的螺旋宣礼塔

萨马拉大清真寺中有一半的面积是由有464根立柱支持的木顶覆盖的。殿堂的柱子是复合形的，内里是大理石的八角形砖柱，四面又再各附一个壁柱。柱子直接支承着木构的平屋顶。这些木顶和墙面上原来镶有的镶嵌画现在已荡然无存。整个清真寺大寺被高大而厚重的砖墙包围，墙面上每隔15米有一个半圆形的塔状拱壁，墙头上原有雉堞。清真寺一共开设了13个大门，正门在北面。每个门洞上原来有着木制的楣梁，楣梁上的拱壁装饰着浮雕，十分精美。

萨马拉大清真寺中最引人注目的也最著名的建筑就是它巨大的螺旋形的宣礼塔。它高立于寺院平整的布局中，雄奇伟丽、别具风格，造成了极富戏剧性的震撼效果。

宣礼塔建于公元837年，位于清真寺北面正对着大门的位置。它的轴线与寺院重合，并有坡道与清真寺相连。宣礼塔名为“马尔维亚”，意思为“蜗牛壳”。宣礼塔的塔基为正方形，一共有两层，底层边长约30米。在上层台基上高耸着巨大的圆柱状塔体，越往上越细。一条螺旋的梯道围绕着塔体盘旋上升，直达塔顶的小圆殿。整个塔体高达50米，用砖砌成。

马尔维亚宣礼塔是伊拉克阿巴斯王朝时代建筑艺术的杰作。它的设计雄浑朴拙，不同凡响，显露着一种质朴古拙的原始之美，从中可以立刻感受到早在公元前 2000 多年由苏美尔人建造的观象台的影子（观象台是方的，在公元前 6 世纪中叶以前亚述和新巴比伦时期曾被广为兴建），再现了古代美索不达米亚高塔的风采。直立而高耸的塔体与脚下横向伸展的寺院产生强烈的对比，使塔体更显挺拔雄伟。

塔身的材料、细部装饰又和整个清真寺一致，和谐而统一。高和低、平和起、混沌与壮丽、奇伟与规整、互相对比和映衬，使得萨马拉大清真寺不同凡响、雄奇壮丽，显示出伊斯兰教巨大的感召力与凝聚力。也许这种设计也意味着当时哈里发王朝向全世界宣告自己要建立雄伟霸业的野心和抱负。

## 印度尼西亚的普兰巴南寺庙群

普兰巴南寺庙群是印度尼西亚最大的湿婆神建筑群，位于爪哇岛日惹东北 17 千米的普兰巴南，由 250 座大大小小的陵庙组成，建于公元 900 年左右，是为埋藏当时国王及王后骨灰而修建的。它是世界著名的历史古迹，是印尼最宏伟壮丽的印度教寺庙，是世界建筑、雕刻和绘画艺术史上一颗璀璨的明珠，是记录印度尼西亚人祖先灿烂文化的载体，1991 年被列入世界遗产名录。

普兰巴南寺庙群由 240 座庙宇组成，大部分已经沦为一堆瓦砾，但一些主要的庙宇经历了天灾人祸的沧桑变迁后，在人们的努力下得以重建，又焕发出昔日的风采。

印度尼西亚的印度教神庙群的主庙称为拉腊·琼河格兰，意为窈窕淑女，来源于附近居民对庙中母女神大型雕刻的称呼。普兰巴南寺庙群据传是信仰印度教的马拉兰王朝国王达刹于 10 世纪初期建立的，1953 年重建。现在复原的仅是其中心部石墙围着的 100 米见方的区域，主建筑在东西 2 排，各并列着 3 座大殿。西侧一列从北开始依次是毗湿奴殿、湿婆殿、梵天殿，都是东向；东侧有 3 神各种化身的殿，此外还有几个小殿堂。

这个中心区的四周散乱着石块，它被 222 米见方的围墙（与中心区的石墙平行）围着，

普兰巴南寺庙群

整齐地建立着4排224座的小殿堂，相当于第2区。在更低一层的外围有第3区的部分遗迹（围墙与前2区的围墙不平行）。它是爪哇规模最大的神庙建筑群。

中心区中，20世纪80年代复原的湿婆殿最大最美，总高47米，基部34米见方。中心大殿祭祀石雕湿婆神立像（四臂，高3米），在其左右及背后的小室中各有一身神像。毗湿奴殿和梵天殿与其同形但稍小，因屋顶破损而露出中间的神像（都是四臂立像、梵天为四面）。这3个殿在台基和屋子之间设有曲折的回廊，特别是湿婆殿的回廊中，有印度史诗《罗摩衍那》的浮雕，延续至梵天殿的回廊，还有护世天及其眷属（从者）的浮雕24面。此外在回廊的外侧有3人一组的美丽天女高浮雕。这些雕刻的技法典雅，特别是护世天、天女的造型富于变化。这个神庙以湿婆信仰为中心，从而推定为中爪哇时代末期（10世纪初）所建，但从该神庙发现的铭文看，应视为9世纪后期的建筑物较为妥当。

普兰巴南寺庙共有8个圣殿，其中三个主殿分别祭祀着湿婆、毗湿奴和罗摩这三位印度教中的主神。中心院落里有三个主殿。湿婆殿高为46.5米，里面是湿婆的妻子杜尔加的神像，也是最高的神殿。湿婆殿的北侧是维斯奴庙，南侧是婆罗吸摩庙，前面是楠迪庙。在毗湿奴

普兰巴南寺庙群近景

普兰巴南寺庙群的浮雕

和婆罗吸摩庙的前面是瓦哈诺庙，阿皮特庙位于北侧，其南侧与庙宇相接。在主广场每一个大门前面的东西两侧有四个克利尔庙；而在主广场的四个角上均各有一个小庙宇。

普兰巴南寺庙群的浮雕

普兰巴南寺庙群的创建基本上是模仿了神话中描述的众神居住的马哈穆罗山，因此各种雕刻和装潢都是按照神仙境界模样完成的。例如，装饰的图案取材于山川、莲花、奇异的动物和人物、仙女等，叶片和枝条弯曲缠绕于各种图案之间，整个图案营造出一个梦幻般的神仙世界。在每一个庙宇中都有雕像，例如大殿上面向东方的湿婆·马哈德瓦雕像、杜尔加雕像和许多在印度教义上知名人物的雕像。在寺庙群的墙壁上完美地雕刻着罗摩衍那罗摩传中的有关印度教的神话故事，现在每到傍晚时分，在普兰巴南寺庙后院的露头舞台上，这些著名的神话故事就会以声势浩大的传统舞蹈的形式上演。

# 第二部分　南、北美洲篇

## 第一节　美国的著名建筑

### 白　宫

白宫位于美国华盛顿市区中心的宾夕法尼亚大街1600号。北接拉斐特广场，南邻爱丽普斯公园，与高耸的华盛顿纪念碑相望，是一座白色的二层楼房。白宫是美国总统的官邸，供其家庭成员居住。在200多年岁月中，白宫建筑群也成了历史性建筑。它带有浓厚的英国建筑风格，又在随后的主人更替中一层层融入了美国建筑的风格。朴素、典雅构成白宫建筑风格的基调。白宫的基址是美国开国元勋、第一任总统乔治·华盛顿选定的，始建于1792年，1800年基本完工。有趣的是，第一位入主白宫的总统并不是第一任总统华盛顿，而是第二任总统约翰·亚当斯。从此，美国历届总统均以白宫为官邸，使白宫成了美国政府的代名词。

200多年来，白宫一直是美国最高行政长官的官邸，也是美国所有家庭和住宅的代表。正因为如此，入住白宫的男主人都充满了责任感和使命感。正如富兰克林·罗斯福在一次讲话中提到的："我从未忘记，我住在一幢属于全体美国人的房子里，我受到他们的信任。"

在白宫建设方案未出台之前，华盛顿对未来的美国总统官邸就早有规划。他认为总统官邸绝不能是一座宫殿，绝不能豪华，因为住在这里的人是国家的仆人。他提出了建造总统官邸的三点要求：宽敞、坚固、典雅，要给人一种超越时代的感觉。他相信自己的国家会很快富强起来，而且能够扩展疆域，在世界上占有越来越重要的地位。因此，他认为建

白宫

造总统官邸含糊不得。对于即将开始设计和建造的总统官邸，华盛顿执意认为无须高大，有三层高就足够了。

白宫的设计者是著名的美籍爱尔兰人建筑师詹姆斯·霍本，根据 18 世纪末英国乡间别墅的风格，他参照当时流行的意大利建筑师柏拉迪的欧式造型进行了设计，用弗吉尼亚州所产的一种白色石灰石建造了白宫。但当时这所建筑并不称白宫，“白宫”是西奥多·罗斯福总统命名的。

白宫共占地 7.3 万多平方米，由主楼和东、西两翼三部分组成。主楼宽 51.51 米，进深 25.75 米，共有底层、一楼和二楼三层。主楼的底楼有外交接待大厅、图书室、地图室、瓷器室、金银器室和白宫管理人员办公室等，还有一个中国厅，陈列着历届总统用过的中国餐具。二楼为总统全家的住所。另外，各层都有某届总统精心布置的一些房间，现称绿厅、蓝厅、红厅等，是根据室内的装饰特点命名的。东翼包括剧院及一些办公室。西翼主要是总统及其工作人员的办公处。国宴厅宽阔高雅，能容纳 140 人就餐。

根据白宫支出由全体纳税人担负的原则，白宫的一部分在规定时间内向全世界公民开放，因此它也成为游人观光华盛顿的热点。白宫现在供游人参观的部分主要是白宫的东翼，包括底层的外宾接待室、瓷器室、金银器室和图书室，一楼的宴会厅、红厅、蓝厅、绿厅和东大厅。它是世界上唯一定期向公众开放的国家元首的官邸。

外交接待大厅呈椭圆形，是总统接待外国元首和使节的地方，铺着天蓝色底、椭圆形的花纹地毯，上绣象征美国 50 个州的标志，墙上挂有描绘美国风景的巨幅环形油画。

图书室 60 多平方米，室内的桌、椅、书橱和灯具等，均为古典式。这里藏有图书近 3 000 册，其中不乏美国各个时期著名作家的代表作。此外，这里还存有美国历届总统的有关资料。在藏书壁柜旁的墙上挂着五幅印第安人的画像，这是当年美国总统在白宫会见过的印第安部落代表团的成员。

地图室有各种版本的现代地图集和一幅名贵的 18 世纪绘制的地图。第二次世界大战期间，这里曾是罗斯福总统研究战争形势的密室。从 1970 年起，此处已改为接待室，室内挂着本杰明·富兰克林的画像和美国 19 世纪哈得逊河画派的风景画，如哈特作于 1858 年的名画《山间湖水》等。

金银器陈列室藏有各种精致的英、法式镀金银制餐具和镶金银器。

瓷器室收藏有历届总统用过的瓷制餐具，其中还有一套从中国进口的名瓷。

从正门进入的国家楼层共有五个主要房间，由西至东依序是：国宴室、红室、蓝室、绿室和东大厅。

东大厅是白宫中最大、装饰最富豪华气派的厅堂，长约 24 米，宽约 11 米，高约 2.5 米，可容纳 200 多人，主要用作大型招待会、舞会和各种纪念性仪式的庆典。这里有敞亮的落地长窗，光洁的橡木地板，巨型的水晶吊灯和烛台，桃木心木钢琴的琴腿上雕饰着四只金鹰，有 18 世纪名画家吉尔伯特·斯图亚特的传世名作——巨幅油画华盛顿及其夫人的全身像。这里曾是美国总统及其家属举行婚丧大事的会场，有四位总统的女儿在此举行过婚礼，七位总统在这里举办过丧事。1945 年，美国第三十二届总统富兰克林·罗斯福逝世后就停灵于此。1974 年，理查德·尼克松因“水门事件”离职前夕，也是在此与他的助手们挥泪告别的。现在，此厅供美国总统举行宣誓就职仪式、记者招待会、酒会、圣诞舞会等使用。有时，逢节日和周末，也请文艺界和体育界的名流在此演出和表演。

绿厅是第三任总统杰斐逊就餐之地。因以绿色基调装饰而得名，面积较东大厅小得多。四壁有绿绸装饰的水彩画，地上是19世纪苏格兰画家大卫·马丁画的富兰克林肖像。现在，它是美国总统的客厅，总统常常在此举行正式酒会。当年门罗总统常在这里打牌消遣。

蓝厅因为肯尼迪总统夫人把白色墙壁改饰成蓝色而得名。窗帏是蓝色的，座椅靠背和坐垫是蓝色的，窗外的天空也是蓝色的。厅内有一块19世纪的中国地毯，七把法国镀金椅子，一对19世纪路易十六时代的镀金桌子等名贵之物。还陈列有几幅美国早期总统及其夫人的画像。

红厅多用于总统夫人招待来宾。厅内四壁上的红绸水彩画同由斯图尔特画的麦迪逊总统夫人朵拉的红色肖像相辉映。此处有一总统贵宾接待室，以19世纪初法国资产阶级革命时期的风格加以装饰，室内家具十分名贵，其中有一架1805年的法国枝形吊灯和英国1850年制作的红、米、蓝、金四色地毯。

国宴厅是白宫第二大厅，以其华丽的装饰和精致的餐具著称。桌椅家具全为橡木所制，可同时宴请140位宾客，是举行国宴的地方。厨房在地下室，可用升降机将食品送到宴会厅。厅中的设计与装饰均采取19世纪初叶英国摄政时期的风格。墙中间悬挂着林肯的肖像。壁炉上方刻有美国第二任总统约翰·亚当斯在迁居白宫后的第二个夜晚所写的一封书信中的名句：“我祈祷上苍赐福于这座宅邸以及所有来日居于此间的人。愿白宫主宰者皆为诚实、明智之人。”

主楼二层为总统全家居住的地方。主要有林肯卧室、皇后卧室、条约厅和总统夫人起居室、黄色椭圆形厅等。林肯卧室是林肯办公和召开内阁会议的地方，著名的《解放黑人宣言》即在此签字。以玫瑰色和白色为主调加以装饰的皇后卧室，曾接待过英国伊丽莎白女王、荷兰女王等贵宾。

从海斯夫人开始，在各个房间悬挂总统及夫人画像成为白宫新旧主人的共同爱好。目前在蓝室挂有四位早期总统画像：亚当斯、杰弗逊、门罗和泰勒，国宴室则悬挂林肯画像，东室有华盛顿画像——这是喜爱社交的麦迪逊夫人多莉对白宫唯一的功绩。两百多年时光弹指流逝，只有华盛顿的画像屹立在这里，注视着由他一手创立的国家。

白宫西翼由西奥多·罗斯福总统主持修建，于 1902 年建成；东翼由富兰克林·罗斯福总统主持修建，于 1941 年建成。其中最主要的厅室是西翼内侧的椭圆形总统办公室。最早的“椭圆形办公室”建于 1909 年。它宽敞、明亮，天花板是总统印章的浮雕，地上铺着一块巨大的蓝色地毯，地毯正中织有美国总统的金徽图案：50 颗星排列成圆形，环绕着一只鹰。办公室后部两侧分别竖立着美国国旗和总统旗帜。正面墙上是身着戎装威容凛然的华盛顿油画像，两边摆着两只雅致的中国古瓷花瓶。办公室左边墙架上陈设的外国贵宾赠送的礼物中，有中国 1979 年赠送的“马踏飞燕”仿古青铜器。

白宫的南面，是一个由粗大的乳白色石柱支撑的宽大门廊，正面 4 根，旁边各 2 根。门廊的正前方就是有名的南草坪，总统的直升机可在此起落。由于白宫是坐南朝北，因此南草坪就成了白宫的后院，通称为总统花园。园内，灌木如篱，绿树成荫，草坪中有一水池，池中喷泉喷珠吐玉，高可数丈。池塘四周的花圃里，姹紫嫣红。南门前两侧 8 棵枝繁叶茂、生机勃勃的木兰树，已有 150 年树龄。国宾来访时，都要在南草坪举行正式欢迎仪式。每年春天的复活节时，总统和夫人都要在这里举行传统的游园会。

为了确保总统及高官们的安全，在白宫下面还修筑了一座坚固而隐蔽的地下掩体。这座掩体修筑较为复杂，一旦战争爆发或有可能威胁白宫内人员的安全时，总统会义无反顾地率领美国高官们涌入该掩体。

总之，正如有人说的那样：“白宫是一幅不完整的画。”每位总统和他的家庭都按自己的喜好和审美品位布置白宫，使这座古老的房子随着光阴的流逝和主人的更换而呈现出千姿百态。

## 帝国大厦

帝国大厦位于曼哈顿第五大道 350 号，夹在 34 大街与 33 大街之间。帝国大厦是纽约市的一栋著名的摩天大楼，共有 102 层，它的名字来源于纽约州的别称帝国州。该大厦建于 1929—1931 年，是当时使用材料最轻的建筑。大厦建成于西方经济危机时期，是美国经济复苏的象征，曾为世界第一高大楼和纽约市的标志性建筑，是世界七大工程奇迹之一，世界贸易中心在9·11事件倒塌后，帝国大厦继续接任纽约第一大楼的头衔，直到自由塔建成。

纽约帝国大厦

帝国大厦是一栋超高层的现代化办公大楼，它和自由女神像一起被称为纽约的标志。建筑历史学家威里斯说："帝国大厦一方面象征美国工商业文化；另一方面也是纽约，甚至是全美国的永远地标。"

帝国大厦在世界贸易中心兴建之前，一直是纽约市最高的建筑，并且在很长一段时间内也是全球最高的建筑。1931年5月1日，帝国大厦正式落成，美国总统赫伯特·胡佛在首都华盛顿特区亲自按下电钮，点亮大厦的灯光。

帝国大厦的总建筑面积为204 385平方米，高381米，20世纪50年代安装的天线使它的高度上升至443.5米。根据估算，建造帝国大厦的材料约有33万吨。大厦总共拥有6 500个窗户、73部电梯，从底层步行至顶层须经过1 860级台阶。此大厦的86楼及102楼有瞭望台，由于是露天的望台，台上的风力相当大。晴天的时候站在这里，可以远望至100千米远的地方。

纽约帝国大厦远景

由于曼哈顿岛的地基非常好，再加上帝国大厦由花岗岩、印第安纳砂石、钢铁、铝材等建成，大厦显得非常坚固。

帝国大厦拥有许多世界之最：在建筑史上创每周修建 4 层半楼的纪录，这在当时的技术水平下，已算是惊人的了。整座大厦最后提前了 5 个月落成启用，比预计的 5 000 万美元减少了 10% 大厦施工期间，每天参加施工的人员高达 4 000 人，全部工作量超过 700 万工时；共使用 6 万吨钢、1 000 万块砖、80 千米长的电缆与电线、192 千米长的管道；1 600 千米长的电话电缆；6 500 扇窗户；1 860 阶台阶；安装了 73 部电梯、电梯速度高达每分钟 427 米。帝国大厦占地面积为 2.66 公顷，当时全部造价 4 100 万美元，后来的维修费用累计为 6 700 万美元。

大厦里面的墙壁装饰也很有特色，多为来自意大利、法国、比利时、德国的不同颜色的大理石，一楼大厅更是各种艺术品的殿堂。由于帝国大厦处在曼哈顿岛上最繁华的心脏地区，这里的办公用房也是寸土寸金，正是因为帝国大厦名声显赫，许多金融、旅游、保险等行业的大公司，都在这里租用办公室，一来为提高知名度和可信度，二来也为显示公司有相当的实力。

纽约帝国大厦顶部

帝国大厦的顶层一直是文艺界喜爱取景的地方，自大厦建成后，共有 90 多部电影选择这里作为取景点，其中包括《金刚》和《西雅图不眠夜》等经典电影。帝国大厦既是一座多功能的写字楼，同时也是纽约市最著名的旅游景点之一，成千上万的游客每天在这里排队等候搭乘电梯登顶观景。

帝国大厦顶部的泛光灯的颜色会因时间或重大事件而改变，比如说在 9·11 事件后就亮了 3 个月的蓝色灯，以示哀悼。

从 2000 年起，帝国大厦每年都为中国农历新年亮灯。每年春节期间，帝国大厦都会亮起象征中国的红、黄两色灯光，庆祝中国传统的新春佳节。

## 自由女神像

自由女神像位于美国纽约海港附近的自由岛上，是一座新古典主义的巨型雕像，由法国雕塑家巴托尔迪设计，落成于 1886 年 10 月 28 日。这座自由女神像是法国人民送给美国的礼物，表现了罗马神话中的自由女神脚下环绕断链、身披长袍、手举火炬和美国独立宣言的形象。自由女神像表达了对美国新移民的欢迎，现已成为美国和自由的标志，同时也是船舶进出纽约港的一大景观。

自由女神像称不上历史古迹，仅是一件人工塑造的艺术品。雕像手握火炬、向空中高高举起，目视前方，姿态优美。尤其是夜间，火炬内灯光通明，加上从小岛地面射向巨像的探照灯光，使自由女神雕像更为清晰、壮观。

自由女神像是法国雕刻家巴托尔迪于 1884 年 5 月 21 日完成的传世佳作。雕像外衣全部用纯铜片制成，铜片镶在有 4 根大柱的钢架之上。钢架是法国巴黎埃菲尔铁塔的设计师埃菲尔设计的。雕像下部是由美国人设计、集资筑成的高 46.9 米高的宏伟基座。中间是一个高 12.3 米高的平台，上面安置着 33.8 米的雕像，平台和雕像共高 46.1 米，全是由法国人制造的。

女神双唇紧闭，头戴光芒四射的冠冕，身着罗马古代长袍，右手高擎长达 12 米的火炬，左手紧抱一部象征《美国独立宣言》的书版，上面刻着《宣言》发表的日期“JUIV MDCCLXX VI”（1776 年 7 月 4 日）。脚上残留着被挣断了的锁链，象征暴政统治已被推翻。基座上镌刻着美国女诗人 E·拉扎勒斯歌颂女神的诗篇。

建造自由女神雕像的设想始于 1865 年，当时法国人为了庆祝法、美两国已往的合作，倡议由法国人赠送美国一座纪念物，以庆祝美国获得独立。此后，法、美两国组成联合组

高高矗立的自由女神像

成委员会，积极筹划。身为委员会成员的法国雕塑家巴托尔迪在美国开会时，产生了一个念头，要创造一座巨大的铜像作为美国独立的象征。当他提出这个建议后，立即获得大会的采纳，并由法、美两国合组的委员会筹募基金。为自由女神像募款的活动开始于 1882 年，这其中包括美国委员会组织的艺术品和手稿的拍卖。

1874 年巴托尔迪开始工作。他以自己母亲的相貌和妻子的身材为蓝图，先做出模型。第一次制成的模型只有 2.7 米高，然后再放大到 15 米高，最后才制成了高达 33.8 米的雕像。雕像外衣是用许多铜片镶嵌而成，每块铜片厚约 2.4 毫米，每一铜片均用人力捶打，然后依次镶在钢架上。雕像以 120 吨钢铁为骨架，80 吨铜片为外皮，30 万只铆钉装配固定在支架上，总重量为 225 吨，雕像内部安装有楼梯，可供游人上下。

自由女神像的选址最终确定为伍德堡，神像的基座面向东南，对从大西洋进入港口的船只表示致意。1881 年，美国委员会委任著名建筑师理查德・莫里斯・亨特设计基座。数月后，亨特提交了一份具体计划，计划中的建造时间约九个月。他的计划中，基座高 35 米，由于资金紧张，美国委员会将这一数字降低为 27 米。

亨特的基座设计中使用了古典建筑中的元素，包括多立克柱式的大门和其他用于将注意力集中于雕像本身的建筑细节。在形式上，基座是一个截去顶端的金字塔，底部边长 19 米，顶部边长 12 米，四边的外观相同。在每一边的大门上方，设有立柱环绕的阳台；其上的基座顶端附近又有一个观景平台。

自由女神像的地基于 1883 年开挖，深度为 4.6 米。1884 年，基座正式奠基。亨特原本设想以花岗石建造基座，但是最终迫于财政压力修改了设计，只用花岗石作为墙面，内中浇筑 6.1 米厚的混凝土，这是当年最大规模的混凝土浇筑。

1885 年雕像完工后运到纽约市，1885 年年末雕像基座完工。1886 年 10 月 28 日雕像正式落成。美国总统克利夫兰主持了揭幕仪式，法国人巴托尔迪出席了隆重的典礼。1924 年自由女神像被宣布为美国国家纪念地。

1916 年起，当局为雕像增加了新的照明设备，每当入夜，巨大的水银灯光照射在雕像上，使之更加光彩照人，尤为壮观。1986 年 7 月 4 日，历经沧桑的自由女神雕像喜庆百岁诞辰，仅整修一项就耗资 7 000 万美元。

## 华盛顿纪念塔

华盛顿纪念塔位于美国华盛顿国家草坪中央，地处国会大厦、林肯纪念堂的轴线上，是一座大理石方尖塔。该塔是为了纪念第一任美国总统乔治·华盛顿而兴建的世界最高的石制建筑，是美国首都华盛顿的地标。华盛顿纪念塔内部中空，塔内有 50 层铁梯，也有 70 秒到顶端的高速电梯，游人登顶后可站在塔顶部的 8 个观景窗前，纵览国家草坪的全景，鸟瞰华盛顿特区、马里兰州、弗吉尼亚州和波托马克河的景色。

华盛顿纪念塔约 50 米以上部分的白色大理石石色略深于下方，这是两段相隔 22 年的建造过程留下的痕迹。纪念塔内墙镶嵌着 188 块由私人、团体及全球各地捐赠的纪念石，其中一块刻有中文的纪念石是清朝宁波府所赠的文言文石碑，碑文写道：“钦命福建巡抚部院大中丞徐继畬所著《瀛环志略》：‘华盛顿，异人也。起事勇于胜广，割据雄于曹刘。既已提三尺剑，开疆万里，乃不僭位号，不传子孙，而创为推举之法，几于天下为公，骎骎乎三代之遗意。其治国崇让善俗，不尚武功，亦迥与诸国异。余尝见其画像，气貌雄毅绝伦。呜呼！可不谓人杰矣哉。’‘米利坚合众国以为国，幅员万里，不设王侯之号，不循世袭之规，公

华盛顿纪念碑远景

华盛顿纪念塔

器付之公论，创古今未有之局，一何奇也！泰西古今人物，能不以华盛顿为称首哉！’大清国浙江宁波府镌耶稣教信辈立石。咸丰三年（1853年）六月初七日合众国传教士识。”

塔的四周是碧草如茵的大草坪，这里经常会举行集会和游行。在每年的7月4日美国独立日的夜晚，都要在华盛顿纪念塔周围燃放焰火，造型各异的焰火竞相绽放，美不胜收。

许多年来，在塔身内的898级台阶上，留下了许多心怀崇敬的美国民众的脚步，尽管现在的台阶几乎已无人行走，但电梯中承载的来自世界各地的游客，对于这座纪念塔主人的崇敬之心，百年来并无更改。

1799年12月14日，美国首任总统华盛顿在他居住了45年的家乡弗农山庄逝世。华盛顿逝世后，随着时间的推移，为华盛顿建造纪念塔的呼声日益高涨。

1833年，在华盛顿成立了“国家纪念塔筹建协会”，协会的宗旨是为美国首任总统华盛顿“建立大型国家纪念塔”，并开始在全国范围内募捐。

1848年7月4日，安放了华盛顿纪念塔第一块奠基石，总统波尔克亲临开工典礼。纪念塔开工后，进度缓慢。

1854年，由于美国南、北两方面临分裂的危险，华盛顿纪念塔被迫停建，这时纪念塔已经建造了大约50米高。战争最后以林肯为首的北方取得了最终胜利，这样，象征着国家统一富强的华盛顿纪念塔续建工程再度提上日程。

1884年12月16日，最后一块石块被安放在纪念的顶部，标志纪念塔的最后完工。

1885年2月21日，呈正方形、底部宽22.4米、重约90 854吨的华盛顿纪念塔全部落成。

纪念塔前后共耗资1 187 710美元，人们将它看作美国首都的标志。

## 西尔斯大厦

西尔斯大厦位于芝加哥，这是一个可以称得上是世界摩天大楼发源地的城市，西尔斯大厦便是这里著名的高层建筑之一。该楼是SOM建筑设计事务所为当时世界上最大的零售商西尔斯百货公司设计的，用作办公楼。希尔斯大厦在1974年落成时曾一度是世界上最高的大楼，超越当时纽约的世界贸易中心，在被马来西亚的国家石油公司双塔大厦超过之前，它保持了世界上最高建筑物的纪录25年。根据高楼与都市住宅委员会目前所使用的四分类建筑物高度判断法，如果加上楼顶天线后，总高527.3米的希尔斯大厦仍拥有四类最高头衔中“含天线总高”的世界纪录头衔。在这所大厦里，每天约1.65万人到这里上班。大厦的第103层有一个供观光者俯瞰全市用的观望台，距地面412米，天气晴朗时可以看到美国的四个州。

西尔斯大厦

西尔斯大厦是由建筑师布鲁斯·格雷厄姆和结构工程师法兹勒汗所设计。西尔斯大厦高443米，地上110层，地下3层，总建筑面积418 000平方米，是全球知名的摩天大楼之一。大厦底部平面68.7×68.7米，由9个22.9米见方的正方形组成。在这些正方形的范围内都不另设支柱，租用者可按需要分隔。大厦的有如高低不一的方形空心筒子集束在一起的造型，挺拔利索，简洁稳定。不同方向的立面，形态各不相同，突破了一般高层建筑呆板对称的造型手法。这种束筒结构体系是建筑设计与结构创新相结合的成果。整个大厦平面随层数增加而分段收缩，在51层以上切去两个对角正方形，67层以上切去另外两个对角正方形，91层以上又切去三个正方形，只剩下两个正方形到顶。

为解决像西尔斯大厦这样的高层建筑的关键性抗风结构问题，大厦结构工程师美籍建筑师法兹勒汗提出了束筒结构体系的概念并付诸实践。整幢大厦被当作一个悬挑的束筒空间结构，离地面越远剪力越小，大厦顶部由风压引起的振动也明显减轻。

西尔斯大厦用钢材 76 000 吨，每平方米用钢量比采用框架剪力墙结构体系的帝国州大厦降低 20%，仅相当于采用五跨框架结构的 50%。这种束筒结构体系概念的提出和应用是高层建筑抗风结构设计的明显进展。

大厦内有两个电梯转换厅，分设于第 33 层和第 66 层，有五个机械设备层。大厦采用了当时最先进的在房间内和各种管井、管道内普遍装设烟感器、报警器和电子控制的消防中心的消防系统。楼内的自动喷水装置在火警发生时可将水自动喷洒于任何地点。位于大厦不同高度上的屋顶平台在火警时可用于安全疏散。大厦中安装了 102 部电梯。一组电梯分区段停靠，从底层有高速电梯分别直达第 33 层和 66 层，再换乘区段电梯至各层；另一组从底层至顶层每层都可停靠。

仰视西尔斯大厦

# 约翰·汉考克大厦

约翰·汉考克大厦昵称为“大约翰”，是美国伊利诺伊州芝加哥的一幢摩天大楼。大厦楼高 343.5 米，加上天线更高达 457.2 米，地上 100 层，总楼面面积 260 126 平方米。大厦由 SOM 建筑设计事务所设计，开工于 1965 年，完工于 1969 年。

约翰·汉考克大厦的商业用房占据了底层空间，向上逐渐为停车库，办公空间及住宅区。大厦的 44 楼设有一个当时全美国最高的室内游泳池，在 94 层处有一个观景台，95 层与 96 层是云霄全景餐厅。

约翰·汉考克大厦其实就是一个小的竖向城中城，大厦内有 711 套从实用型到豪华型的公寓。此外还有餐厅、健身俱乐部、游泳池和一处滑冰场。

大厦的顶部是芝加哥几个主要电视台的发射塔。由于该大厦具有诸多功能，因此，即使在日落以后，约翰·汉考克大厦的“城”内活动仍是引人入胜的。

美国约翰·汉考克大厦远景

约翰·汉考克大厦近景

约翰·汉考克大厦共计有 100 个楼层，里面有办公、居住、购物和停车的空间。为了方便客人，大厦内的 50 部电梯和 5 部自动电梯每天可供 12 000 位客人上下使用。

在大厦设计之初，SOM 设计了直抵基岩的巨大沉箱基础，其中一个入地 58.255 米，这是芝加哥市从来没有过的。为此，设计者还专门制作了前所未有的特别强大的钻井设备。

大厦的楔形造型既是功能需求使然，又是结构要求使然。这种造型不仅有利于结构稳定性，还有利于有效使用空间。大厦的外檐柱与横梁构成一个钢筒，钢筒由在外立面上清晰可见的斜撑以及与这些斜撑和角柱相连接的结构楼板所加强，其结果是结构体系非常简洁并且十分有效。此项创造性的结构体系只需使用传统内柱系统用钢量的一半，十分经济。钢结构外罩黑色铝板，窗户为古铜色防眩光玻璃及古铜色铝窗框。基座与大堂以凝灰岩大理石饰面。

汉考克大厦的幕墙是由镜面玻璃与透明玻璃组成的隔热玻璃，共划分成 1.4 米 ×3.5 米的玻璃 10 344 块。由于大厦建成后就陆续有玻璃破裂，于是大厦决定采取加强中央竖井以增加结构刚度，将隔热玻璃改为单层较厚的回火玻璃（同样厚度的回火玻璃比退火玻璃强度高 4 ~ 5 倍）的补救办法，汉考克大厦又恢复了闪闪发光的、优雅的仪容。现在，玻璃的破损情况已由电子传感器代替观察了。这种传感器是一种大约有 50 美分钱币那样大小的薄片，每块玻璃上都贴有一片，这 10 344 片传感器随时可将玻璃的内部状态传至中央控制室，一旦有玻璃即将破裂，中央控制室即会发出指令，并指出其位置，管理人员可迅速将其换掉。

约翰汉考克大厦夜景

## 克莱斯勒大厦

克莱斯勒大厦是一座位于纽约曼哈顿东部的摩天大楼，建造于 1928 年至 1930 年，建筑师威廉·范·阿伦，是世界上早期的摩天大楼之一，高度约为 319 米，共有 77 层。大厦是受克莱斯勒汽车制造公司委托而建的。克莱斯勒大厦按照当时流行的迪科艺术风格加以设计，呈现几何状和流线型。这种建筑风格中最流行的图案之一是阳光四射形图案。该图案被用来布置大厦顶部的窗户。由于楼顶用不锈钢来覆盖，在阳光的反射下闪闪发光，更增添了它的魅力。

克莱斯勒大厦远景

克莱斯勒大厦顶部

克莱斯勒大厦于1928年9月19日开始建造。总计使用超过40万根铆钉，大约有3 826 000块砖头被手工砌上。建造者和工程师都投入了大量的精力。在完工之前，威廉·范·阿伦获得许可在塔内秘密建造56.3米长的尖顶。尖顶被分为四个部分运送，在1929年10月23日，从66楼开始组装尖塔下方圆顶和一节底部，之后依序吊装和铆接的尖顶在短短的90分钟后完成。

克莱斯勒大厦于1930年5月28日完成，加上尖顶后的高度超过了川普大楼，使其成为世界最高建筑，由于埃菲尔铁塔是世界最高自立构造，因此这是第一次人造建筑超过305米。威廉·范·阿伦对这些成就保持沉默的原因，被认为跟华特克莱斯勒拒绝支付他剩下的建筑费有关。

大楼尖顶装饰轮毂罩被认为是建筑学装饰艺术的杰作。大厦特别的装饰后来用在克莱斯勒汽车上。1929年克莱斯勒敞篷车上用了61楼角落老鹰来做装饰。31楼墙角装饰，用在1929年克莱斯勒汽车的散热器上。

克莱斯勒大楼最著名的就是大楼上的冠。由7个放射状的拱组成，威廉·范·阿伦设计的这个冠由十字形弧棱拱顶与7个同心圆组成。不锈钢板以辐射状铆接许多三角形孔。整个冠呈现银白色。

克莱斯勒大厦夜景

克莱斯勒大厦是全球第一栋将不锈钢建材运用在外观的建筑，傍晚时分，在诱人的顶部灯光装扮之下，很多纽约人及观光客都爱上它美丽的夜景。克莱斯勒大厦更能够代表纽约的风姿绰约。尤其是大楼顶部以新世纪简约主义风格的金属装饰，不论在白天或夜晚都闪闪发光，以独特的造型远远地吸引着人们的目光。对地道的纽约客而言，它才是独一无二的，纽约市真正的地标。

## 金门大桥

每当人们越过太平洋进入北美大陆的旧金山时，首先映入眼帘的便是一座飞架于海湾之上的巨型吊桥，这就是闻名遐迩的金门大桥。金门大桥是世界上最大的单孔吊桥之一，被视为旧金山的象征。在淘金热的时候，这座桥如同是通往金矿的一扇大门，因此被命名为“金门大桥”。

金门大桥是世界著名大桥之一，被誉为近代桥梁工程的一项奇迹，大桥雄峙于美国加利福尼亚州宽 1 900 多米的金门海峡之上，金门海峡为旧金山海湾入口处，两岸陡峻，航

金门大桥风光

金门大桥

道水深，为 1579 年英国探险家弗朗西斯 · 德雷克发现，并由他命名。金门大桥由施特劳斯设计。

金门大桥于 1933 年 1 月 5 日开工，1937 年 4 月完工，同年 5 月 27 日对外开放。总长度 2 737 米，结构形式为悬索桥与钢桁架拱桥，用掉 10 万多吨钢材，耗资达 3 550 万美元。

金门大桥最长跨距 1 280 米；桥面宽度 28 米；桥塔高度 342 米；最大高度 227 米；路面净空在收费站处为 4.3 米；桥下净空为 67 米。

金门大桥在桥梁建筑学上也是一个创举。它只有两大支柱，因此它不是利用桥墩支撑桥身，而是利用桥两侧的弧形吊带产生的巨大拉力，把沉重的桥身高高吊起。

1579 年英国探险家弗朗西斯 · 德雷克发现了连接太平洋和旧金山的一个海峡，这就是后来的金门。尽管这个名字在 1849 年的淘金潮以前早就使用，但淘金潮使得金门成了加利福尼亚神秘魅力不可缺少的一部分。美国人早在 1872 年就讨论过要在金门海峡修建一座大桥的想法，但是直到 1937 年才在海峡上修了这座悬索桥。

金门大桥包括从钢塔两端延伸出去的部分，全长达 2 737 米，为此，又分别在两侧修

建了两座辅助钢塔，使桥形更加壮观。大桥的桥面宽 27.4 米，有 6 条车行道和两条宽敞的人行道。整个大桥造型宏伟壮观、朴素无华。桥身呈朱红色，横卧于碧海白浪之上，华灯初放，如巨龙凌空，使旧金山市的夜空景色更加壮丽。

金门大桥的最初的构想来源于桥梁工程师约瑟夫·施特劳斯。施特劳斯在此前设计了 400 多座内陆的小型桥梁。他花了 10 多年时间游说北加州的居民。这座桥的其他主要设计者包括决定其艺术造型和颜色的艾尔文·莫罗、合作进行复杂的数学推算的工程师查尔斯·埃里斯、桥梁设计师里昂·莫伊塞弗。

施特劳斯在南桥墩浇筑混凝土之前放入了一块取自他的母校俄亥俄州辛辛那提大学的砖头。

旧金山地区的选民们以自己的住宅、农场和公司为抵押，发行了最初的 3 500 万美元的工程债券。1977 年，最后一笔债券被付清，其中 3 500 万美元的本金和 3 900 万美元的利息全来自过桥费的收入。

金门大桥维护工作中，给桥身不断涂刷油漆是其中一项内容。金门大桥的颜色并不是正红，而是红、黄和黑混合的“国际橘”，因建筑师艾尔文·莫罗认为此色既和周边环境协调，又可使大桥在金门海峡常见的大雾中显得更醒目。油漆工必须在移动的鹰架上油漆，先用压力清洗，然后上三层油漆，另一位同事绑在依附于钢索的蜘蛛网，做油漆检查的工作。

金门大桥的维护工作还包括不断的加固工作，在1989年年底发生洛马普列塔大地震后，当局聘请专家对金门大桥的脆弱性进行了详细评估，并制定了加固计划，分三期工程实施，第二期加固工程已于2006年年中完成。金门以浓雾闻名，但雾和冬雨都是结构钢铁的最大敌人，因为严重的生锈，所有五百条悬吊钢索分时分段都更新过。

由于这座大桥新颖的结构和超凡脱俗的外观，它被国际桥梁工程界广泛认为是美的典范，更被美国建筑工程师协会评为现代的世界奇迹之一。它也是世界上最上镜的大桥之一。

如今，金门大桥是世界上无数桥梁中最繁忙的桥梁之一，每天都约有十万辆汽车从桥上驶过。

金门大桥的清晨

## 第二节 墨西哥的著名建筑

### 墨西哥大教堂

墨西哥大教堂位于墨西哥城索卡洛广场北侧，是墨西哥最大和最主要的天主教堂，也是美洲屈指可数的著名教堂之一。它始建于1573年，历时250年，1823年以后才正式完工，堪称美洲建筑史之最。

墨西哥大教堂是一座由玄武岩和灰色沙质石料砌成的巨大建筑物，石墙很厚，并用很粗的铁链加固，以达到增加抗震强度的目的。教堂呈传统的拉丁十字形布局，有一个中殿和两个侧殿。中殿为纵向长方形，南北长110米，东西宽55米。中殿纵深处的大祭坛有典型的文艺复兴式圆形拱顶覆盖。拱顶上有许多装饰华丽的拱架及各种浮雕绘画等。与中

墨西哥大教堂

殿成十字形交叉的侧殿中，设有许多小祭坛和七个小教堂。其中一些小教堂是后来各个不同艺术派别的艺术家们不断加工和改建的。

皇家祭坛（又称皇家小教堂）是整个教堂中最漂亮的建筑，1718年动工，1837年竣工。由于它是仿照西班牙塞维利亚大教堂的皇家祭坛修建的，故而得名。祭坛装饰极端讲究，为丘里格拉艺术中的珍品。祭坛顶部的穹窿，镶嵌着各种金银珠宝和高贵华丽的雕饰，半圆形壁龛上布满了精致复杂的精美雕塑，还有20幅宗教绘画，全是墨西哥著名的画家何塞·奥罗斯科的杰作。这个祭坛主要为朝拜希望圣母的教徒而设，祭坛上有一尊非常漂亮的用象牙雕刻的基督受难像。小教堂内还安放着殖民时期一些西班牙总督的遗骨。侧殿中的天使小教堂是镀金木质结构的巴洛克式建筑，有各种各样的彩灯及白银装饰物。支撑屋顶的圆柱是用长条凹凸直线装饰柱身的所谓陶立克式立柱。

墨西哥大教堂内景（局部）

教堂的正面糅合了多种不同的建筑艺术风格，灰色的墙面映在白色的大理石上，给人一种和谐与庄重的感觉。中央正面是一组漂亮的雕刻，为墨西哥卓越的建筑大师、新古典主义派的艺术家曼努埃尔·托尔萨所作。作品反映了天主教的理想道德——信心、希望和仁慈。正面墙上还有几组大型的浅浮雕，表现圣母升天、圣彼得接受钥匙等情景。

教堂中高耸的一对塔楼是新古典派建筑，塔高 67 米，内置大钟，称瓜达卢佩圣马利亚钟。此钟 1792 年铸成，底部直径 3 米，高 5 米，约 12 吨重。钟声敲响，1 万米之外都可听见。两座塔楼的顶部，各有一个巨型的石制十字架。在教堂正门的外围有一道 13 米长、7 米高的铁栅栏。据说此乃金、银、铜的合金制品，是当时的墨西哥总督从澳门的一个葡萄牙商人手中弄来的中国产品。与教堂正面并排耸立的教堂礼拜堂正门，也是珍贵的巴洛克式建筑，墙壁上布满了细腻豪华的雕塑，壁柱上也有姿态生动的雕像和各种各样的装饰图案。

教堂中的赦免坛是信徒们光顾最多的场所。许多人虔诚地祈求洗净罪过，以待死后进入天堂。赦免坛也是金漆木雕的艺术杰作，里面有两幅非常名贵的画，一幅是装在纯银镜框中的《神圣家族》；另一幅是意大利著名绘画与雕刻家曼特格拉创作的名画《圣塞瓦斯蒂安画像》。

墨西哥大教堂夜景

# 瓜达卢佩圣母大教堂

瓜达卢佩圣母大教堂位于墨西哥城东北郊的瓜达卢佩圣地，是墨西哥最大的宗教圣地，被罗马教皇认定为天主教三大奇迹教堂之一。该教堂是墨西哥人民于 1976 年仅用一年多时间竣工的一幢现代化宗教建筑，与一座建于 1706 年的瓜达卢佩旧教堂相毗邻。新教堂比旧教堂大 10 倍，建筑面积为两万平方米，可容纳两万人。

自从瓜达卢佩圣母堂正式开放以来，全国各地到此朝圣的人络绎不绝，尤其是星期天，教堂四周都挤满了人。许多信徒为对圣母表示虔诚的信仰，常用膝盖跪行于教堂内的石板路上。在每年 12 月 12 日瓜达卢佩圣母节来临时，信徒们要在教堂里举行宗教仪式，还要载歌载舞热烈欢庆。圣母节前后几天，来圣母堂参拜的朝圣者多达数十万，不仅有墨西哥国内的信徒，还有来自拉丁美洲其他各国的信徒。

墨西哥瓜达卢佩圣母堂

瓜达卢佩圣母节

教堂采用了现代化体育馆所用的圆形建筑结构，远远望去像是一把撑开的蓝色巨伞。“伞面”用漂亮的方形巨柱支撑，底下的外围是能停放 1 000 多辆汽车的停车场。教堂大厅内没有一根柱子，从各个角度都能清楚地看到大理石砌成的大祭台。祭台外观像一个现代化会议厅的主席台。大厅中央悬挂着 160 盏六角形大吊灯。

瓜达卢佩圣母大教堂中最珍贵的物品是挂在祭台正中墙壁上的瓜达卢佩圣母像以及圣母像上立着的那顶王冠。瓜达卢佩圣母是墨西哥人民的地方守护神，具有与印第安人和梅斯蒂索人相似的褐色皮肤。传说在 1531 年 12 月，圣母玛利亚曾在一个名叫胡安·迪亚戈的印第安青年身上显灵。圣母出现的奇迹，在印第安人中引起很大风波。西班牙神父为诱惑更多的印第安人改变宗教信仰，特地把“显灵”的马利亚圣母改为印第安人习惯的名字——瓜达卢佩圣母，并把圣母的肤色改成褐色，还专为这位圣母修建了教堂，规定每年 12 月 12 日为瓜达卢佩圣母节。1521 年西班牙征服墨西哥后整整十年，西班牙的传教士在印第安人中没有形成多大的影响，而 1531 年出现了瓜达卢佩圣母后不到七年时间，竟有 800 万以上的印第安人改信天主教。瓜达卢佩圣母成为墨西哥人民心目中的主要保护神。为了表达人民对圣母的崇拜心情，在修建瓜达卢佩新教堂时，特地将一幅圣母的原始画像悬挂在祭台正中的墙壁上。画像有 2 米长、1.1 米宽，用金边、银边、铜边三层镜框镶嵌。画像上面挂着的 15 千克重的金银珠宝王冠，据说是 1895 年为给圣母举行加冕仪式，墨西哥城的贵族妇女特地捐献出自己的金银珠宝，由 18 位手艺高超的首饰艺人精心加工制成。原件已被政府作为国宝收藏，现在挂在新教堂内的是复制品。

## 普埃布拉历史中心

普埃布拉老城风光

普埃布拉历史中心全称“普埃布拉德萨拉戈萨”，位于马林切火山西南，阿托亚克河和圣弗朗西斯科河汇流处的两座马德雷山脉之间，西北距墨西哥城100千米，靠近乔鲁拉城的史前文化遗址，海拔 2 060 米。普埃布拉是墨西哥中部著名古城，墨西哥普埃布拉州首府，也是该州中部地区商业、工业和农业中心。

普埃布拉城市建于 1531 年，是墨西哥中部宗教文化名城，为文化古城和典型的西班牙式城市，在墨西哥历史上战略要地。市内多殖民时期建筑，教堂林立、古迹众多，建筑艺术与西班牙古城托莱多相似。这里的建筑大多数建于 16、17 世纪西班牙统治时期，有最大的宗教建筑，以及用瓷砖（上光花砖）做围墙的房子，有建于 16 世纪的双塔大教堂、圣莫尼卡隐修院、圣多明各教堂等 60 座教堂，城东还有建于 1790 年的美洲最古老的剧院普林西帕尔剧院和建于 1537 年的普埃布拉大学。

普埃布拉的城市设计确定的年代为公元 16 世纪，并且从文艺复兴文化中汲取灵感，普埃布拉的城市设计影响了新世界其他城市的发展。1539 年，普埃布拉成为主教管辖区，经历了快速发展时期。到了 17 世纪，它的地位被距离 12 千米远的乔鲁拉所取代。享受了 18 世纪的经济繁荣之后，普埃布拉在 19 世纪成为一系列对抗的地区。尤其是涉及墨西哥独立的最广泛的大众运动和 1910 年的革命运动。1862 年，墨西哥人在普埃布拉打败了法国远征军，墨西哥的国庆日就是庆祝这个功绩。普埃布拉的佐卡拉是一块平坦的空地，它被认为是殖民城市规划的伟大的成就之一。普埃布拉是具有几座豪华的 18 世纪巴洛克教堂和数量众多的女修道院的大城市。它的殖民地建筑因色彩和釉面而闻名。这种原料通常用于教堂的小圆屋顶和寓所的墙壁上，它保证了建筑风格的和谐统一。

传说在建普埃布拉天主教堂时，墙刚砌好就无缘无故地倒塌了，后来两位天使闻讯降临，每天晚上守卫着教堂，终于使教堂工程得以完成。为了感谢天使，人们把普埃布拉城称为“天使之城”，也因该城教堂林立，有人还把它称为“教堂之城”。

1987 年，联合国教科文组织将普埃布拉历史名城作为文化遗产，列入《世界文化及自然遗产保护名录》。

普埃布拉天主堂是普埃布拉城中最大的教堂，位于市中心广场上。这座双塔式钟楼并立的天主堂建于 16 世纪，教堂内部以大理石铺地，四周围墙饰以木雕，并以金叶镶嵌，门框上下饰以石雕和图案，天花板全用金箔镶嵌，整个天主堂富丽堂皇，用许多玛瑙、大理石和黄金装饰。登上钟楼塔顶，从顶楼上可俯眺全城景色以及东北方带有雪冠的火山景色。

普埃布拉天主堂

普埃布拉的其他教堂也都有自己的特色。圣玛丽亚·德·托南特辛特拉教堂以出自印第安人之手的栩栩如生的雕塑、线条明朗的人物与神像闻名。弗朗西斯科德·阿卡特佩克教堂则以印第安人高超的彩绘著称。

拉孔帕尼亚教堂更是一座引人注目的耶稣会教堂，教堂内埋葬着一位中国公主，在圣器收藏室里悬挂的一块匾上记载了她曲折的经历。这位少女不幸被海盗劫持到墨西哥，她在这块陌生的土地上生活下来，渐渐和当地人民建立起亲密的友谊。公主心灵手巧，她亲手做的色彩协调、红绿相衬的衣服，深受墨西哥人民的喜爱，从此这种服装便流行开来，成为地方服装。这位少女与墨西哥人民的情谊，成为中墨友好关系史上的一段佳话。

普埃布拉艺术品

城内还有许多博物馆，但最有名的是圣塔罗萨博物馆。圣塔罗萨博物馆收藏有16世纪珍贵的艺术瓷砖，砖上有五彩图案和人像，被称为塔拉韦拉瓷砖。

在普埃布拉城郊还有一座16世纪西班牙入侵前的宗教祭祀中心遗址，称为“乔鲁拉镇”。那里曾有400多座神庙、10万人口。后来据说该城被西班牙征服者科尔特斯扫荡一空。科尔特斯装扮成一个基督教传教士，下令把偶像神从神台上搬下来，将它们砸得粉碎，并在神庙里筑起基督教的圣坛。城东部有建于1790年的美洲最古老的剧院和建于1537年的普埃布拉大学。城南15千米处有一座动物园。

## 特奥蒂瓦坎古城

特奥蒂瓦坎古城位于墨西哥首都墨西哥城东北约40千米处的墨西哥山谷中，是印第安文明的重要遗址。这里曾经是最辉煌的城市文明之都，但是由于缺乏文字记载，这座城市的历史至今仍笼罩在一片迷雾中。城市原来的名字已经无从知晓，阿兹特克人发现了这片广阔的废墟，并将之称为“特奥蒂瓦坎”（众神之城）。该城方圆40多平方千米，人口众多，不同时期的居民从10万到16万不等，是当时世界上屈指可数的大城市之一。在其繁荣兴盛的六七世纪，全城有20万人口，规模可以和中国当时的长安相比。

城中的建筑物按照几何图形和象征意义布局，以建筑物的庞大气势而闻名于世。太阳和月亮金字塔是特奥蒂瓦坎古城遗址的主要组成部分。在哥伦布发现新大陆前，特奥蒂瓦坎古城是美洲的一个重要政治和宗教活动中心，有“诸神之城”的美名。当阿兹特克文化在美洲中部高原兴起时，特奥蒂瓦坎古城已经成为废墟。人们来到寂静广阔的古城废墟时，看到宏伟壮观的建筑遗迹，不禁肃然起敬。

1987年联合国教科文组织将特奥蒂瓦坎古城作为文化遗产，列入《世界文化及自然遗产保护名录》。

在印第安人纳瓦语中，特奥蒂瓦坎是“创造太阳和月亮神的地方”。在印第安传说中，他们崇拜的第四代太阳不再发光了，地球被笼罩在一片黑暗之中，人间万物生灵面临着毁灭的危险。宇宙的诸神听到了从地球上传来濒临死亡的人们的恐怖叫喊和痛苦呻吟，从宇宙中飘落到特奥蒂瓦坎，燃起了篝火。地球又一次见到了光明，万物复苏，生灵获救。但不久，篝火的火焰越来越弱，最后又被黑暗吞没，地球上再次陷入黑暗。为了使地球永见光明，人类永远欢乐，诸神修筑了太阳和月亮金字塔，在两塔之间，又一次燃起火，熊熊烈火越烧越猛。诸神商定，谁有勇气，自愿跳入火中，变成第一代太阳，永远得到人类的崇敬。诸神中低贱的纳纳瓦特神和高贵的特克西斯特卡尔神表示愿意做出牺牲，变成太阳，照耀地球。纳纳瓦特神首先勇敢地跃身跳进火堆，顿时，一轮红日从东方冉冉升起。而特克西斯特卡尔却着害怕了，在看到纳纳瓦特神变成太阳后，才下定决心，咬牙跳进已是十分微弱的火堆。但是他失去了机会，没有变成太阳，成了只能在太阳下山后用暗淡光辉照亮大地的月亮。

特奥蒂瓦坎古城包括著名的太阳金字塔、月亮金字塔、库库尔坎神庙（羽蛇神庙）和纵贯南北的“黄泉大道”等。高大的太阳金字塔位于死亡大道的东侧。在太阳金字塔旁屹立着月亮金字塔，城堡后面有羽蛇神庙。从月亮金字塔顶向南望去，笔直宽阔的死亡大道通向远处。月亮广场以西是古城最豪华的“蝴蝶宫”。

太阳金字塔和月亮金字塔造型为四边形层叠平台，每层向上收缩，当神殿和祭坛之用。祭司在塔顶祭祖太阳神、雨神和战神。另外，这里还举行牺牲仪式，祭司把活人绑在“牺牲石”上，剖胸取心奉献给太阳。

特奥蒂瓦坎古城著名的太阳金字塔

太阳金字塔是特奥帝瓦坎古城遗址最大的建筑，大约建于公元2世纪。它坐落在被称为黄泉大道的古城中央大道东侧。作为举行宗教仪式的祭坛，太阳金字塔是古印第安人祭祀太阳神的地方，它建筑宏伟，呈梯形，坐东朝西，正面有数百级台阶直达顶端。塔的基址长225米，宽222米，塔高66米，共有五层，体积达100万立方米。和埃及的胡夫金字塔大体相等，基本上是正方形，而且也正好朝着东南西北四个方向，塔的四面，也都是呈“金”字的等边三角形，底边与塔高之比，恰好也等于圆周与半径之比。内部用泥土和沙石堆建，从下到上各台阶外表都镶嵌着巨大的石板，石板上雕刻着五彩缤纷的图案。当时的特奥蒂瓦坎人并没有掌握铁制工具，可以想象工程是何等艰巨。用来建造金字塔的巨石并不规则，大多呈深褐色，也有土黄黑的，所以整个金字塔是一种浑厚深沉的暗色调。金字塔表面从前抹着石灰，上面有鲜艳的壁画。经过千年的风吹雨打，壁画已经剥落殆尽。金字塔的四面都有阶梯直达顶部，阶梯最宽处为17米，每个台阶高度相同。金字塔的四面正对东南西北四个方向，中午太阳的光芒直射塔顶。傍晚，太阳正好在它的西边落山。从塔的底部，经一地道走进塔内，可以看到一座小金字塔，形状像四叶草，四叶表示大地的四个地窖或嘴孔。现在的大金字塔是在这座金字塔的基础上建成的。在太阳金字塔侧旁的广场右边，有一片独具特色的住房群，供管理太阳金字塔的祭司们居住。在广场北端，有一座华丽的“太阳宫”，是太阳金字塔最高祭司的宫殿。宫殿内的壁画色彩鲜艳，是古城遗迹中迄今发现的最精美的壁画之一。

塔顶原是一座太阳神庙，现已被毁，据18世纪西班牙历史学家考证说，当初这座庙金碧辉煌，高大的太阳神像站立在神坛中央，面对东方，端庄严肃，胸前佩戴着无数金银、宝石的饰物，当阳光射入庙堂时，周身闪射着耀眼的光芒，使人肃然起敬，当年就在这里祭祀太阳神。

该塔最使人惊骇的是它的天文方位，天狼星的光线，经过南边墙上的气流通道，可以直射到长眠于上层厅堂中的死者的头部；而北极星的光线，经过北边墙上的气流通道，可以直射到下层厅堂。这里建塔技术的高超也是惊人的，由下而上层层堆叠而又逐渐缩小，就像一个玲珑精致而又硕大无比的生日蛋糕。塔的四面共有91级台阶，直达塔顶。四面共364级，再加上塔顶平台，不多不少365级，这正好是一年的天数。九层塔座的阶梯又分为18个部分，这又正好是玛雅历一年的月数。

月亮金字塔坐落在特奥蒂瓦坎古城城北，是祭祀月亮神的地方。该塔高度低于太阳金字塔，顶部已经坍塌，比太阳金字塔晚建成150年，规模也不及太阳金字塔。不过由于建在比太阳金字塔更高的地基上，因此两塔顶端的高度处同一水平。月亮金字塔坐北朝南，长150米，宽120米，塔高46米，分五层。塔的正面阶梯陡峻，从底下向顶端仰望，塔顶高耸入云；从顶部往下俯瞰，视野广阔。同太阳金字塔一样，月亮金字塔内也有好几层结构，属于不同时期的建筑。

最让人称奇的是月亮金字塔精湛的壁画、雕刻和彩绘陶器，这是古印第安文化的瑰宝。在残壁上描绘着盛大的宗教祭祀的情景，画中人物神态各异，排列成七行，人物口中吐出花纹，据历史学家说，这可能是托尔蒂克人的象形文字符号。发掘出的水神石雕像栩栩如生，它们由几块巨石精心拼砌。水神头戴冠冕，两耳佩戴耳环，面容严肃端庄，两目平视，身体粗壮，衣袍上雕刻着几何图案，出土的三足鼎立的彩绘陶罐类似中国古代的陶罐。

月亮金字塔脚下是月亮广场，塔前的宽阔广场可容纳上万人，是当时宗教仪式的举行场所。广场从南到北共 204.5 米，由东往西 137 米。月亮广场中央是一座四方形的祭台，特奥蒂瓦坎古城重要的宗教仪式都在这里举行，月亮广场的建筑讲究对称，给人宽广宏伟的感觉。

沿黄泉大道南行，大道的另一端终点是古城第三座纪念性大建筑物——城堡。城堡内有神庙、住宅、凹陷的广场及其周围的 15 座金字塔式平台，著名的库库尔坎神庙就坐落在广场中心。

这座建筑物最为鲜明的特征是西面墙上的羽蛇头像，羽蛇是印第安人崇拜的神话动物，因为身体是蛇，但长着克沙尔鸟羽毛而得名。在印第安人的古代传说中，羽蛇是一个来自遥远的太空的神灵，据说他身穿白袍，长着长胡子，降临在库库尔坎，向人们传授各种知识和律法。他教会人们这些知识之后，就乘上一只飞船，返回神秘的星空去了。印第安人相信，将来他还会重新回来。

库库尔坎神庙

库库尔坎神庙顶端

库库尔坎神庙脚下的羽蛇神雕像

有人认为，特奥蒂瓦坎整个城市的建立，可能是为了赞美羽蛇神创造一个使天地联系更密切的新世界。根据阿兹特克人的纳瓦特尔文字记载，羽蛇神的原文由两个词拼合而成。一个是鸟名，表示上天和精神活力；一个本义是蛇，表示大地和物质力量。羽蛇神是一个代表宇宙的创造，说明天地交汇、精神与物质融合的象征。人们猜测，正如当初的阿兹特克人把这座古城命名为“特奥蒂瓦坎”（众神建造的城市）想法一样，阿兹特克人也许相信，那些建筑特奥蒂瓦坎的人以及生活在这个城市的人，都相信自己知道自己在宇宙间的明确任务、自己的来源以及死后升天的命运。

羽蛇神庙是城堡内最雄伟壮观的建筑，可是它早已倒塌，只剩下神庙的底座——一座六层、造型优美的棱锥形建筑，但仅仅这一个底座的豪华精美和雍容华贵就已使专家们惊叹不已。它的每一层都有众多的羽蛇头像和雨神头像石雕间隔排列。蛇身是浅浮雕，蜿蜒在石板上。雕刻风格粗犷，形象栩栩如生，其工艺的精致就像一个模子铸出来的一样，使人无法相信这是些仅仅靠使用石制工具加工的产品。庙基上还刻着许多精美的图案和怪异的象形文字，至今学者们仍然无法破解那些象形文字的意义。

很久以来，人们一直以为羽蛇神庙是座单纯的宗教建筑。然而，20 世纪 80 年代对这座建筑物的考古发现，改变了人们的想法。有人认为，它也许是特奥蒂瓦坎的强大军事力量的祭祀中心。

墨西哥国家人类学与历史学研究所在对其多次发掘时发现，建筑物的下方和前面有墓坑，这些墓坑里共葬有 100 多人。这些人好像为了献祭活动而死的，死者都穿着相似的士兵服装，尸体被堆在多个墓穴里，扭曲着身体，双手被捆绑在身后，其中有的佩戴一串串类似人牙的贝壳项链，其后腰处则有用黄铁矿石装饰的圆石板。人们发现，几个世纪之后的阿兹特克士兵们也佩戴这种用黄铁矿石装饰的圆石板。

在特奥蒂瓦坎有一条被称为黄泉大道的纵贯南北的宽阔大道，该道长约三千米，宽 40 米，两旁的建筑错落有致，金字塔、庙宇、亭台楼阁以及大街小巷、匀称地分布在黄泉大道的两侧。大概由于宗教的原因，大街南端一片空旷，没有任何建筑。街道的坡度也设计巧妙，每隔若干米建六级台阶和一处平台，给人以直逼云天之感。

对中央大道为什么称为黄泉大道，考古学家们已无从考证。有人解释说，因当时活人祭神，尸体在大街上火化（特奥蒂瓦坎没有土葬习惯，全城没有发现一座坟墓），黄泉大道或许由此得名。还有人说，在公元 10 世纪时，最早来到这里的阿兹台克人，沿着这条大道来到这座古城时，发现全城没有一个人，他们认为大道两旁的建筑都是众神的坟墓，所以就给它起了这个奇怪的名字。

1974 年，一位名叫休哈列斯顿的人在测量黄泉大道两边的神庙和金字塔遗址时，发现了一个让人惊讶的情况：黄泉大道上那些遗址的距离，恰好表示着太阳系行星的轨道数据。在“城堡”周围的神庙废墟里，地球和太阳的距离为 96 个“单位”，金星为 72，水星为 36，火星为 144。“城堡”后面有一条运河，它离“城堡”的中轴线为 288 个“单位”，刚好是木星和火星之间小行星带的距离。离中轴线 520 个“单位”处是一座无名神庙的废墟，这相当于从木星到太阳的距离。再过 945 个“单位”，又是一座神庙遗址，这是太阳到土星的距离。再走 1 845 个“单位”，就到了月亮金字塔的中心，这刚好是天王星的轨道数据。假如再把“黄泉大道”的直线延长，就到了塞罗戈多山上的两处遗址。其距离分别为 2 880 个和 3 780 个“单位”，刚好是冥王星和海王星轨道的距离。

“黄泉大道”很明显是根据太阳系模型建造的，特奥蒂瓦坎的设计者们肯定早已了解整个太阳系的行星运行的情况，并了解了太阳和各个行星之间的轨道数据。但是，人类在 1781 年才发现天王星，1845 年才发现海王星，1930 年才发现冥王星。那么在混沌初开的史前时代，又是哪一只看不见的手，给建筑特奥蒂瓦坎的人们指点出了这一切呢？

月亮广场以西，耸立着古城最豪华的建筑——“蝴蝶宫”，此宫从前是祭司的住所。宫殿里的壁画完好地保持着原来的鲜艳色彩。中央大厅的圆柱上刻着蝶翅鸟身的浮雕。两边圆柱上雕刻着一只美丽飞鸟，双翅齐展，仿佛迎面飞来。蝴蝶宫的住房结构典型地反映出当时特奥蒂瓦坎城的建筑特点：每幢房子都是四方形，正对东南西北四个方向，房子中间都有一个四方形的天井。

蝴蝶宫下面，挖掘出了另一座庙宇，是迄今发现的特奥蒂瓦坎城最古老的建筑，称为“羽螺庙”，其墙上画有许多用美丽羽毛装饰的海螺。在离羽螺庙不远的地方，是美洲豹宫，它的门口墙上画着两只蹲在地上的美洲豹。美洲豹头饰羽毛，虎视眈眈，前爪握着一只海螺，在嘴边吹奏。

城内还有一座叫作特勒米密劳蓬的住宅，至少有 175 个房间，分别围住 21 个天井和 5 个大院。考古学家在发掘这些住宅时，时常在天井或房间的地面，发现一些小圆坑。这是一些坟墓，里面还保留着骸骨，有些烧得半焦；有些洗得很干净；有些不按人骨的原形，另行排列。

## 帕伦克古城

帕伦克古城遗址在今墨西哥恰帕斯州境内，位于国境东南沿海平原，坐落在恰帕斯州北部，是典型的玛雅文明遗址。作为墨西哥的历史文化名城、玛雅古国城市遗址，帕伦克是玛雅文明古典时期最重要的城邦之一。该古城的历史可以追溯到公元前 1 世纪，其城市发展的顶峰时期是公元 600 年至 700 年间，迄今保存下来的古老建筑多是在这一时期修造的。帕伦克是玛雅文明鼎盛时期的一个西部大邦，也是古典时代最美丽的玛雅城市，素有“美洲的雅典”之称。现在，帕伦克古城遗址已被联合国教科文组织列入《世界文化及自然遗产保护名录》。

帕伦克古城遗址

早期的帕伦克历史可以追溯到奥尔梅克文明时期，奥尔梅克文明可能在此建立过一个王朝。在玛雅文明古典时期，帕伦克是玛雅西部地区的一个大邦，已知当时最早的统治者是强·巴鲁姆一世，他于公元 431 年 3 月 11 日登上帕伦克的王位。帕伦克曾于公元 599 年和公元 611 年两次被卡拉克穆尔打败。公元 615 年，十二岁的巴加尔二世登基成为帕伦克国王，巴加尔在位时间长达 68 年。在巴加尔二世统治期间，帕伦克从衰弱中恢复过来，并逐渐走向强大，进而成为玛雅西部地区政治上的霸主，因此现在历史学家也把巴加尔二世称作“巴加尔大帝”。还有一件事令巴加尔在今天得以非常著名，这件事发生在 1952 年，在一座高高的玛雅金字塔的地下，考古学家发现了巴加尔的陵墓，以及其中巴加尔本人的遗骸。本来公认的玛雅金字塔的用途是神庙，与埃及作为陵墓的金字塔的用途完全不同，可 1952 年的发现却使得今天的历史学家不得不开始重新审视玛雅金字塔的意义。更让人惊讶不已的是，巴加尔石棺上居然有类似于宇宙飞船的神话图案。许多人以此为依据相信玛雅人拥有飞行器，或者是与外星人有着某种联系。不过一般严肃的历史学家仍然认为那只是个普通的神话图案，其类似或许就是一种巧合。巴加尔以后，他的两个儿子强·巴鲁姆二世和其弟相继继位，把帕伦克王朝的兴盛时期又延续了四十年。从巴加尔开始的一百年间，是帕伦克的鼎盛时期，今天帕伦克遗迹中的主要建筑物均于此时建成，巴加尔陵墓本身就是在强·巴鲁姆二世时修筑而成的。进入 9 世纪以后，同古典时期玛雅文明的其他城邦一样，帕伦克城市迅速衰落，并永远地被遗弃在了丛林之中。

帕伦克的主要建筑是一座宫殿和五座神庙，人们把这些建筑称为帕伦克宫、太阳神庙、狮子神庙、铭神庙等，这些都是现代考古学家所取的名字。事实上，古代玛雅人的思想、信仰和古老的记忆，其中大部分已经遗失，再也无法挽回。建造在梯形土台之上的帕伦克宫像一个八阵图，里面有无数庭院、门廊和房间。宫殿底座的土台底边长 100 米，宽 80 米，高 10 米。在帕伦克宫殿，还有个可能是用来观测天文的 4 层石塔矗立当中，石塔高 15 米，所以被称为“天文观测塔”。帕伦克宫殿内部装饰着风格华丽、技巧精湛的壁画和浮雕。在宫殿通道的浮雕中，不仅有描绘帕伦克国王巴加尔加冕的情景，也有描绘其生平事迹的画面。太阳神庙内壁刻有 146 个玛雅象形文字，至今保存完整。金字塔地基上是气派恢宏的长方形皇宫，据说那是古代玛雅祭司观测天象的场所。碑铭神庙是帕伦克遗址最雄伟的建筑，它是一座金字塔、庙宇、墓葬合一的建筑。这座建筑因藏有一大块的铭刻石而得名，其中的一座金字塔有 9 层高，千百年来，默默地耸立在原始森林之中，显得是那么的饱经风霜、古老而永恒。碑铭神殿的底基边长 65 米，连同神殿高 21 米，公元 675 年起动工，公元 683 年建成。爬上最后几级阶梯，可以进入碑铭神庙的主厅。主厅的后墙上嵌着两块灰色大石板，上面镌刻着 620 个排列得十分整齐，如同棋盘上一颗颗棋子似的玛雅象形文字。这些文字有些看起来像人的脸庞，有些像怪物的面孔，还有一些仿佛是蠢蠢欲动的某种神话怪兽。至于这两块碑铭到底叙述的是什么，有什么确切的含义，现在还没有人能弄清楚。因为它的文字是由图形和音符混合组成的，至今尚未被完全破译。不过有人认为，这些碑上的一些文字应该提到的是几千年前的、参与过史前重大事件的民族和神，但这终究是一种推测。在象形文字碑铭左边，用大石板铺成的神殿地板上，有一个楼梯口，下面架设着一道陡峭的阶梯，直通到隐藏在金字塔深处的一个房间。而这个楼梯自从公元 683 年被封闭之后，就再也没有人知道它的存在。

在帕伦克城的发掘中，最引人注目的是 1952 年在碑铭庙的金字塔式台基下面发现的地下陵墓。该陵墓为公元 8 世纪初著名的巴加尔王的墓，是首次发现玛雅文明的金字塔式台庙同时又是国王的陵墓。该陵墓的发现对深入研究玛雅文明具有重大意义。当年，发掘者们打开这座陵墓的入口后，发现一条 20 多米长的阶梯从金字塔式台基中央通入封死的墓室入口处。当打开封死的入口时，发现了高大宽敞的拱形圆顶墓室，墓室中央摆着一口石棺，棺盖重达 4.5 吨，可见当年已对预防盗墓考虑得非常周密。打开棺盖，入葬者已变为一具骷髅，四周摆放着 1 000 多颗珠宝，头部有一顶玉片面罩。经考证，此陵墓修建于公元 7 世纪，入葬者为帕伦克最高统治者。从陵墓中获取的象形文字以及实物，首次证实了帕伦克当年是玛雅王国的政治中心。玛雅人实行世袭贵族制度，统治阶层过着豪华奢侈的生活，而贫苦阶层则耕种纺织供养贵族安逸享乐。

帕伦克是玛雅西部地区最大的城邦，巴加尔所处的王朝开始于公元 431 年，在巴加尔继位以前，帕伦克两次被玛雅中部强国卡拉克穆尔打败，国势衰微。他在位 68 年之长，帕伦克城邦重新走向强大，并成为玛雅西部地区的“霸主”。因此现代有些史学家赞扬他的文韬武略，称之为“巴加尔大帝”。另一方面，巴加尔的时代，帕伦克在建筑艺术等方面均达到了登峰造极的水平。按照玛雅的传统，王位传承是按照父系进行的，而巴加尔却是按母系继承的王位（巴加尔的母亲是先王的公主），所以，虽然巴加尔文韬武略，并使得帕伦克走向鼎盛，但他仍然必须神化自己。他把自己的母亲扎克·库克称作玛雅神话中的女神，而自己的生日又恰巧与女神同一天，以宣示自己继承王位的合法性。同时在帕伦克各地竖立起大量的纪念碑，把自己的王朝血统追溯至公元 431 年帕伦克王朝的开创者。巴加尔二世死后，他的儿子强·巴鲁姆二世继位，继续把巴加尔神化。除修造完成巴加尔的陵墓外，另建造了数

帕伦克古城遗址 1

帕伦克古城遗址 2

帕伦克古城遗址 3

座神庙，上面铭刻有大量装饰和文字，包括巴加尔的和他自己的形象。

古代繁华的帕伦克与世隔绝了九个多世纪，精美绝伦的古老建筑被莽莽热带丛林所淹没，宽阔热闹的市区变成渺无人迹的废墟。1830 年，一群西班牙殖民者沿奥托罗姆河考察，经过帕伦克一带时，忽然发现丛林野草中高耸的古堡，感到惊奇不已，便劈开森林小道继续探索，陆续发现一处又一处古迹遗址，当将这些古迹绘成一张草图时，出现了奇妙的梦境，原来这里是一座繁华的古城遗址。随后，一批又一批考古工作者来到这里，雇用了一批又一批挖掘人员，沉睡了近千年的地方开始热闹起来，附近及远处的人家陆续迁到这里定居，于是在古城遗址上又形成了一座城镇，这就是今天的帕伦克城，并逐渐发展成为今天墨西哥的旅游中心。虽说现在帕伦克只是一座仅有三万余人口的小城镇，但在公元 300 年至 900 年间已成为玛雅人的文化艺术中心，比现在要繁华得多。在当时，帕伦克一带居住着印第安人的一支——玛雅人，他们曾经创造了光辉灿烂的文化，历史上称为玛雅文化，在人类发展史上书写了辉煌的一页。有关史学家推断，如果玛雅文化能够继续得到发展，完全有可能超过高度文明的欧洲。然而不幸的是，公元 9 世纪时，拥有 10 多万居民的玛雅民族消失了，为什么消失得那样突然，是强大的异族斩尽杀绝了他们？是集体死于流行的瘟疫？还是由于某种原因而迁徙他方隐居下来？迄今仍是无法解开的谜。今天，帕伦克古城遗址上那华丽的宫殿、高雅的庙堂、精巧的石碑、神秘的铭文、壮观的金字塔以及大量的象形文字、绘画、雕塑等，为人们研究玛雅文化提供了宝贵的资料，人们渴望有一天能解开玛雅民族从人类大家庭中消失的谜团。

## 玛雅金字塔

玛雅金字塔，又称为库库尔坎金字塔，位于墨西哥尤卡坦州南部，墨西哥大学城以南，是古玛雅城市奇琴伊察的代表性建筑。是玛雅文化前古典期晚期（公元前 800 年—公元前 200 年）中部高原文化的重要文化遗址之一，“库库尔坎”的原意是“舞蹈唱歌的地方”，或表示“带有羽毛的蛇神”。

玛雅文明大约发端于公元前 1800 年，奇琴伊察则始建于公元 5 世纪，7 世纪时占地面积达 25 平方公里。玛雅人在这里用石头建造了数百座建筑物，这是玛雅文明发展到鼎盛时期的产物。这些建筑不仅高大雄伟，而且雕有精美的装饰纹，显示出古玛雅人高超的建筑艺术水平。

玛雅羽蛇神雕像

在建筑方面，古代玛雅人修建了不少金字塔。在没有金属工具、没有大牲畜和轮车的情况下，古代玛雅人却能够开采大量重达数十吨的石头，跋山涉水、一路艰辛地运到目的地，建成一个个雄伟的金字塔。金字塔最高的可达 70 米，其规模之巨大、施工难度之高，令人吃惊。古代玛雅的金字塔和古埃及的金字塔在建筑形式上有着明显的不同。埃及金字塔的塔顶是尖的，而玛雅金字塔却是平顶，塔体呈方形，底大顶小，层层叠叠，塔顶的台上还建有庙宇；在用途上也不一样：埃及金字塔是法老的陵墓，而玛雅的金字塔除个别外，一般是用来祭祀或观察天象的。除金字塔外，玛雅人还兴建了不少功能性强，技艺高的民用建筑，主要有：房屋（包括庙宇、府邸、民居等）、公共设施（球场、广场、集市等）、基础设施（桥梁、大道、码头、堤坝、护墙等）和水利工程（水渠、水库、水井、梯田）等。

奇琴伊察的中心建筑是一座耸立于热带丛林空地中的巨大金字塔，名为库库尔坎金字塔。库库尔坎金字塔是一座用土筑成的九层圆形祭坛，高 29 米，周边各宽 55 米多，周长 250 米左右，最高一层建有一座 6 米高的方形坛庙，塔的四周各有 91 级台阶，所有的台阶加上顶层正好是玛雅人一年的 365 天。玛雅人精确地测出一年是 365.242129 天，这与现代观测的 365.242198 天相差不到万分之一。台阶的两侧有宽达 1 米的边墙，北边墙下端，有一个带羽毛的大蛇头石刻，蛇头高 1.43 米，长达 1.80 米，宽 1.07 米，蛇嘴里吐出一条大舌头，颇为独特。

这座古老的建筑，在建造之前，经过了精心的几何设计，它所表达出的精确度和玄妙

玛雅金字塔

而充满戏剧性的效果，令后人叹为观止：在每年春分、秋分这两天的下午，金字塔附近就会出现蛇影奇观：在太阳开始西下的时候，北边墙受到阳光照射的部分，从上到下由笔直逐渐变成波浪形，直到蛇头，宛如一条巨蟒从塔顶向下爬行，由于阳光照射的关系，蛇身有 7 个等腰三角形排列成行，正好像蟒背的花纹，随着太阳西落，蛇影渐渐消失。每一次，这个幻象持续整整 3 小时 22 分，分秒不差。这个神秘景观被称为“光影蛇形”。每当库库尔坎金字塔出同蛇影奇观的时候，古代玛雅人就欢聚在一起，高歌起舞，庆祝这位羽毛蛇神的降临。除了神秘景观“光影蛇形”之外，库库尔坎金字塔还有一个不解之谜：如果有人站在主阶梯前拍手，在金字塔顶端便会听到一声沉闷的回音，听起来像鹰的叫声。这种鹰的叫声被视为天空中神的声音。玛雅人认为，通过这种方法，可以使居住在地上的人和居住在天上的神进行沟通。这种奇异的现象更为这座金字塔增添了神秘的气息。

库库尔坎金字塔，是玛雅人对其掌握的建筑几何知识的绝妙展示，而金字塔旁边的天文台，更是把这种高超的几何和天文知识表现得淋漓尽致。

1968 年，一批科学家试图探测这些金字塔的内部结构，令人费解的是：他们在每天的同一时间，用同一设备，对金字塔内的同一部位进行 X 射线探测，得到的图形竟无一相同。

美国人类学家、探险家德奥勃洛维克和记者伐兰汀对尤卡坦进行考察时，发现有许多地道连通的地下洞穴，地道的结构与金字塔内的通道十分相似。他们拍摄了九张照片，但是，能印出来的只有一张，而且，这一张所拍摄到的也只是一片旋涡形的神秘的白光。

古代中美洲城市中，在旧金字塔之上加盖更大更雄伟的金字塔是一种惯例，玛雅金字塔正是其实例之一。考古学家在金字塔北面阶梯上发现的一个入口通往一个隧道，人们在隧道内可以沿着掩盖在金字塔内部的老金字塔的台阶向上攀登，直到顶端，便能见到刻在石头中漆成红色镶着玉点的羽蛇神王的美洲虎王冠。内部老金字塔的设计据说是按照月亮历而来，而外面的新金字塔则是太阳历。

由于玛雅金字塔暗含了相当深奥的科学道理，人们对其建造者的身份产生了疑问。有人认为，玛雅金字塔是由埃及人建造的，理由是埃及金字塔的建造时间远远早于玛雅，而且，埃及早期的金字塔，以位于萨卡拉的“乔塞尔金字塔”最为典型，也有从下到上的阶梯。也有人认为，传说中的“大西洲”沉沦入海之前，一部分人来到美洲和非洲，把体现了他们智慧的金字塔照搬到了这两个大陆。还有人认为，外星人是玛雅金字塔的真正建造者，这些塔本来是被当作贮藏库的，外星人离开后，来到中美洲的人们发觉金字塔有奇异的保藏能力，便把这些古老的贮藏库变成了王者的停尸处。塔顶坍塌之后，这些头脑简单的人们在上面营造了庙宇，用以供奉他们的神灵。这些五花八门的说法虽然都力图自圆其说，但由于缺少科学上的根据，并没有多少人真的相信。但是有的学者，包括考古学家们则提出了非常现实的问题：埃及人尚有铜制工具及轮式机械使用，处于石器时代的玛雅人是如何切割、运输用来建造金字塔的巨大石块的？

考古学家对种种质疑并非不屑一顾，但他们更倾向于用公认的证据来阐述自己的观点：玛雅人是金字塔的建造者。他们经过多方考察，发现玛雅人的建筑用石材大多来自尤卡坦半岛，那里的石灰岩质地较软，完全可以用玄武岩制成的石刀切割。这种石灰岩在地面暴露一段时间之后，就会逐渐变硬。玛雅人先把石头采出，在石头变硬之前完成切割、雕刻工作。至于石制工具，英国考古学家诺曼·哈蒙德在库埃罗遗址找到几件匕首状石器，其锋利程度足以刺透胪骨，用这样的工具切割石灰石或稍硬一点的石材，完全是可能的。考古学家在尤卡坦发现了数个采石场，甚至还找到了切割失误而被弃用的石块。切割好的石块动辄重达二三十吨，玛雅人又没有轮车可供使用，他们是怎样把这些庞然大物运到数十乃至上百里外的目的地的呢？考古学家的答案是，玛雅人砍伐硬木，把它们制成各种长度和粗细的原木，然后把石块放上去，滚动着运到目的地。当然，在当时的道路条件下，要用这种方式完成石块运输工作，并不是一件轻松的事情。但是毫无疑问，这种方法虽然费力但是可行。20 世纪 70 年代，墨西哥考古学家在尤卡坦的科巴遗址发现了通向四方的“白色通道”，总长度超过 100 英里，路面宽为 10 到 15 英尺，表面涂有灰墁，坚固而平滑。这个发现对于“滚木运石”之说显然很有利。

## 第三节　阿根廷的著名建筑

### 卢汉天主教堂

卢汉天主教堂又称卢汉大教堂或卢汉圣母院，是阿根廷的天主教名胜，位于阿根廷首都布宜诺斯艾利斯市以西 70 千米的卢汉小市镇。阿根廷 90% 以上的居民都信仰天主教，大大小小的天主教堂遍布城乡各地。但卢汉圣母院是枢机主教的驻节地，是全国天主教的圣地。该教堂始建于 1887 年，建筑风格是典型的哥特式，正面是两座高耸的对称尖塔形钟楼。教堂高高的台阶上耸立着十几米高的拱形大门，大堂金碧辉煌，巨大的窗户上嵌着五彩玻璃，华丽而不失庄重。

教堂里保存着一尊 1630 年的圣母像。相传当年运送圣母像的车子行至此地便不再前行，按照传统，这是圣母为自己选定的安身之处。每年 12 月 8 日的圣母日，信徒们将圣母像请出教堂，抬着她举行盛大的游行。全国各地到卢汉大教堂来进香还愿的信徒整年络绎不绝，经常可以看到远道膝行而来的信徒，一直跪着进入大堂，这种令人吃惊的景象在别处是看不到的。教堂前是一个面积巨大的广场，广场上有许多出售宗教纪念品的摊位，很受游人喜爱。

卢汉圣母是阿根廷、巴拉圭、乌拉圭三个国家共同信奉的保护神，因此，教堂里的圣母像就理所当然地成为信徒们顶礼朝拜的偶像。卢汉圣母的雕像是一座陶器制品，圣母脚

卢汉天主教堂

踩朵朵浮云，两手合掌于胸前，红色长袍上披着蓝色带有颗颗白色星星的大披巾，圣母脚下的云彩飞扬，弯弯的明月嵌入其中，几个展翅飞翔的小天使气宇不凡。虽说圣母像本身只有 50 多厘米高，但加上圣母的服饰及天体背景的附属雕饰，使整个塑像就显得比较高大了。这座雕像所以成为信徒们顶礼朝拜的偶像，据传说是因为圣母偶像曾在卢汉河畔显过灵。

相传很久以前，一位有钱的葡萄牙人想出资兴建一座小礼拜堂，他请他的一位巴西朋友给他运两座圣母塑像。那位朋友托一个有 25 至 30 辆驴车的商人将塑像带到海边港口然后装船运到葡萄牙。1630 年某日，车队渡过卢汉河，准备往布宜诺斯艾利斯进发。因天色已晚，车队在河畔过一夜，第二天准备出发时，发现装有两座圣像的大车车轮深陷于泥地中无法启动，人们七手八脚想把圣像搬到另外的车子上，但只搬动了其中的一个塑像，另一座圣母像用尽全力也无法挪动，于是人们认定这是圣母显灵的奇迹，说明圣母只想留在卢汉河畔。人们为此临时搭了一个茅草屋供养圣母。1670 年之后，这位圣母受到了当地总督和天主教的重视，圣母被供奉为卢汉的地方保护神，并一次又一次地为圣母改建和扩建教堂。1910 年 12 月 4 日，一座豪华的卢汉圣母教堂在卢汉市镇正式开放。从此，卢汉成为阿根廷、乌拉圭、巴拉圭三国的天主教徒们虔诚向往的天主教圣地。

# 第三部分 欧洲篇

## 第一节 法国的著名建筑

### 巴黎圣母院

巴黎圣母院位于法国巴黎市中心，矗立在塞纳河畔，是一座哥特式风格基督教教堂，也是天主教巴黎总教区的主教座堂。它的地位、历史价值无与伦比，是历史上最为辉煌的建筑之一，是古老巴黎的象征。该教堂以其哥特式的建筑风格，祭坛、回廊、门窗等处的雕刻和绘画艺术，以及堂内所藏的13至17世纪的大量艺术珍品而闻名于世。尽管它只是

巴黎圣母院

一幢宗教建筑，但它却闪烁着法国人民的智慧，反映了人们对美好生活的追求与向往。

在法兰西岛地区的哥特式教堂群里面，巴黎圣母院是具有关键代表意义的一座。该教堂始建于1163年，是巴黎大主教莫里斯·德·苏利决定兴建的，整座教堂在1345年全部建成，历时180多年。

巴黎圣母院门局部

巴黎圣母院是一座典型的全部采用石材建造的哥特式教堂，其特点是高耸挺拔，辉煌壮丽，整个建筑庄严和谐。雨果在《巴黎圣母院》里比喻它为“石头的交响乐”。站在塞纳河畔，远眺高高矗立的圣母院，巨大的门四周布满了雕像，一层接着一层，石像越往里层越小。所有的柱子都挺拔修长，与上部尖尖的拱券连成一气。中庭又窄又高又长。从外面仰望教堂，那高峻的形体加上顶部耸立的钟塔和尖塔，使人感到一种向蓝天升腾的雄姿。巴黎圣母院的主立面是世界上哥特式建筑中最美妙、最和谐的，水平与竖直的比例近乎黄金比1∶0.618，立柱和装饰带把立面分为9块小的黄金比矩形，十分和谐匀称。后世的许多基督教堂都模仿了它的样子。

圣母院平面呈横翼较短的十字形，坐东朝西，正面风格独特，结构严谨，看上去十分雄伟庄严。巴黎圣母院正面高69米，被三条横向装饰带划分三层：底层有3个桃形门洞，门上于中世纪完成的塑像和雕刻品大多被修整过。中央的拱门描述的是耶稣在天庭的“最后审判”。教堂最古老的雕像（1165～1175年）则位于右边拱门，描述的是圣安娜的故事，以及大主教许里为路易七世受洗的情形。左边是圣母门，描绘圣母受难复活、被圣者和天使围绕的情形。拱门上方为众王廊，陈列旧约时期28位君王的雕像。这些雕像都是重建过的，原来的雕像在1793年法国大革命时被误认为是法国君王，被破坏拆除，到了1977年才被找到，现藏于克吕尼博物馆。后来，雕像被复刻并放回原位。“长廊”上面第二层两侧为两个巨大的石质中棂窗子，中间是彩色玻璃窗。装饰中又以彩色玻璃窗的设计最吸引人，有长有圆有长方，但以其中一个圆形为最，它的直径有九公尺（约10米），俗称“玫瑰玻璃窗”，建于1220至1225年，这富丽堂皇的彩色玻璃刻画着一个个的圣经故事，以前的神职人员借由这些图像来做传道之用。中央供奉着圣母圣婴，两边立着天使的塑像，还有亚当和夏娃的塑像。第三层是一排细长的雕花拱形石栏杆。在这里的设计中，瓦雷里·勒·迪克充分发挥了自己的想象力：他在那些石栏杆上，塑造了一个由众多神魔精灵组成的虚幻世界，这些怪物面目神情怪异而冷峻，俯视着脚下迷蒙的城市；还有一些精灵如鸟状，但又带着奇怪的翅膀，出现在教堂顶端的各个角落里，或在尖顶后面，或在栏杆边缘，若隐若现，这些石雕的小精灵们几百年来一直就这样静静地蹲在这里，思索它们脚下那群巴黎城里的人们的命运。左右两侧顶上的就是塔楼，塔楼是后来竣工的，没有塔尖。其中一座塔楼悬挂着一口大钟，也就是《巴黎圣母院》一书中，卡西莫多敲打的那口大钟。主体部分平面呈十字形，与所有的哥特式建筑一样，两翼较短，中轴较长，中庭的上方有一个高达 90 米的尖塔。塔顶是一个细长的十字架，远望仿佛与天穹相接，据说，耶稣受刑时所用的十字架及其冠冕就在这个十字架下面的球内封存着。

圣母院后殿始建于 1370 年，它不但是整组建筑的终端，它本身还创造了一种影响到每一部位结构的动感，从高低脚拱到肋状构架，都体现了这种动感。高低脚拱半径达 15 米左右，别具一格的后殿建筑不愧为哥特建筑的杰出之作。

巴黎圣母院为欧洲早期哥特式建筑和雕刻艺术的代表，原为纪念罗马主神朱庇特而建造，集宗教、文化、建筑艺术于一身，它是巴黎第一座哥特式建筑。随着岁月的流逝，逐渐成为巴黎圣母院早期基督教的教堂。哥特式建筑特征最重要的就在“高直”二字，所以也有人称这种建筑为高直式。哥特式教堂的平面形状好像一个拉丁十字。十字的顶部是祭坛，前面的十字长翼是一个长方形的大厅，供众多的信徒做礼拜用。教堂的顶部采用一排连续的尖拱，显得细瘦而空透。教堂的正面往往放一对钟塔。哥特式教堂的造型既空灵轻巧，又符合变化与统一、比例与尺度、节奏与韵律等建筑美法则，具有很强的美感。

巴黎圣母院之所以闻名于世，主要是因为它是欧洲建筑史上一个划时代的标志。在它之前，教堂建筑大多数笨重粗俗，沉重的拱顶、粗矮的柱子、厚实的墙壁、阴暗的空间，使人感到压抑。巴黎圣母院冲破了旧的束缚，创造一种全新的轻巧的骨架券，这种结构使拱顶变轻了，空间升高了，光线充足了。这种独特的建筑风格很快在欧洲传播开来。

在教堂的平面上，承袭了老教堂的基本格局，圣母院被设计成有五个纵舱的规划，包括一个中舱与两侧各两个的翼舱。教堂全长128米，光是中舱就有12.5米宽，而整座教堂的全宽则为40米，穹顶则为33米宽。东端是圣坛，后面是半圆形的外墙。走进大教堂里面，几排直径5米的大圆柱将内部分为五个殿，而在十字交叉堂和唱诗堂周围还有两个回廊环绕。

巴黎圣母院内景

巴黎圣母院的内部并排着两列长柱子，柱子高达24米，直通屋顶。两列柱子距离不到16米，而屋顶却高35米，从而形成狭窄而高耸的空间，给人以向天国靠近的幻觉。主殿四周，连拱廊上方是一条带双层窗户的走廊，在它之上是大窗子，透过这些窗子，一束束阳光宁静地射进堂内。与主殿翼部相连的侧殿位置上，是一座充满了17至18世纪艺术作品的礼拜堂。

教堂内部极为朴素，严谨肃穆，几乎没有什么装饰。进入教堂的内部，无数的垂直线条引人仰望，数十米高的拱顶在幽暗的光线下隐隐约约，闪闪烁烁，加上宗教的遐想，似乎上面就是天堂。它是欧洲建筑史上一个划时代的标志。主殿翼部的两端都有玫瑰花状的大圆窗，上面满是13世纪时制作的富丽堂皇的彩绘玻璃书。北边那根圆柱上是著名的“巴黎圣母”像。这尊像造于14世纪，先是安放在圣埃娘礼拜堂，后来才被搬到这里。

南侧玫瑰花形圆窗建于13世纪，但在18世纪时作过修复，上面刻画了耶稣基督在童贞女的簇拥下行祝福礼的情形。其色彩之绚烂、玻璃镶嵌之细密，给人一种似乎是一颗颗灿烂的星星在闪烁的印象，它把五彩斑斓的光线射向室内的每一个角落。

圣母院内右侧安放一排排烛台，数十枝白烛辉映使院内洋溢着柔和的气氛。大厅可容纳9 000人，其中可容纳1 500人的坐席前设有讲台，讲台后面放置三座雕像，左、右雕像是国王路易十三及路易十四，两人目光齐望向中央圣母哀子像，耶稣横卧于圣母膝上，圣母神情十分哀伤。院内摆置很多的壁画、雕塑、圣像，因此前来参观的游客络绎不绝。厅内的大管风琴也很有名，共有 6 000 根音管，音色浑厚响亮，特别适合奏圣歌和悲壮的乐曲。如果要享受独自一人片刻的宁静，不妨上去圣母院第三层楼，也就是最顶层，即雨果笔下的钟楼。教堂正厅顶部的南钟楼有一口重达 13 吨的大钟，敲击时钟声洪亮，全城可闻。据说在这座钟铸造的材料中加入的金银均来自巴黎虔诚的女信徒的奉献。北侧钟楼则有一个 387 级的阶梯。从钟楼可以俯瞰巴黎如诗画般的美景，如欧洲古典及现代感的建筑物、塞纳河上风光，以及那一艘艘载着游客游驶于塞纳河的观光船。

法国巴黎圣母院的彩色玻璃

圣母院的地下考古墓室收集了从罗马时代开始的这个城市的遗迹，院内有件宝物，是木刻的圣经故事——《天库》。每年都会有很多游客来观赏这个著名的哥特式大教堂，但是如果下到地下墓室，你永远都不会觉得自己是在世界上最繁华城市之一的中心。

1160 年，巴黎主教莫里斯·德·苏利发起教堂的重建计划，教皇亚历山大三世在 1163 年亲自奠基（也有说是主教苏利奠基），开启了这座法国哥特式建筑代表作的建造工程。从唱诗堂开始建设，开工后教堂的修筑速度非常快，因此在 1182 年教皇的使者献出了新的祭坛之后，圣母院的基本功能算是大致成形。一直到这阶段后，工人们才开始将旧的教堂拆除（中古时代，旧教堂并不会在新教堂起建初期就拆除，以延续教堂日常的宗教性运作）。在圣母院的修建计划中，新的建筑物要比原建筑物东移，以便在教堂前方腾出一个可以作为游行用途的广场。为达到此点，莫里斯主教将一个原本是孤立在西岱岛东边的小岛与本岛相连，以填土的方式产生出可以建筑教堂的用地。除此之外他也拆建了不少屋舍，以便能铺设一条全新的街道“新圣母院路”，这条六米宽的街道是中世纪时巴黎最大的一条街。至于主教宅邸与教堂附设的医院（主宫医院），则因为岛上用地不足之故，被迫迁移到塞纳河南岸。接着 1208 年建造了中殿。在 1225 至 1250 年间，建好了圣母院西侧立面和后面尖塔，在 1235 年到 1250 年期间在中殿内陆续增加很多礼拜堂。1250 至 1267 年尚·德·谢耶和皮耶·德·蒙特厄依负责扩建了教堂的十字交叉耳堂北面立面。在 1296 年至 1330 年，皮耶·德·谢耶和尚·哈维完成了半圆形后殿，其中谢耶将门龛改为现今看到的模样，而哈维则完成了唱诗班屏风。教堂双塔造型的正面一直到 13 世纪以后，在第三任建筑师尚·哈维的手上才动工。经由法国几代各式各样手工艺师傅们：石匠师、木匠师、铁匠师、雕刻师、玻璃雕切师等的前赴后继，圣母院最后在 1345 年完工，耗时近两个世纪。

## 亚眠主教堂

亚眠主教堂位于法国索姆省亚眠市索姆河畔，皮卡第地区的中心，是法国著名的四大哥特式教堂之一。该教堂始建于 1220 年，由三座殿堂、一个宽阔的十字厅和一座有七个小礼拜堂的环形后殿组成。亚眠主教堂是中世纪时期哥特式建筑艺术的杰出代表，贯注了整个时代的宗教信念、宗教情绪和宗教追求，具有极强的象征意义。中世纪时，它可以容纳全城的百姓，还绰绰有余。在法国的大教堂中，只有沙特尔和亚眠主教堂列在联合国教科文组织的《世界文化及自然遗产保护名录》。

亚眠主教堂正面

教堂整体基本呈十字形，占地面积达 20 万平方米左右。东西长 145 米，相当于一个半足球场的长度，它包含中厅及两边平行的侧廊，其中的袖廊或者叫十字厅，长 70 米。中厅宽约 15 米，中厅内从地面到拱顶有 44.5 米高。拱廊背墙两侧也开有两扇彩色玻璃窗。全部建筑物均由四根一组的细柱和一根粗壮的圆柱组成的束形柱体支撑，布局严谨。殿堂和唱诗台在十字厅两侧分布，加强了整体的平衡，突出了轻快格调的结构。

教堂内遍布 12 米高的彩色玻璃窗，采用花色窗棂，几乎看不到墙面，开创了建筑学上强调采光的新阶段，亦是哥特式教堂彩色玻璃窗的典范。

亚眠主教堂总面积达 7 760 平方米，教堂共分三层，巨大的连拱占据了绝大部分空间。底层并列的三扇桃形门洞侧壁则刻有精致雕。中层有两排拱形门洞，下面一排八个，上面一排四个，即著名的“国王拱廊”。四个拱形门两两对称，中间是一面直径为 11 米的巨型火焰纹玻璃圆窗，此窗也称“玫瑰窗”。顶层又是一排连拱，由四大四小门洞组成。126 根精美石柱和斑斓的彩色玻璃窗把整座教堂装扮得富丽堂皇，连拱门洞一个接一个，上下重叠，中间饰以浮雕，烘托出整体一致的庄严而又不落俗套的感觉，同时还产生一种高大无比的仰视觉差。教堂的骨交叉拱代替了罗马风时期的半圆形拱券，柱墩为束柱样式。拱门与拱廊之间用花叶纹装饰，支撑部分是四根细柱和一根圆柱组成的圆形柱。拱廊背面墙壁两侧开有两个玻璃窗，正面拱门上方拱廊内的每个小拱中饰有六柄刺刀，三柄为一束共两束立于三叶拱下，气势宏大，瑰丽夺目。亚眠主教堂两侧各有一座塔楼，北塔高 67 米，

亚眠主教堂

南塔高 62 米。教堂墙壁几乎为每扇 12 米高的彩色玻璃窗覆盖，体现了建筑发展的新观念。

亚眠主教堂穹顶

教堂是公元 15 世纪晚期法国教堂的代表作之一，作为哥特式末期艺术风格的集中体现，亚眠主教堂的艺术是世俗化、宗教化的综合产物。教堂的人物造型强调崇高圣洁感，传说中的仙人神迹被刻画成凡人所不及的神圣形象，但最高不可攀的人物，也是以世俗人间为标准塑造，古典艺术美的标准越来越被重视。

亚眠主教堂内景（局部）

教堂从里到外，到处是精美的雕刻物品，林林总总，多达四千多件。教堂的墙壁上雕饰有基督教先知、信徒和法国历代国王的画像，并有著名的宗教题材的雕像，表现各种宗教修行、圣人传记以及创造大地的历史，被称为“石头上的百科全书”。正门的雕塑是《最后的审判》，北门雕塑的是本教区诸神和殉道者，南门雕塑的是圣母生平。这一组组雕刻被称为“亚眠圣经”，是极富表现力的雕刻精品。这些群雕充分的体现了教堂的典型风格，每个不同人物的性格特征、个人特点都很明显。雕刻、装饰的技艺也在此有充分地展现，人物衣着、活动背景等处均有细致独到的纹样。教堂艺术也在此时发展到最盛期，因为后来随着人文思潮的兴起，宗教已不再是人们精神的第一需要。亚眠主教堂是法国最大的教堂，从现代意识的角度来看，亚眠主教堂更是一座艺术的殿堂。

# 韦泽莱大教堂

韦泽莱大教堂位于勃艮第地区库雷河左岸的小山上，是法国著名教堂。9 世纪迦洛林王朝时开始有僧侣定居这里。11 世纪时传闻参加耶稣受难的圣女玛利·玛德莱娜安葬于教堂下面，于是吸引了众多信徒来此朝圣。12 世纪时大教堂进入了鼎盛时期，拥有众多的信徒，又受到了朝廷重视，教堂规模也日益扩大，中殿、前殿、祭坛、耳堂都于此时完工。该教堂于 1980 年被列入《世界文化及自然遗产保护名录》。

韦泽莱大教堂钟楼局部

韦泽莱大教堂的殿堂豪华，其半圆形拱券结构独具匠心，用棕色和白色拱石交替砌成，被认为是罗马传统的优美典范。尖顶拱形和橄榄形拱穹的祭坛造型精致，是建筑艺术造型和审美向哥特式过渡时期的代表作，曾对法国北部的初期哥特式建筑产生过深刻的影响。当人真正在哥特式教堂内沉静下来，进行内省式的潜思默想时，人的心也就开始超越自己奔向上帝，这就像整个教堂本身不断向上收缩，而在穹窿顶部归于统一一样。人只要感觉着、意识着，那么他就会感觉到或意识到教堂中的一切，包括门窗、柱子、扶壁、大厅、走廊，乃至人本身，都在向着穹窿高处升腾。穹窿不唯高于周围一切，也统御着周围一切。哥特式建筑的穹窿不同于罗马式建筑的穹窿处，就在于它要在自身中消解重力原则的局限。它不是作为被支撑物，覆盖在支撑物之上，而是作为支撑物的延伸，与支撑物一起覆盖地面上。它要抹去一切水平运动的痕迹，而让一切都垂直地指向自己，从而造成一种向上腾起的气象。人也要在精神恍惚中随它而去，那里没有他熟悉的自然，也没有了他自己，唯有自由的无拘无碍地向着至高存在的升腾。这就是哥特式建筑在人们面前展开的三个艺术环节：感性的外观，有限理性的遮蔽物，精神对物质实体的超越。这三个环节恰好是形成崇高的三个基本要素。在中殿正门三角楣上也雕了“最后的审判”的画面，这些都是韦泽莱大教堂的艺术精华。

# 沙特尔大教堂

沙特尔大教堂是法国著名的天主教堂，全称沙特尔圣母大教堂，又称夏特主教座堂、夏尔特主教座堂，位于法国巴黎西南约100千米处的沙特尔市的一个土山丘上。沙特尔大教堂高155米，面积5 940平方米，西正门宽47.5米，最大玫瑰窗直径13.4米，是第一座完全成熟的哥特式主教座堂，是哥特式建筑高峰时期的代表作，其建筑结构及平面配置成了以后各主教座堂模仿的蓝本。沙特尔大教堂是中世纪人们朝圣的一个主要目的地，它是法国哥特式四大教堂之一，被认为是哥特式建筑的顶峰，它的高耸的尖顶在30多千米以外都可以看到，它的创新之处在于它的尖拱、弯拱穹顶和拱扶垛结构体系使建筑物内部空间高大、窗体面积极大。教堂拥有三重皇家大门和壮观宏伟的罗马尼斯凯像，高大的中殿呈纯哥特式尖拱型，四周的门廊展现了12世纪中叶精美的雕刻，12世纪至13世纪的彩色玻璃镶嵌画，以及附带的大广场都是突出的杰作。据传圣母马利亚曾在此显灵，这里保存有圣母的头颅骨，是西欧重要的朝圣地之一。

沙特尔大教堂

1979年10月26日，联合国教科文组织第三届会议将沙特尔大教堂作为文化遗产，列入《世界文化及自然遗产保护名录》。

从外观看，沙特尔大教堂的建筑风格极为开放，两座钟楼及尖塔的样式各不相同，南侧塔楼在1194年大火前建造，是法国早期哥特式风格，清晰的线条消失，取而代之的是纤细雕琢，四周是一圈圈镂空的拱扶垛。左侧的哥特式新塔与右侧罗马式旧塔，常被喻为神的手指，正门圣母之

沙特尔教堂的浮雕

沙特尔大教堂人物浮雕1

沙特尔大教堂人物浮雕2

窗所用的蓝色有沙特尔蓝之称。此外，还有6座小塔环绕教堂四周，在横殿两侧进口处各有两座，唱诗坛外侧又是两座。1506年，雷击毁掉了原钟楼的木制塔顶。在1507年，德博斯的泥瓦匠用石头搭起现在火焰形镂空塔尖，体现了哥特的艺术精华。塔内有378个台阶，保存有老座钟。最大的钟重5吨，在新钟楼里。

整个教堂的平面呈十字形，坐西朝东，祭坛在西，教堂两侧的门都通向耳堂，大堂有三个圣殿，分别与三座大门相通，象征耶稣不同时期的活动和生活。中殿是法国教堂中最宽的，大堂西部正门为一组三扇深凹进去的尖拱大门，门两侧原有24尊圆柱雕像，现存19尊，三扇大门的中门因有基督是万王之王的浮雕而有“主门”之名。至于祭台与中殿之间有一祭廊，上面刻有描绘耶稣和马利亚生平的浮雕，这里所呈现的主要是一种理性，是对于神的全面诠释，而没有强制灌输的地狱情景。右边门上是基督化为肉身的情景，左边门是基督升天图，而中间则是基督以一种最权威的姿态出现。其下为使徒，再下则为圣经上人物之像柱。沙特尔大教堂的雕刻群像是法国哥特式雕刻艺术的典型，雕像的容貌姿态各具有个性：比例拉长的人体紧裹在长袍中，直挺地附着在石柱上，足尖下垂，给人以升腾之感。这些被称为“石刻的戏剧”的雕塑与宏伟壮观、高耸挺拔的建筑形成和谐的整体。

沙特尔大教堂彩窗

教堂大堂内 170 幅彩色玻璃窗画均以圣经故事为题材，包括 4 000 多个拜占庭风格的人像，被公认为 13 世纪玻璃窗画艺术最完美的典型。在二次大战期间，法国不少教堂玻璃被炮弹击中破碎，而沙特尔大教堂玻璃窗被拆下运到法国中部，另有一部分存在教堂地下室中。沙特尔大教堂还拥有圣母马利亚在基督降生时所穿的衣服，这是查理曼大帝取自君士坦丁堡而送给沙特尔大教堂的礼物，现在仍完好无损，是大教堂一件重要的圣物。因为信徒大众对于这件圣衣的崇拜与热爱，遂使沙特尔大教堂在 1100 年就已成为法国的圣母礼拜中心。在沙特尔大教堂，圣母马利亚被颂赞为智能之司，对百姓而言，她柔和而且充满爱心，是一个融合了爱与苦之女性。每年 4 次有关马利亚的节庆时，百姓会聚集在这个镇上祭拜圣衣，参与各项圣典。

沙特尔大教堂

总体而言，沙特尔大教堂宏伟壮观的建筑和生动的雕刻群像共同组成了奇妙而又和谐的整体，又因它的玻璃花窗和彩绘人物组成了绚丽多彩的世界，又有近似天国的神秘境界，因此它又被称为“神秘教堂”。它集合了12至13世纪建筑、雕刻和玻璃艺术的精华于一体，是中世纪最杰出的建筑艺术之一，在美学、经济和科学技术上都是史无前例的壮举，由此可以足见人类伟大的创造力。走近教堂，又会被奔放的拱扶垛和细腻的雕刻，以及精美的绘画所折服。沙特尔大教堂又可以看出罗马建筑常用的青蓝色向哥特式多彩形式的演变过程。沙特尔大教堂建筑师苏杰改良教堂成功之事，很快就传到了法国本土地区，深深地影响了此地之建筑。在苏杰尚未将整座建筑彻底改建之前，许多地区均已向圣丹尼学到了结构及美学上的特点，并运用在各自建造的教堂中。此后的三百年，可以说是各式各样哥特建筑相互竞艳的时代。而这个沙特尔风格又被迅速地推广到欧洲各地，成为后来许多著名教堂的范本。

## 埃菲尔铁塔

埃菲尔铁塔又称为巴黎铁塔，是一座位于法国巴黎塞纳河南岸、马尔斯广场北端的镂空结构塔。埃菲尔铁塔得名于设计它的桥梁工程师居斯塔夫·埃菲尔。铁塔设计新颖独特，是世界建筑史上的技术杰作，因而成为法国巴黎的一个重要景点和突出标志，它和纽约的帝国大厦、东京电视塔同被誉为世界三大著名建筑。埃菲尔铁塔是世界上第一座钢铁结构的高塔，就建筑高度来说，在当时是独一无二的。该塔曾经保持世界最高建筑45年，直到纽约帝国大厦的出现。塔的四个面上，铭刻了72个科学家的名字，都是为了保护铁塔不被摧毁而从事研究的人。

埃菲尔铁塔被法国人誉为“首都的瞭望台”，塔上可同时容纳上万人，三个瞭望台各有不同的视野，也带来不同的情趣。一个世纪以来，每年大约有300万人登临塔顶，俯瞰巴黎市容。就像二次世界大战胜利后远渡大西洋、在纽约落户的自由女神像一样，埃菲尔铁塔在不和谐中求和谐，不可能中觅可能。它对新艺术运动的意义决不能牵强附会地理解为只是从塔尖到塔基那条大曲线，或者塔身上面一些铁铸件图案花边：铁塔恰如新艺术派一样，代表着当时欧洲正处于古典主义传统向现代主义过渡与转换的特定时期。

埃菲尔铁塔是法国巴黎的著名铁塔，距今已有100多年的历史了。巴黎铁塔如同巴黎圣母院、卢浮宫、凯旋门、香榭丽舍大街一样，是巴黎的地标性建筑。如果说巴黎圣母院是古代巴黎的象征，那么，埃菲尔铁塔就是现代巴黎的标志。浪漫的巴黎人给铁塔取了一个美丽的名字——“云中牧女”，还以设计人法国著名建筑工程师埃菲尔的名字为铁塔命名，并在塔下为埃菲尔塑了一座半身铜像。埃菲尔一生中杰作累累，遍布世界，但使他名扬四海的还是这座以他名字命名的铁塔。用他自己的话说：埃菲尔铁塔“把我淹没了，好像我一生只是建造了她”。

法国埃菲尔铁塔

每年，铁塔都要完成一次自己的壮举——自动升高。因为在炎热的夏天，铁塔会因受热膨胀而自动升高约17厘米，但在天气变冷时，铁塔会自动收缩至正常水平。

2012年8月，意大利蒙扎与布里安扎商会对欧洲名胜古迹做出最富旅游价值的评估，法国的埃菲尔铁塔以4 340亿欧元（约合人民币3.4万亿元）的价值拔得头筹，相当于意大利米兰市两年创造的财富总和，成为欧洲最值钱地标建筑。

埃菲尔铁塔建成于1889年，铁塔的4个塔墩由水泥浇灌，塔身为钢架镂空交错式结构。整个铁塔由四条与地面成75度角的、粗大的、带有混凝土水泥台基的铁柱支撑着高耸入云的塔身，内设四部水力升降机（现为电梯）。铁塔建成后高324米，共使用了1 500多根巨型预制梁架、150万颗铆钉、12 000个钢铁铸件，并且没有用一点水泥。铁塔总重7 000吨，由 250 个工人花了 17 个月建成。此后，为了维护，每隔 7 年油漆一次，每次用漆 52 吨。

该塔占地一公顷，从塔座到塔顶共 1 711 级阶梯，分为三层楼，同时也是功能不同的三个瞭望台，分别在离地面 57.6 米、115.7 米和 276.1 米处。铁塔的最下层瞭望台距离地面 57.6 米，面积最大，相当宽敞，设有会议厅、电影厅、餐厅、商店和邮局等各种服务设施。在穿梭往来的人群中，好像置身于闹市，而忘记这里竟是 57 米的高空。从这里观赏近景最为理想。北面的夏洛宫及其水花飞溅的喷水池、塔脚下静静流过的塞纳河水、南面战神校场的大草坪和法兰西军校的古老建筑，构成了一幅令人难忘的风景画。铁塔的中层瞭望台离地面 115.7 米，从这一层向外张望可以看到最佳景色，淡黄色的凯旋门城楼、绿荫中的卢浮宫、白色的蒙马圣心教堂都清晰可见，色彩斑斓。傍晚登塔，则见夜色如画，繁灯似锦，翠映林荫，那些交织如网的街灯，真如雨后蛛网，粒粒晶莹。这一层还有一个装潢考究的全景餐厅，终年都是顾客盈门。铁塔的最高层瞭望台离地面 276.1 米，若沿 1 652 级阶梯而上，差不多要一个小时，当然也可搭乘电梯登高。这里最宜远望，它会使人们产生这样一种感觉：嘈杂的巴黎忽然静了下来，变成一幅巨大的地图，条条大道条条小巷划出无数根宽窄不同的线。全巴黎尽在脚下，当白天视野清晰时，极目可望 60 千米开外。塔的顶部架有天线，为巴黎电视中心。

法国埃菲尔铁塔夜景

总体而言，埃菲尔的设计非常高明，在两年多的施工过程中，从未发生过任何伤亡事故。据统计，仅铁塔的设计草图就有5300多张，其中包括1700张全图。在埃菲尔铁塔建设过程中，数量众多的配件由于事先都严格编号，所以在装配时没出一点差错。施工完全依照设计进行，中途没有进行任何改动，可见设计之合理、计算之精确，这在建筑史上是很了不起的。这一庞然大物显示了资本主义初期工业生产的强大威力，与其说是建筑，不如叫作装配更为恰当。在设计、分解、生产零件、组装到修整过程中，总结出一套科学、经济而有效的方法，同时也显示出法国人异想天开式的浪漫情趣、艺术品位、创新魄力和幽默感。

## 凡尔赛宫

凡尔赛宫位于法国巴黎西南郊外伊夫林省省会凡尔赛镇，是欧洲最宏大、最豪华的皇宫。凡尔赛宫作为法兰西宫廷长达107年（1682 ~ 1789年），至今已有300多年的历史了。凡尔赛宫原是一个小村落，是路易十三（1624年）在凡尔赛树林中造的狩猎宫。1661

凡尔赛宫

年法国国王路易十四开始建宫，后又经历代王朝的修葺和改建，该宫于1689年全部竣工，历时28年落成。

凡尔赛宫全宫占地111万平方米，建筑面积11公顷。整个宫殿以东西为轴，南北对称，包括正宫和两侧的南宫和北宫，宫殿内部500多个大小厅室无不金碧辉煌，大理石镶砌，玉阶巨柱，以雕刻、挂毯和巨幅油画装饰，陈设稀世珍宝。宫外100公顷的园林也别具一格，花草排成大幅图案，树木修剪成几何形，众多的喷水池、喷泉和雕像点缀其间。因此可以说，凡尔赛宫及其园林堪称法国古建筑的杰出代表，是人类艺术宝库中的一颗绚丽灿烂的明珠。1833年，凡尔赛宫被辟为国家历史博物馆，1979年被列入《世界文化及自然遗产保护名录》。

凡尔赛宫所在地区原来是一片森林和沼泽荒地。1624年，法国国王路易十三在这里修建了一座二层的红砖楼房，用作狩猎行宫。当时的行宫拥有26个房间，二楼有国王办公室、寝室、接见室、藏衣室、随从人员卧室等房间，一层为家具储藏室和兵器库。

凡尔赛宫宫殿为古典主义风格建筑，立面为标准的古典主义三段式处理，即将立面划分为纵、横三段，建筑左右对称，造型轮廓整齐、庄重雄伟，被称为是理性美的代表。其内部装潢则以巴洛克风格为主，少数厅堂为洛可可风格。正宫前面是一座风格独特的法兰西式的大花园，园内树木花草别具匠心，使人看后顿觉美不胜收。宫殿建筑群周边的园林

凡尔赛宫的铜像

亦是世界著名，它与中国古典和皇家园林有着截然不同的风格。它完全是人工雕琢的，极其讲究对称和几何图形化。

如果凡尔赛宫的外观给人以宏伟壮观的感觉，那么它的内部陈设及装潢就更富于艺术魅力，室内装饰极其豪华富丽是凡尔赛宫的一大特色。500 余间大殿小厅处处金碧辉煌，豪华非凡：内壁装饰以雕刻、巨幅油画及挂毯为主，配有 17、18 世纪造型绝妙、工艺精湛的家具。大理石院和镜厅是其中最为突出的两处，除了上面讲到的室内装饰外，太阳也是常用的题目，因为太阳是路易十四的象征，有时候还和兵器、盔甲一起出现在墙面上。除了用人像装饰室内外，还用狮子、鹰、麒麟等动物形象来装饰室内。有的还用金属铸造成楼梯栏杆，有些金属配件还镀了金，配上各种色彩的大理石，显得十分灿烂。天花板除了像镜厅那样的半圆拱外，还有平的，也有半球形穹顶，顶上除了绘画也有浮雕。宫内随处陈放着来自世界各地的珍贵艺术品，其中有中国古代的精品瓷器。但凡尔赛宫过分追求宏大奢华使得居住功能极不方便，宫中没有一处厕所或盥洗设备，连王太子都不得不在卧室的壁炉内便溺；路易十五亦极端厌恶寝宫，认为它虽然宽敞豪华，却不保暖，这是凡尔赛宫的弊端所在。

凡尔赛宫的廊柱

凡尔赛宫的主要景观集中于主楼二层和花园中，这里有很多著名景观：

海格立斯厅位于主楼二层东北角与北翼的连接处，连接中路宫殿和北翼王家教堂。路易十四时代，这里是王家小教堂，后改为国王接见厅。

丰收厅在海格立斯厅之西，前临楼梯，北面为花园的拉冬娜喷泉。丰收厅为入宫觐见国王的礼仪路线主要入口，厅内存放有历代国王的奖章及珍宝收藏。

狄安娜厅又称月神厅，位于主楼二楼北侧，维纳斯厅之西，墙壁用各种精美瓷器装饰。

玛尔斯厅又名战神厅或火星厅，在狄安娜厅之西。天花板上有奥德朗的油画《战神驾驶狼驭战车》，大厅内壁炉两端有大理石平台，曾经布置台球桌。波旁王朝时期的国王经常在此召开宫廷音乐演奏会或赌博牌会。

大理石庭院凡尔赛宫的正面入口，是三面围合的小广场。中央的建筑原为路易十三的狩猎行宫，路易十四时加以改造，保留原来的红砖墙面，并增加大理石雕塑和镀金装饰。庭院地面用红色大理石装饰。庭院正面一层为玛丽·安托瓦内特的私室和沙龙，二层为国王寝室。

镜厅又称镜廊，在战争厅之南，西临花园，是凡尔赛宫最著名的大厅，由敞廊改建而成。该厅长 76 米，高 13 米，宽 10.5 米，一面是面向花园的 17 扇巨大落地玻璃窗，另一面是由 400 多块镜子组成的巨大镜面。厅内地板为细木雕花，墙壁以淡紫色和白

凡尔赛宫一角

色大理石贴面装饰，柱子为绿色大理石，柱头、柱脚和护壁均为黄铜镀金，装饰图案的主题是展开双翼的太阳，表示对路易十四的崇敬。天花板上为 24 具巨大的波希米亚水晶吊灯，以及歌颂太阳王功德的油画。大厅东面中央是通往国王寝宫的四扇大门。路易十四时代，镜廊中的家具以及花木盆景装饰也都是纯银打造，经常在这里举行盛大的化装舞会。

王后套房位于主楼南侧，包括王后卧室、王后私室、王后候见厅、宫妇退居室、王后卫兵室等七间房间。王后套房的楼下为王太子套房。

教堂在北翼楼群的南端，1700 年修建，路易十四称这座教堂是奉献给圣路易的。路易十四修建凡尔赛宫是为了在气势上胜过西班牙的埃斯库里亚尔宫（修道院、宫殿综合建筑群），但没有把教堂布置在主要轴线上，反映出在路易十四时期的法兰西，王权已经高于神权。路易十五、王储路易（路易十五的王太子）、路易十六、普罗旺斯伯爵（路易十八）和阿图瓦伯爵（查理十世）都曾在这个教堂里举行婚礼。

战争画廊在南翼建筑群中，曾为王子和亲王的住处。这里展出了众多战争主题的绘画作品，如《拿破仑翻越阿尔卑斯山》《普瓦蒂埃大捷》《里沃利战役》《亨利四世进入巴黎》等。

花园现存面积为 100 公顷，以海神喷泉为中心，主楼北部有拉冬娜喷泉，主楼南部有橘园和温室。花园内有 1 400 个喷泉，以及一条长 1.6 千米的十字形人工大运河。路易十四时期曾在运河上安排帆船进行海战表演，或布置贡多拉和船夫，模仿威尼斯运河风光。花园内还有森林、花径、温室、柱廊、神庙、村庄、动物园和众散布的大理石雕像。

剧场由路易十五下令修建，位于北翼。设计师为加布里埃尔，剧场深 26 米，宽 22 米，可以容纳 750 名观众，为其照明需要 3 000 多根蜡烛。1789 年 10 月 2 日剧院最后一次举行演出，招待路易十六请来保护王宫的佛兰德斯卫队。1871 年巴黎公社期间，凡尔赛政府的国民会议曾设于此。

大特里亚农宫在 1687 年由路易十四为其情妇曼特侬夫人建造，只有一层，室内装潢相比之下比较朴素。路易十四时期，国王有时厌倦豪华的凡尔赛宫，也会到这里居住。1805 年至 1815 年，拿破仑经常居住于此。

小特里亚农宫由路易十五为其王后建造，为典型的古典主义风格建筑。宫内主要的房间有大沙龙、小沙龙、画室、卧室、化妆室等。附近有路易十六为玛丽·安托瓦内特王后修建的瑞士农庄，有茅屋、磨坊、羊圈，王后常化妆为乡间牧羊女在此游玩。

公园立像柱的创作者是尼古拉·普桑，该组雕塑是其一生中雕塑的代表作，他的主要成就虽然以绘画为主，但这组大理石雕塑无论在技巧上还是在艺术思想性方面，同样具有极高的艺术价值。作品以传说中的尼思、弗拉若、卜安为原型塑造了一组优美而典雅的艺术形象，体现出他力图把艺术曲线与音乐共鸣结合起来，通过它们向精神领域过渡，从而达到总体上净化的艺术追求。

和平厅在主楼的西南角、镜厅之南，为一方厅，装饰风格与镜厅相似，但壁炉上的油画主题为路易十五创造和平。厅内装饰以罗马帝王像、狮子、法国和纳瓦拉王国国徽为主题。

国王套房位于主楼东面，路易十三的旧狩猎行宫之内。中央为国王卧室，内有金红织锦大床和绣花天篷，围以镀金护栏，天花板上是名为《法兰西守护国王安睡》的巨大浮雕。这里是凡尔赛宫的政治活动中心，在这里举行起床礼、早朝觐、晚朝觐和问安仪式。寝宫北边为小会议室，南边为牛眼厅，得名自通往国王寝室的大门上方牛眼形状的天窗，是亲王贵族和大臣候见的场所。牛眼厅之东为大候见室和卫兵室。

墨丘利厅又名水星厅或御床厅，在玛尔斯厅之西。厅内有一张大床，围以银质栏杆，还有一座纯银大壁橱。墙壁上围有金色和银色锦缎。路易十四的幼子安茹公爵（后来成为西班牙国王腓力五世）曾在此居住。

阿波罗厅又名太阳神厅，是法国国王的御座厅，该厅布置极为奢华绮丽，天花板上有镀金雕花浅浮雕，墙壁为深红色金银丝镶边天鹅绒，中央为纯银铸造的御座，高 2.6 米，位于铺有深红色波斯地毯的高台之上。由于路易十四自诩为“太阳王”，因此凡尔赛宫内主要的大厅均以环绕太阳的行星命名。

战争厅在主楼的西北角、阿波罗厅之西，北西两面面向花园，南面通往镜厅。厅内的装饰由孟莎和勒布伦完成，主要为反映路易十四征服西班牙、德意志、尼德兰等功绩的油画。镀金壁炉之上为路易十四的骑马浮雕像。

凡尔赛宫始终是法国封建统治历史时期的一座华丽的纪念碑。从内容上讲不仅是法兰西宫廷，还是国家的行政中心，也是当时法国社会政治观点、生活方式的具体体现。从艺术上讲，凡尔赛宫宏伟壮丽的外观和严格规则化的园林设计是法国封建专制统治鼎盛时期文化上的古典主义思想所产生的结果，几百年来欧洲皇家园林几乎都遵循了它的设计思想。当时，路易十四为了建造它，共动用了三万余名工人和建筑师、工程师、技师，除了要解决建造大规模建筑群所产生的复杂技术问题外，还要解决引水、道路等各方面的问题。可见，凡尔赛宫的成功，有力地证明了当时法国经济和技术的进步和劳动人民的智慧。凡尔赛宫的建筑风格引起俄国、奥地利等国君主的羡慕仿效。彼得一世在圣彼得堡郊外修建的夏宫、玛丽亚·特蕾西亚在维也纳修建的美泉宫、腓特烈二世和腓特烈·威廉二世在波茨坦修建的无忧宫，以及巴伐利亚国王路德维希二世修建的海伦希姆湖宫都仿照了凡尔赛宫的宫殿和花园。从 1682 年到 1789 年，法国的政治、外交决策都在凡尔赛宫决定，凡尔赛成了事实上的法国首都。为了显示王权的威严，路易十四和路易十五经常在宫中举行场面浩大壮观的典礼、晚会、舞会、狩猎和其他娱乐活动。1937 年，凡尔赛宫作为历史博物馆对公众开放。法国总统和总理多次在宫中和花园中举办外事活动，召开国际会议，签署国际条约。

凡尔赛宫风景

## 枫丹白露宫

枫丹白露宫是法国最大的王宫之一，位于法国北部法兰西岛地区的枫丹白露，距首都巴黎仅 50 千米。从 12 世纪起，枫丹白露便被用作法国国王弗朗索瓦一世的狩猎行宫，其宫殿占地广袤，气势磅礴，依附于林荫水泊之中。由于宫中有一处美丽的八角形泉水池而得名“枫丹白露”，意为蓝色之泉。

枫丹白露宫也被誉为“法国历史的缩影”，各时代建筑样式齐聚一堂，是无数建筑爱好者趋之若鹜的胜地，这座三层楼高的宫殿内部格局精致，金碧辉煌却无浮夸奢侈之感，与卢浮宫、凡尔赛宫并称“法国宫殿三宝”，可谓是“宫殿中的宫殿”。

枫丹白露宫的周围森林茂密，里面隐蔽了不少动物，如野兔、野猪还有鹿群等，因此这里曾经一度作为皇家狩猎场，现在则成为抱石攀岩爱好者竞相造访的户外运动基地。每年 10 月的抱石季，全球各地的攀岩爱好者均会在此论剑一番，也让枫丹白露这座小镇倍

法国枫丹白露宫

添魅力。由于这里风景绮丽，森林茂盛，古迹众多，因而是著名的旅游胜地，也是巴黎人最喜爱的远足目的地。

法国枫丹白露宫庭院

枫丹白露宫的主体建筑包括一座主塔，六座王宫，五个不等边形院落和四座花园。宫内的主要景点有舞厅、会议厅、狄安娜壁画长廊、瓷器廊、王后沙龙、国王卫队厅、王后卧室和教皇卧室、国王办公室、弗郎索瓦一世长廊等。1808年，拿破仑将历代国王的卧室改为皇帝御座厅。宫内有中国馆，由拿破仑三世时的欧仁妮皇后主持建造，馆内陈列着中国明清时期的古画、金玉首饰、牙雕、玉雕、景泰蓝佛塔等上千件艺术珍品，这些藏品大多来自圆明园，为法军统帅孟托邦献给拿破仑三世帝后的战利品。

法国枫丹白露宫的建筑

宫中最美的部分还包括弗朗索瓦一世的画廊，室内有众多的寓意画、水果装饰品、花环彩带和丰富的石膏花饰、雕塑品等。走出弗兰西斯一世画廊便是狄安娜花园。狄安娜花园又称皇后花园或橙园，园内散布着花坛和雕塑；橙树漫园而生，橙香浮动，清风徐来，令人心骨皆清。园以泉命名，园内的狄安娜喷泉是亨利四世时代于1602年在著名的狄安娜雕塑位置构筑的。为使原大理石雕像免遭侵蚀，雕刻家普里厄又用青铜复制了一件。从白马庭，泉庭，弗兰西斯一世狄安娜花园一路走过来便是钟塔庭。钟塔庭也称椭圆形庭，是枫丹白露宫殿群中最庄严的部分。进入枫丹白露宫镶着金色图案的铁栅栏大门后，呈现面前的是一个广阔的方形庭院，铺着四大块绿毯似的草坪，三面被蓝顶白墙的建筑物围住。

在这个广阔的庭院中，从西到东有白马院，长 152 米，宽 112 米。正门朝东，门前有一巨大马蹄形台阶。院子北面是带顶楼的弗朗索瓦一世配殿，南端为路易十五配殿。源泉院南有鲤鱼池，北有弗朗索瓦一世画廊。东配殿亦系加夫列尔所建，楼外有双排台阶。椭圆院保存有路易纪念塔，东面是多分门，与之相对的是赫梅斯廊。王子院位于北侧，四周是亨利四世和路易十五时期的建筑物。

枫丹白露宫的装饰和宫内布置也极有特色，细木护壁、石膏浮雕和壁画相结合的装饰艺术，形成了枫丹白露的独特风格。著名的弗朗索瓦一世长廊殿就是典型的一例。它建于 1544 年，长 64 米，宽 6 米，高 6 米。它的下半部贴有一圈 2 米高的金黄色细木雕刻作护壁，上半部以明快的仿大理石人物浮雕烘托着一幅幅带有文艺复兴风格的精美壁画，使壁画更为突出，立体感更强。整条长廊显得既辉煌又典雅。内部装修精美，天花板和护墙板均用胡桃木做成。护墙板上的墙面被门和壁柱划分成几块，每块中间都是一幅很大的画。周围有塑成婴儿、花环等形式的浮雕，这些浮雕除白色外，有些涂以彩色或金色。天花板由横梁划分成几个部分，上面饰以精美图案。从 1528 年弗朗索瓦一世起，亨利二世、路易十六和拿破仑等历代君主都是根据各自的需要和爱好，不断加以改建和扩建，使之日臻豪华富丽。1808 年拿破仑革命时期，建造了金碧辉煌、富丽华贵的御座厅，厅内整个墙壁和天花板用黄、红、绿色调的金叶粉饰，地板用画毯覆盖，吊灯晶莹夺目，其装饰可谓集数百年之大成。它那设计活泼的美术式样，对欧洲各地建筑产生了巨大的影响。以后，周围的宫殿和园林虽然改造为英国风格，但它美丽的风姿仍悠然长在。

枫丹白露宫园林风景

枫丹白露宫亦可称为 18 世纪室内装饰博物馆。1548 年所建的舞厅是宫内最大而且最漂亮的舞厅，长 30 米，宽 10 米，用 50 幅油画和 8 组壁画装饰，异

法国枫丹白露宫风光

常华丽。其中，蒂亚娜长廊里有描述法国历史的壁画 25 幅（现存 9 幅）。另外，还有满墙的蓝色、玫瑰色彩画的会议厅和镶嵌 128 只细瓷画碟的碟子廊等。弗朗索瓦一世在此还珍藏了大量珠宝、雕塑、名画。其中有达·芬奇的《蒙娜丽莎》和拉斐尔的《岩石边的处女》等名家名作，这些作品都是法国的国宝。

这座宫殿虽然比不上凡尔赛宫的宏伟，卢浮宫的广袤，但却淡雅大方，给人以静谧温馨的感觉。从建筑艺术上看，枫丹白露可以说是法国古典建筑的杰作之一。各个时期的建筑风格都在这里留下了痕迹，其中弗朗索瓦一世和亨利四世两朝建树最多。弗朗索瓦一世在意大利征战时，被文艺复兴艺术所倾倒，请来一批艺术家和能工巧匠。除法国建筑师外，意大利的艺术家们也参与建造。意大利艺术家们从事的内部装修更令人赞叹。其中以意大利著名画家弗朗西斯科·普利玛蒂西奥为首的艺术家们，形成了著名的枫丹白露画派，这个画派实际上是法意两国艺术交融的结晶。17 世纪初，波旁王朝时又形成了第二期枫丹白露画派。

1137 年，法王路易六世下令在此修建城堡，后经历代君王的改建、扩建、装饰和修缮，使枫丹白露宫成为一座富丽堂皇的行宫。在1530年左右，弗朗索瓦一世想造就一个“新罗马”，便决定将行苑扩建为大宫殿，由两位意大利大师画家罗索和普里马蒂乔主持内部装饰，还有法国画家古尚、卡隆及雕塑家古戎等人参与设计。面貌一新的宫殿被巨大开阔的庭院所环绕，富有意大利建筑的韵味，把文艺复兴时期的风格和法国传统艺术完美和谐地融合在一起。宫殿建成后，亨利二世、亨利四世、路易十四、路易十五、路易十六和拿破仑等法国帝王都曾在此居住过。有的国王在此长住，有的仅把它作为打猎的行宫。王室的婚丧大典也常在这里举行。瑞典女王克里斯蒂娜、俄国沙皇彼得一世、丹麦国王克里斯蒂安七世都曾下榻于此。

由于17世纪以后法国王室居住于凡尔赛宫，法国大革命前枫丹白露宫已趋破败。大革命期间宫内家具陈设全被变卖，以筹措政府经费。拿破仑称帝后，选择以枫丹白露宫作为自己的帝制纪念物，对其加以修复。1812年至1814年，罗马教皇庇护七世被拿破仑囚禁在这里。1814年，拿破仑被迫在这里签字让位，并对其近卫军团发表了著名的告别演说。1945年至1965年，北大西洋公约组织军事总部设于此，枫丹白露宫墙外至今还残留有“NATO（North Atlantic Treaty Organization）”的标记。

## 荣军院教堂

巴黎荣军院位于巴黎第七区，全称为荣誉军人院，也被称为“巴黎残老军人院”。高110米，是路易十四在1676年建成的，包括教堂和一些几层楼的大院，用来安置战争中有功的残老官兵，类似养老院，原为法兰西军事学院的一部分，现在为法国军事展览馆。荣军院的大门前蹲着好几门古代大炮，荣军院内的小教堂，供奉多位法国元帅的牌位，包括解放巴黎的勒克莱尔。气势恢宏的纪念堂里，安息着法国历史上最伟大的人物，拿破仑·波拿巴，墓葬四周有12根石柱，分别饰以浮雕，代表一次次的光辉战役。他的兄弟，他麾下的几位名将如福煦等，也安息在这里是第一个完全的古典主义教堂建筑，也是17世纪最完整的古典主义纪念物。由于建造该教堂的目的是为了表彰和纪念“为君主流血牺牲的人”，因此建筑师采用了正方形的希腊十字式平面，教堂顶部用有力的鼓座高高举起饱满

荣军院教堂

有力的穹顶，构成了集中式的纪念碑，使建筑的整个形体完全摆脱旧收容院建筑群，向南呈现在宽阔的广场和林荫道之前。荣军院教堂作为一个代表性的建筑，已不只是一座宗教建筑，而是炫耀路易十四辉煌伟业的丰碑。

荣军院教堂的建筑平面为正方形，四角各有一个圆形的礼拜堂，中间的十字形平面的上方是一个大穹顶。穹顶的构造有三层，室内一层内面为彩画顶棚，最外一层为木结构上的铅皮屋面，表面有纪念胜利的浮雕。外立面和室内空间都采用雄壮的古典柱式，严格遵循法国巴洛克构图原则，空间构成相当集约，其庄严和壮丽在巴洛克建筑中实属少见。穹顶表面的

荣军院教堂圆顶

12 根肋之间，有铅做的战利品做装饰，全部贴金，十分华丽，这是巴洛克的绘画式色彩美的实践。穹顶分里外层，为的是使内部空间和外部形体都有良好的比例。内层穹顶的正中有一个直径大约 16 米的圆洞，从圆洞可以望到第二层穹顶上画着的耶稣基督。教堂内部明亮，装饰很有节制，全是土黄色的石头构件，没有外加的色彩，单纯素约的柱式组合表现出严谨的逻辑性，脉络分明，宗教的神秘和献身感情没有容身之地，这是古典主义的素描式形体美的实践。

荣军院教堂内穹顶

教堂外貌简洁，几何性明确，庄严而和谐。中央两层门廊的垂直构图使穹顶、鼓座同方形的主体联系起来。门廊中央开间用双柱，虽然不合古典主义的法度，但它们因此而与鼓座呼应，鼓座的倚柱又和穹顶的肋呼应，造成向上的动势，集中到采光亭尖尖的顶端。外形的处理有巴洛克手法，例如鼓座的断折檐部和倚柱，采光亭的方位扭转 90°，以角柱居中朝前。

## 兰斯大教堂

兰斯大教堂是哥特式建筑的代表作之一，它和巴黎圣母院，沙特尔大教堂，斯特拉斯堡大教堂，亚眠大教堂和波维大教堂一起翻开了人类建筑艺术史上新的一章。这座从公元 13 世纪便动手修建的教堂，每当夕阳西下时，便沐浴在金黄色的光辉之中。由于建筑的平面图是经过严格计算过的，所以，达到了近乎完美的左右对称。特别是正面中央大门右侧的四尊立像，更是哥特式建筑鼎盛时期的杰作。此外，教堂正面部分的作品，如《微笑的天使》《玛丽亚的侍从》《圣约瑟夫》等，也全都是优秀作品。

作为被联合国教科文组织列入《世界文化及自然遗产保护名录》的教堂，兰斯大教堂的历史可追溯至公元401年，不过现有的教堂建筑始于1211年。从中古世纪至1825年查理十世，法国历任国王的加冕典礼都在兰斯圣母院举行。第一位在此受洗的法国国王是克洛维，自此法国国王相信在兰斯登基能常保权力。

兰斯大教堂

这座哥特式教堂充满神性，空间深奥莫测。教堂内轻盈的梁柱让人觉得有些飘飘然，高挑的拱顶还在不断地把人的视线向上提升。让人有一种这里就算不是天堂，那离天堂应该也不远了的感觉。奥古斯特·罗丹面对兰斯大教堂曾经发出这样的赞叹："浮士德想必配得上得到住在这座杰作的门内、房里、窗前、影中的特许；这一杰作的壮丽使这条街、这座城市、这个国家更加完美。"不难想见国王当年建造这座教堂，是何等的希望建成一座见证法兰克王朝世代相传的永久建筑。多少荣耀功勋，多少枯骨残骸已经随着帝制一起灰飞烟灭，只留下这宏伟的历史陈迹，唯有发黑的石头雕像日复一日地从高处俯瞰着广场上的芸芸众生。

兰斯大教堂穹顶

兰斯大教堂是法国最美丽壮观的教堂之一，建筑师于格·利贝热死后获殊荣葬在大教堂内，墓碑上镌刻着大师的形象，右手捧着象征他的职业的大教堂模型，左手拿着直尺、三角板和指南针。教堂前有一个开阔的广场 ，由于城中并无高大的建筑，教堂更有拔地而起的气势。

兰斯大教堂顶部尖塔

兰斯大教堂内景（局部）1

兰斯大教堂内景（局部）2

兰斯大教堂的建筑结构就像巴赫的康塔塔，在飞拱柱烘托的教堂顶部，密集而细长的大小尖塔重重叠叠，浑厚繁复的石头层层递进，直上云霄，绵无尽头。整个大教堂就像一座博物馆，教堂内外布满了以圣经故事为主题的雕塑，共有雕塑 2 302 尊，这些雕塑一直到 13 世纪末才告完成。阳光照射到教堂正面三座拱门上，拱门门洞斜面上一层层的尖券布满了雕塑，这些雕塑和拱门上方的雕塑沉浸在强烈的明暗对比之中，随着光影的移动而变化，它们如同是被上帝之手借助阳光雕刻出来的一般。教堂大门正面的北侧有一尊名为微笑天使的雕像，由于雕像神情甜美，造型极为生动，现在已经成为兰斯城的象征，被称为兰斯的微笑。兰斯大教堂中有一尊不为人注意的圣女贞德塑像，塑像背后竖有军旗。在天主教堂中为平民建立塑像的例子并不多见，由此不难看出圣女贞德在法国人心目中的地位。现在，每年六月初的周末，兰斯人都会举办盛大的节日来纪念她。

在教堂内部，除了圣徒的雕塑之外，更多的是一组组完整的圣经故事雕塑。环绕着正门有一组雕塑以时间顺序，按照逆时针的方向排列，如同连环画一般展现了耶稣诞生前后的故事。兰斯大教堂内部要比室外明亮温暖得多，教堂中舱修长的束柱共分三层，巍峨壮观。沉重的石头在建筑师的配置之下，于华丽中显出轻巧、明快的韵律。祭坛左侧的墙壁上镶嵌着一架巨大的管风琴，这是一架17世纪的管风琴，有6 800多根管子。紧靠着管风琴，是一架15世纪的报时钟。每到正点，报时钟就会由木偶小人演绎圣母马利亚到埃及的故事。

教堂内的座椅也极有特色，座椅下部有一方藤条编制成的靠垫。这是专为祷告而作的精巧设计。只要把座位上层的坐垫翻起，信徒就可以十分方便地跪在下层的靠垫上，为心中的天主祈祷了。教堂的彩绘花窗上有极为写实的葡萄种植、收获和酿造的图案。在教堂内部的柱头上还以葡萄藤蔓和叶子来装饰，处处体现出了香槟之乡的烙印。教堂巨大的玫瑰花窗承接着阳光，光芒透过斑斓的花窗照射到教堂内部，像时针一样在墙面、廊柱和座位之间移动，浮动着奇丽的色彩。在阳光照不到的教堂深处，有着挥之不去的阴影、摇曳不定的烛光和沉默的祈祷者。大教堂北侧的玫瑰花窗被设计成时钟样式，在最上端12点的位置是上帝创造人类，11点的位置是亚当遇见夏娃……12个格子依次展现了《创世纪》的故事。兰斯大教堂的花窗汇聚了不同时期的作品，有13世纪的大玫瑰花窗，也有一战之后现代主义绘画特征的彩绘玻璃，1974年，大教堂更是邀请著名画家夏加尔设计了圣母礼拜堂的花窗图案，飘浮的人物造型、稚拙的绘画风格为大教堂增添了新的魅力。在蔷薇花窗的左窗画里，大卫正准

兰斯大教堂的彩窗

备砍下巨人歌力亚斯的头；在右窗画里，大卫用投石器投石重击歌力亚斯。在蔷薇花窗的拱形左侧下方，是撒巴皇后撒巴和所罗门王，上方则是所罗门王的审判。右侧下方是大卫献给萨伍国王巨人歌力亚斯的头，下部则记载了两个国王抹圣油的情景。

兰斯大教堂的西门的重叠繁华的造型更引人侧目。尽管它的雕塑艺术的多元化令人吃惊，但是整体看上去却是惊人的和谐。国王的雕像被树立在教堂正面中部，每个国王都配备有代表皇家威严象征的皇冠、权杖、手套。

## 巴黎凯旋门

巴黎凯旋门，即雄狮凯旋门，位于法国巴黎的戴高乐广场中央，香榭丽舍大街的西端，是拿破仑为纪念1805年打败俄奥联军的胜利，于1806年下令修建而成的。拿破仑被推翻后，凯旋门工程中途辍止。波旁王朝被推翻后又重新复工，到1836年终于全部竣工。

随着岁月的流逝，这个曾经的拿破仑帝国军队的标志已成为现今法国爱国主义的标志，同时也身兼纪念性建筑的职责。凯旋门同时也是每年国庆游行队伍的出发点。

法国巴黎凯旋门

凯旋门是由皮埃尔·弗朗索瓦·封丹那和沙尔勒·拜尔西耶设计的。巴黎12条大街都以凯旋门为中心，向四周放射，气势磅礴，为欧洲大城市的设计典范。凯旋门高49.54米，宽44.82米，厚22.21米，红色和白色的大理石圆柱之间是三个圆拱门，中心拱门高36.6米，宽14.6米。拱门的上方布满了纪念拿破仑皇帝战绩的浅浮雕。凯旋门顶端摆放了四匹镀金的奔马。这些马是根据拿破仑命令从威尼斯的圣马可大教堂移来的，原物于1815年归还给了意大利，现在上面是换上去的复制品，同时还添了一辆马车和和平女神像。在凯旋门两面门墩的墙面上，有四组以战争为题材的大型浮雕："出征""胜利""和平"和"抵抗"；其中有些人物雕塑高达五六米。凯旋门的四周都有门，门内刻有跟随拿破仑远征的386名将军和96场胜战的名字，门上刻有1792年至1815年间的法国战事史。凯旋门的拱门内可以乘电梯或登石梯上去，石梯共273级，上去后第一站有一个小型的历史博物馆，里面陈列着有关凯旋门的各种历史文物以及拿破仑生平事迹的图片和法国的各种勋章、奖章。另外，还有两间配有法语解说的电影放映室，专门放映一些反映巴黎历史变迁的资料片。再往上走，就到了凯旋门的顶部平台，从这里可以鸟瞰巴黎名胜。

凯旋门的正下方，是1920年11月11日建造的无名烈士墓，墓是平的，地上嵌着红色的墓志"这里安息的是为国牺牲的法国军人"。据说，墓中长眠的是在第一次世界大战中牺牲的一位无名战士，他代表着在大战中死难的150万法国官兵。墓前有一长明灯，每天晚上，这里都会点起不灭的火焰。每逢节日，就有一面10多米长的法国国旗从拱门顶端直垂下来，在无名烈士墓上空迎风招展。

巴黎凯旋门夜景

# 爱丽舍宫

爱丽舍宫，亦译艾丽榭宫，是法国总统的官邸与办公室所在地，坐落在巴黎市中心爱丽舍田园大街北侧，面积 1.1 万平方米。“爱丽舍”一词源于希腊语，意为“乐土、福地”。

1718 年，戴佛尔伯爵亨利在巴黎市中心盖起了这座宫殿，由建筑学家克洛德·摩勒设计，曾命名为戴佛尔大厦。

1753 年后，蓬帕杜侯爵夫人买下了这座大厦。蓬杜帕侯爵夫人死后，戴佛尔大厦转到法国国王路易十五手里，后又几换宿主，后来法国国王路易十六的侄女波旁公爵夫人成了宫殿的主人，戴佛尔大厦改名为波旁大厦。

1793 年，法国大革命爆发后，这座大厦被没收为公共财产，改名为爱丽舍宫。

1805 年，拿破仑的内兄缪拉买下了爱丽舍宫，3 年后，他被封为意大利南部那不勒斯国王，便把这座宫殿给了拿破仑一世皇帝，成了他的宫殿。1815 年 6 月 22 日，他在此签署了退位诏书。

爱丽舍宫大门

1816 年，路易十八把爱丽舍宫给了他的侄儿贝里公爵，就是后来的法国国王查理十世。

1820 年，查理十世遇刺身亡，宫殿 20 多年无人居住。

1848 年，法兰西第二共和国决定将爱丽舍宫作为共和国总统的官邸。但不久，爱丽舍宫又变成外国国王居住的宾馆；英国维多利亚女王、俄国沙皇亚历山大二世等都作为国宾在此下榻。

爱丽舍宫局部

1873 年，法兰西第三共和国宣布爱丽舍宫正式成为共和国总统官邸。第二次世界大战中，巴黎陷落，维希政府废除了总统职务，爱丽舍宫一度寥落。

1947 年，法兰西第四共和国总统欧里奥勒入主后，才使爱丽舍宫重新恢复了生气。至今，爱丽舍宫就一直成为法国总统府。

爱丽舍宫是一座用大理石块砌成的两层楼房，宫内共有 369 间大小不等的厅室。主楼左右对称的两翼是两座平台，中间环抱着宽阔的庭院。宫殿后面是一个绿草如茵、幽静秀丽的花园。主楼入口处，法兰西蓝、白、红三色国旗迎风飘扬。门楣上有醒目的“RF”两个字母，是法兰西共和国国名的缩写。头戴红缨盔、身装蓝制服的共和国卫队守卫着大门。

爱丽舍宫外形朴素庄重，宫内金碧辉煌。每间客厅的四壁都是用镀金细木装饰，墙上挂着著名油画和精制挂毯。宫内陈设有 17 ~ 18 世纪镀金雕刻家具 2 000 件、名贵挂毯 200 幅、精制座钟 130 只以及大量珍贵艺术品。

现在爱丽舍宫的主楼二楼是总统办公和生活的地方。爱丽舍宫的底层各客厅用作会议厅、会见厅和宴会厅，厅内陈设仍保持 18、19 世纪的原样。中央是宫殿入口，总统就在此迎接各国贵宾。宫内的金厅代表着爱丽舍宫的内部格局，它的基调为金黄色。当年，戴高乐总统曾在这里办公。镀金边黑油漆的大办公桌上放着座钟和案卷，仍保持着原貌，这不仅是为了观赏，也体现了法国文物保护工作的独到之处。

新国家元首当选后，就在节日厅举行就职仪式，同时每年在此接受外交使团的新年祝贺。此后的百余年，历届法兰西共和国的总统几乎都在此工作和生活。爱丽舍宫自成为总统官邸 100 多年来，只在 1978 年法国国庆之际对公众开放一天。从 1989 年开始，在每年 9 月的法国古堡节，爱丽舍宫都会向公众开放参观。

爱丽舍宫还是法国总统秘密军事指挥部。法国拥有全世界第三大核武装力量。而在爱丽舍宫的奢华水晶灯和金色的雕花门后面，是法国核导弹的发射指挥中枢。一条秘密通道可达地下的“丘比特指挥室”。装有控制仪的双扇装甲门和三米厚的混凝土墙保护着指挥所。

## 巴黎卢浮宫

卢浮宫是法国最大的王宫建筑之一，位于首都巴黎塞纳河畔、巴黎歌剧院广场南侧。原是法国的王宫，居住过 50 位法国国王和王后。

卢浮宫

该宫以收藏丰富的古典绘画和雕刻而闻名于世，是法国文艺复兴时期最珍贵的建筑物之一。1546 年，法王弗朗索瓦一世决定在原城堡的基础上建造新的王宫，此后经过 9 位君主不断扩建，历时 300 余年，形成一座呈“U”形，占地面积为 24 公顷，建筑物占地面积为 4.8 公顷的宏伟辉煌的宫殿建筑群。卢浮宫东立面是欧洲古典主义时期建筑的代表作品。

巴黎卢浮宫局部内景

据统计，卢浮宫博物馆包括庭院在内占地 19 公顷，自东向西横卧在塞纳河的右岸，两侧的长度均为 690 米，整个建筑壮丽雄伟。用来展示珍品的数百个宽敞的大厅富丽堂皇，大厅的四壁及顶部都有精美的壁画及精细的浮雕。

卢浮宫东立面全长约 172 米，高 28 米，上下照一个完整的柱式分作三部分：底层是基座，中段是两层高的巨柱式柱子，再上面是檐部和女儿墙。主体是由双柱形成的空柱廊。中央和两端各有凸出部分，将里面分为五段。两端的凸出部分用壁柱装饰，而中央部分用椅柱，有山花，因而主轴线很明确。立面前有一道护壕保卫着，在大门前架着桥。横向展开的立面，左右分 5 段，上下分 3 段，都以中央一段为主的立面构图。法国传统的高坡屋顶被意大利式的平屋顶代替了，卢浮宫东立面在高高的基座上开小小的门洞供人出入。

卢浮宫始建于1204年，当时只是菲利普·奥古斯特二世皇宫的城堡。

在十字军东征时期，为了保卫北岸的巴黎地区，菲利普二世于1204年在这里修建了一座通向塞纳河的城堡，主要用于存放王室的档案和珍宝，同时也存放他的狗和战俘，当时就称为卢浮宫。查理五世时期，卢浮宫被作为皇宫，因而使它成为完全不同的一座建筑物。

在以后的350年中，随着王室贵族们越来越高的寻欢作乐的要求，他们不断增建了华丽的楼塔和别致的房间。然而在其后的整整150年间，卢浮宫却并无国王居住。16世纪中叶，弗朗西斯一世继承王位后，便把这座宫殿拆毁了。他下令由建筑师皮尔·莱斯科在原来城堡的基础上重新建筑一座宫殿。弗朗西斯还请当时著名的画家为他画肖像，他崇拜意大利派的画家，购买了当时意大利最著名的画家法埃洛的绘画，包括《蒙娜丽莎》等珍品。弗兰西斯一世的儿子亨利二世即位后，把他父亲毁掉的部分重新建造起来。亨利喜爱法国文艺复兴时期建筑艺术的装饰，对意大利式的建筑并不感兴趣。他沿袭了父亲的嗜好，但却没有他父亲一样的审美观。

亨利四世在位期间，他花了13年的工夫建造了卢浮宫最壮观的部分——大画廊。这是一个长达300米的华丽的走廊，走廊非常长，亨利在这里栽满了树木，还养了鸟和狗，甚至在走廊中骑着马追捕狐狸。路易十四是法国历史上著名的国王，他被称为太阳王。他登基时只有5岁，在卢浮宫做了72年的国王——法国历史上在位时间最长的国王。路易十四把卢浮宫建成了正方形的庭院，并在庭院外面修建了富丽堂皇的画廊。他购买了欧洲各派的绘画，包括卡什代、伦勃朗等人的作品。他一生迷恋艺术和建筑，致使法国的金库空虚。路易十六在位期间，爆发了著名的1789年大革命，在卢浮宫“竞技场”院子里建立了法国革命的第一个断头台。1792年5月27日，国民议会宣布，卢浮宫将属于大众。1793年8月10日，卢浮宫艺术馆正式对外开放，成为公共博物馆。这种状况一直延续了6年，直到拿破仑一世搬进了卢浮宫。

拿破仑在这座建筑的外围修建了更多的房子，并增强了宫殿的两翼，还在竞技场院里修建了拱门，拱门上的第一批雕刻马群是从威尼斯的圣马可教堂上取下来的。拿破仑以前所未有的方式装饰卢浮宫，他把欧洲其他国家所能提供的最好的艺术品搬进了卢浮宫。拿破仑不断地向外扩张，并称雄于欧洲，于是几千吨的艺术品从所有被征服的国家的殿堂、图书馆和天主教堂运到了巴黎。拿破仑将卢浮宫改名为拿破仑博物馆，巨大的长廊也布满了他掠夺来的艺术品。在卢浮宫里，拿破仑的光彩持续了12年，一直到滑铁卢战役的惨败。对拿破仑来说，每一幅天才的作品都必须属于法国。这样的观点是德国人、意大利人、西班牙人和荷兰人所不能接受的。拿破仑失势后，他们来到卢浮宫，约有5 000件艺术品物归原主。但由于法国人的外交手段及法国人的说服力，仍然有许多他掠夺的艺术品被留在了卢浮宫。拿破仑三世是一位野心勃勃的皇帝，他是卢浮宫建造以来所遇到的投资最多的“建筑人”，5年内的建筑比所有的前辈在700年内修建的还要多。3个世纪以前想到的宏伟的设计图留给了拿破仑三世来完成，当它竣工后，卢浮宫变成了皇家庆祝活动的场所，富丽堂皇是拿破仑三世修建任何东西的特点。这样，直到拿破仑三世时，卢浮宫整个宏伟建筑群才告以完成，前后将近600年。

在卢浮宫几百年的历史发展过程中，最初一直是比较分散的建筑群，并没有像今天这样形成一个整体。这种情况到1981年后得到了改变，1981年9月，弗朗索瓦·密特朗在当选为法兰西共和国总统后举行的一次记者招待会上许诺：“让卢浮宫恢复原来的用途。”这指的是让财政部搬出“黎塞留侧翼”。“黎塞留侧翼”建于1852~1857年间，长195米，

卢浮宫夜景

卢浮宫内三女神雕塑

宽 80 米，是卢浮宫的一个组成部分，自 1871 年以来一直由财政部占据。1989 年 7 月当时的财政部长爱德华·巴拉迪尔在再三请求下方才离开这赏心悦目的地方。“黎塞留侧翼”的收回及开放，一下子使卢浮宫增加了 2.15 万平方米的展览面积、3 个庭院和 165 个新展厅，共展出艺术品 1.2 万件，其中 3 000 件是从存放室取出的，卢浮宫博物馆的展品由此大大增加。

卢浮宫是世界上最古老、最大、最著名的博物馆之一，共分希腊罗马艺术馆、埃及艺术馆、东方艺术馆、绘画馆、雕刻馆和装饰艺术馆 6 个部分，其中绘画馆展品最多，占地面积最大。卢浮宫区有 198 个展览大厅，最大的大厅长 205 米。用一天两天的时间根本无法欣赏全部的稀世珍品。

卢浮宫，藏有被誉为世界三宝的《维纳斯》雕像、《蒙娜丽莎》油画和《胜利女神》石雕，更有大量希腊、罗马、埃及及东方的古董，还有法国、意大利的远古遗物，陈列面积 5.5 万平方米。卢浮宫正门入口处的透明金字塔建筑是美籍华裔建筑师贝聿铭的杰作。

博物馆收藏目录上记载的艺术品数量已达 400 000 件，分为许多的门类品种，从古代埃及、希腊、埃特鲁里亚、罗马的艺术品，到东方各国的艺术品，有从中世纪到现代的雕塑作品，还有数量惊人的王室珍玩以及绘画精品等等。迄今为止，卢浮宫已成为世界著名的艺术殿堂。

古希腊与古罗马艺术馆大约在1800年向公众展出，其藏品约有7000余件。古希腊与古罗马艺术馆的藏品以法国王室的收藏品为基础。拿破仑率领的法军在意大利获胜后，劫获了许多意大利的古代艺术品，将之运回法国充实卢浮宫。后来，法国又从各方面不断丰富里面的收藏品。雕塑在该馆内占有主导的地位，雕塑品包括大理石、铜、象牙等。在古希腊和古罗马艺术馆中，有两件备受世人赞美的最瞩目的不朽作品，一是“萨姆特拉斯的胜利女神”，二是爱神“维纳斯”。

“萨姆特拉斯的胜利女神”创作于公元前3世纪，高3.28米，站在一座石墩上，是座无头无手的雕像，1863年从萨姆特拉斯岛的神庙废墟中发掘出来。该雕像尽管已失去了手和头，但看得出她正迎风展翅，昂首挺胸，向世人宣告一场战争的胜利。根据研究，这是雕塑家为纪念希腊罗地岛的一场胜利海战而制作的。胜利女神迎风微微前倾身躯，健美的胸部披着薄薄的长袍，体魄健壮而又不失轻灵，富有质感。女神虽然失去了头部和双臂，但在人们的眼里它仍是完美的。至今，胜利女神每天受到成千上万人的瞻仰，成为已知雕像中表现热情奔放与动态的最完美的作品。“维纳斯”对于人们来说更加熟悉了。她身高2.02米，创作于公元2世纪。她是希腊的美神，不知倾倒了多少崇拜者，她的周围每天挤满了观众。她半裸着身躯，极为端庄、自然，被认为是表现女性美的最杰出的作品。

卢浮宫绘画馆所收藏的绘画之全、之珍贵是世界上各艺术馆不能比拟的。绘画馆共有35个展厅，2 200多件展品，其中三分之二是法国画家的作品，三分之一来自外国画家，14~19世纪的各种画派的作品均有展出。比较杰出的作品有：富凯的《查理七世像》（15世纪）、达·芬奇的《岩间圣母》（16世纪）、拉斐尔的《美丽的园丁》（16世纪）、勒南的《农家》（17世纪）、里戈的《国王路易十四像》（18世纪）、路易·达维德的《拿破仑一世在巴黎圣母院加冕大典》（19世纪）、德拉克鲁瓦的《肖邦像》（19世纪）、安格尔的《土耳其浴室》（19世纪）等。

所有绘画作品中，最为杰出、最受人瞩目的自然是达·芬奇在1503年完成的不朽杰作《蒙娜丽莎》。《蒙娜丽莎》被置放在卢浮宫二楼中间的一个大厅中，外面用玻璃罩着，显然是特别的保护。玻璃罩周围射出的柔和的灯光，足以使观众看清画面的各个细节。

雕像馆成立于1817年，共有展厅27个，展品1 000多件，多为表现宗教题材的作品，部分为表现人体和动物的作品。在这里可以看到着色髹金的木刻《基督受难头像》、《十字架上的耶稣》、《圣母与天使》、意大利的雕塑《圣母与孩童》、17 世纪的《童年时期的路易十四》，18 世纪的名人像《伏尔泰》，19 世纪的群塑《舞蹈》等。

卢浮宫馆藏虽丰，但慕名而来的观众却难窥庐山真面目。因为它的 6 个展馆仅在星期一、三两天基本全部开放，其余 4 天轮流开放，星期日只开一半。而且展品仅占全部馆藏的 1/3。如今它的藏画就有 15 000 件，但平时用以出展的不过 2000 多幅，因此有幸目睹卢浮宫全部珍藏的人寥寥无几。置身于 40 万件艺术珍品的包围之中，无论是谁都会面对艺术本身或隐含其中的历史的情绪的沉积浮想联翩——卢浮宫的魅力也正在于此。

## 第二节　意大利的著名建筑

### 比萨大教堂

比萨大教堂位于意大利比萨市，是意大利罗马式教堂建筑的典型代表。为了纪念比萨城的守护神圣母马利亚，1063 年，由雕塑家布斯凯托·皮萨谨主持设计，比萨人开始在城区东北角的广场上建筑这个具有所谓罗马 - 比萨风格的比萨大教堂。这是一个由大教堂、钟楼、洗礼堂和墓地所组成的一组建筑群，这也是意大利仿罗马建筑之典型。在这组建筑群中，洗礼堂位于主教堂前面，与教堂在同一中轴线上，钟塔在教堂的东南角，这两个圆形建筑在空间上的大小、矮高、远近搭配得当，与主教堂的搭配非常和谐。

比萨大教堂的建筑样式，并不是纯粹的巴西里卡式，而是掺有罗马式风格的一种建筑样式。在结构方面，趋向于一种有机性，即有系统的机能上的平衡以及结构与形式上的密切配合。这表现在建筑的结构部分与间隔部分的分工：一方面在筑墙时，把建筑的全面承重改为重点承重，因而出现了承重的墩子或扶壁与间隔轻薄的墙；另一方面是创造了肋料拱顶。一般的教堂，平面仍呈巴西里卡式，但加大翼部，成了明显的十字架形，而十字交叉处从平面上看，由于上有突出的圆形或多边形塔楼，渐渐接近正方形。比萨

意大利比萨大教堂

教堂略为例外，它建于1063至1092年间，平面虽是巴西里卡式，其中央通廊上面是用木屋架，然后是券拱结构，由于采用层叠券廊，罗马式特征依然十分明显。比萨大教堂是罗马–比萨艺术的最高杰作，教堂平面呈长方的拉丁十字形，长95米，纵向四排68根科林斯式圆柱。纵深的中堂与宽阔的耳堂相交处为一椭圆形拱顶所覆盖，中堂用轻巧的列柱支撑着木架结构屋顶。

教堂的正面有4层圆柱装饰，正面和入口处大门上的罗马风格的雕像非常精美，被称为是意大利罗马风格雕塑的代表作。纵深100米的内部用白、黑的条文图案装饰，壮观而明朗，显出东方文化的痕迹，不禁让人想起比萨作为海港的历史。不容错过的是乔万尼·比萨诺建造的讲教坛，由6根柱子和5根有雕刻装饰的支柱支撑，中央是表现信仰、希望、慈爱的雕刻。最精彩的是其戏剧性的画面和人体的哥特式的表现手法，以及教坛旁边天花板吊下的伽利略发现“钟摆等时性”原理的那盏青铜吊灯。

1987年4月，世界教科文组织将意大利比萨城的奇迹广场（包括大教堂、洗礼堂、比萨斜塔和墓园）收入《世界文化及自然遗产保护名录》，比萨大教堂作为其中的一个分子，当之无愧地也获此殊荣。

# 比萨斜塔

比萨斜塔位于比萨大教堂的后面，是意大利比萨大教堂的独立式钟楼，奇迹广场的三大建筑之一。钟楼始建于1173年，设计为垂直建造，但是在工程开始后不久便开始倾斜，1372年完工时，塔身倾斜向东南。

比萨斜塔之所以会倾斜，是由于它地基下面土层的特殊性造成的。比萨斜塔下有好几层不同材质的土层，各种软质粉土的沉淀物和非常软的黏土相间形成，而在深约一米的地方则是地下水层。最新的挖掘表明，钟楼建造在了古代的海岸边缘，因此土质在建造时便已经沙化和下沉，当然也因此导致该钟楼以斜塔闻名于世。

比萨斜塔从1173年建造伊始至今，一直受到人们的关注。在建造过程中，起初人们先是采用特殊的建筑设备试图阻止继续倾斜，其后又替换掉柱子和其他破损的部件，现在人们又在地基间插入材料，目的无非是为了大大减少斜塔的倾斜程度，保证塔楼能够维持更长时间不倒塌，给人类一个独特的风景。

1972年10月，意大利发生的一次大地震使斜塔受到了强大的冲击，整个塔身大幅度摇晃达22分钟之久，极其危险。幸运的是，该塔仍巍然屹立。这种“斜而不倾”的现象，堪称世界建筑史上的奇迹。

意大利总统乔治·纳波利塔诺对抢救比萨斜塔的工作表示称赞，他说：“这项极为细致的工作抢救了象征着我们历史和文明的一座纪念碑，我们应向这次不同寻常的成功致敬。”

比萨斜塔是比萨城的标志，也是比萨人的骄傲与光荣，1987年它和相邻的大教堂、洗礼堂、墓园一起因其对11世纪至14世纪意大利建筑艺术的巨大影响而被联合国教科文组织收入《世界文化及自然遗产保护名录》。

比萨斜塔在发生严重的倾斜之前，其大胆的圆形建筑设计已经向世人展现了它的独创性。它在借鉴前人建筑经验的基础上，对圆形建筑加以发展，形成了独特的比萨风格。钟楼的装饰格调继承了大教堂和洗礼堂的经典之作，墙面用大理石或石灰石砌成深浅两种色带，半露方柱的拱门、拱廊中的雕刻大门、长菱形的花格平顶、拱廊上方的墙面因阳光的

意大利比萨斜塔

照射形成的强烈反差，给人以钟楼内的圆柱相当沉重的假象。大教堂、洗礼堂和钟楼之间形成了视觉上的连续性。

比萨斜塔由著名建筑师那诺·皮萨诺主持修建。开始时，塔高设计为100米左右，但动工五六年后，塔身从三层开始倾斜，直到完工还在持续倾斜，在其关闭之前，塔顶已南倾（即塔顶偏离垂直线）3.5米。

几个世纪以来，钟楼的倾斜问题始终吸引着好奇的游客、艺术家和学者，使得比萨斜塔世界闻名。

比萨斜塔近照

比萨斜塔为什么会倾斜，专家们曾为此争论不休。尤其是在14世纪，人们在两种论调中徘徊，比萨斜塔的倾斜究竟是因为建造过程中无法预料的地面下沉累积的结果，还是建筑师有意而为之。进入20世纪，随着对比萨斜塔越来越精确的测量，使用各种先进设备对地基土层进行深入勘测，以及对历史档案的研究，一些事实逐渐浮出水面：比萨斜塔在最初的设计中本应是垂直的建筑，但是在建造初期就开始偏离了正确位置。

斜塔是用大理石建造的一座圆形建筑，全塔高8层，直径16米。从地基到塔顶高58.36米，从地面到塔顶高55米。钟楼墙体在地面上的宽度是4.09米，在塔顶宽2.48米，总重约14，453吨，重心在地基上方22.6米处。圆形地基面积为285平方米，对地面的平均压强为497千帕。斜塔倾斜约10%，即5.5度，偏离地基外沿2.3米，顶层突出4.5米。从底层到顶层分布数量不同的圆柱，并有213个拱门位于塔的各处。塔顶为钟亭，由螺旋楼梯可从底层直上塔顶。

作为比萨大教堂的钟楼，它独特的白色闪光的中世纪风格建筑物，即使后来没有倾斜，也会是欧洲最值得注意的钟楼之一。这座摇摇欲倾的斜塔与比萨大教堂相映生辉，每年吸引着成千上万的各国游客。

# 米兰大教堂

米兰大教堂是世界上最大的哥特式建筑，坐落于米兰市中心的大教堂广场，是世界第二大教堂，也是世界上雕塑最多的建筑和尖塔最多的建筑之一，其规模仅次于梵蒂冈的圣彼得大教堂。米兰大教堂不仅仅是一个教堂，一栋建筑，更是米兰的精神象征和标志，也是世界建筑史和世界文明史上的奇迹。米兰大教堂在宗教界的地位极其重要，著名的《米兰赦令》就从这里颁布，《米兰赦令》使得基督教合法化，成为罗马帝国国教。

这座教堂是米兰时尚精神的源泉，拥有着无比神圣的力量，拿破仑曾在这里举行加冕礼，布拉曼特曾为它画过无数草稿设计，达·芬奇也为其苦思冥想。如今，这座教堂已经不仅仅是宗教精神的象征，更是时尚的象征、独特的象征、意大利的象征。

米兰大教堂的建筑风格十分独特，德国、法国、意大利等国建筑师先后参与米兰大教堂设计，使它汇集了多种民族的建筑艺术风格，德意志风格影响尤为显著。教堂上半部分

意大利米兰大教堂

米兰大教堂顶部

是哥特式的尖塔，据统计共 138 座，最高的尖塔高达 108.5 米，顶端有一尊镀黄金的 4.2 米的圣母马利亚像，圣母身裹3900多片金叶片，重700多公斤，整个圣母像在阳光下光辉夺目，圣母代表爱，是所有米兰人的共同标记。大教堂最初的正式名称圣母诞生大教堂就是由此而来。下半部分是典型的巴洛克式风格，从上而下满饰雕塑，极尽繁复精美，是文艺复兴时期具有代表性的建筑物。此外另有 150 个水道，410 个大理石支架，上面均装饰有浮雕。

教堂整个外观极尽华美，主教堂用白色大理石砌成，是欧洲最大的大理石建筑，有“大理石山”之称，美国作家马克·吐温称之为“大理石的诗”。教堂整个建筑呈拉丁十字形，长度大于宽度。整座教堂共有大理石雕像 6 000 多座，3 159 座位于建筑外部，其中 2 245 尊是外侧雕刻，雕像的主题多为圣经故事等宗教题材，各种雕像千姿百态。教堂外部还有 96 个怪兽形排水口，每个转角处的怪兽都各不相同。整个建筑外部分布着雕刻精美的窗花格，全长约 1 千米。米兰大教堂正面被 6 个巨大方柱分隔出五扇铜门，建于 1896 年至 1965 年，每座铜门上分有许多方格，每个方格内都雕刻着教堂历史、神话与圣经故事。左边第一个铜门于 1948 年完成，表现的是君士坦丁皇帝的法令；第二个铜门是1950年所作，讲述的是圣·安布罗吉奥的生平；第三个最大的铜门位于正中，重37吨，描绘的是圣母马利亚的一生；第四个铜门讲的是从德国皇帝菲德烈二世灭亡到莱尼亚诺战役期间米兰的历史。第五个铜门表现的是从圣·卡罗·波罗梅奥时代以来大教堂的历史。教堂正面的方石柱上刻有几十幅大型浮雕和上百个人物像，因此教堂建筑显得格外华丽热闹。教堂内有6座石梯和两个电梯通往屋顶，顶上纵横交错着33座石桥，连接堂顶各个部分，登上堂顶可鸟瞰全市风光，在晴朗的日子，还可以看到远处绵延的阿尔卑斯山脉风光。

米兰大教堂内景1

米兰大教堂内景2

米兰大教堂的内部以深色竖线条为主，格调庄重，其丰富华丽远不可与梵蒂冈的圣彼得大教堂相比，但涂金的柱子之间镶满五彩的玻璃画，尺幅之大、画面之精美都堪称罕见。米兰大教堂的大厅有着显著的哥特式风格建筑的特点：中厅较长而宽度较窄，大厅长约130米，宽约59米，两侧支柱的间距不大，形成自入口导向祭坛的强烈动势。中厅高度很高，顶部最高处距地面45米。宏伟的大厅被四排柱子分开，大厅圣坛周围支撑中央塔楼的4根柱子，每根高40米，直径达到10米，由大块花岗岩砌叠而成，外包大理石。12根较小圆柱，柱子加上柱头总高约26米，直径3.5米。这些柱子共同支撑着重达1.4万吨重的拱形屋顶，柱与柱之间有金属杆件拉结，形成5道走廊。两侧束柱柱头弱化消退，垂直线控制室内划分，尖尖的拱券在拱顶相交，如同自地下生长出来的挺拔枝杆，形成很强的

米兰大教堂内景

向上升腾的动势。两个动势体现对神的崇敬和对天国向往的暗示。

米兰大教堂内部全由白色大理石筑成，厅内全靠两边的侧窗采光，窗细而长，上嵌彩色玻璃，光线幽暗而神秘。两柱之间花窗棂的彩色玻璃大窗是哥特式建筑的显著装饰特色之一。教堂的玻璃窗高约20米，共有24扇，主要以耶稣故事作为主题，正中的太阳光彩图案寓意正义和仁爱，这些彩色玻璃造于500多年前，至今仍光彩夺目。教堂东端的三个环形花格窗，宽约8.5米，高约21米，是意大利花格窗中的精品。

教堂西端是仿罗马式的大山墙，众多的垂直线条和扶壁将墙面分成五个部分，扶壁上布满神龛雕像。在所有柱子的柱头上都有小龛，内置雕像，手工精美。顶四周刻有8座石像穹隆，殿内的雕像有800多座。

教堂内还藏有许多艺术珍品和米兰名人的陵墓。一直以来一些闻名的神父，选择了安葬在大教堂之下，所以米兰大教堂可以堪称神圣的圣殿。教堂大厅内供奉着15世纪时米兰大主教的遗体，头部是白银铸就，躯体是主教真身。祭坛是哥特式建筑的装饰重点。

教堂的屋顶上还有一小洞，地板上固定着一根金属嵌条，每天中午阳光由小洞射入，正好落在金属条上，因此被称为“太阳钟”。该钟建于1786年，300多年来每天都可准确地标出正午时分。

# 罗马角斗场

罗马角斗场又名斗兽场、露天竞技场。因它建于弗拉维王朝时期，故又称弗拉维露天剧场。但其真正的名字是科洛塞奥，意为高大，因广场上原有尼禄皇帝的一个高大铜像而得名。称它为斗兽场，是因为这里曾是古罗马角斗士与猛兽搏斗、厮杀以博取皇帝和王公贵族一笑的地方；称之为竞技场，是因为场中可以举行竞技、比赛、歌舞和阅兵等活动。该角斗场是古罗马时期的剧场建筑，位于意大利首都罗马的威尼斯广场南面，古罗马市场附近，是古罗马建筑的典型代表，也是古罗马帝国的象征，是罗马古迹中最卓越、最著名的代表，是当今世界八大名胜之一。

罗马大角斗场由维斯西巴安皇帝下令修建，在其儿子图密善在位期间建成。角斗场建在另一个罗马皇帝尼禄的金宫原址之上，这个宫殿在公元 64 年发生的罗马大火中被毁。角斗场是古罗马举行人兽表演的地方，参加的角斗士要与一只牲畜搏斗直到一方死亡为止，也有人与人之间的搏斗。根据罗马史学家狄奥·卡西乌斯的记载，角斗场建成时罗马人举行了为期 100 天的庆祝活动，宰杀了 9 000 只牲畜。

意大利罗马古斗兽场

角斗是斗兽场的主要节目，是一天中娱乐的高峰。绝大多数的角斗士都是来自罗马帝国各个地方的奴隶和俘虏，他们没有任何自由和权利，生活在社会的最底层。对于罗马贵族来说，最残酷的格斗毫无疑问也是令他们最为激动的。打斗者带有戟或短剑。大部分斗士都是奴隶和犯人，也有为了挣钱而自愿前来格斗的，他们都受过专门训练。格斗分许多种：最有名的是决斗，这种决斗的一方是持三叉戟和网，另一方带刀和盾。带网的角斗士要用网缠住对手再用三叉戟把他杀死，另一角斗士带着头盔，手持短剑盾牌，拼命追赶想战胜他的对手。最后，失败的一方要恳求看台上的人大发慈悲，这些观众们决定着他的命运，假如他们挥舞着手巾，他就能被免死；假如这些人手掌向下，那就意味着要他死。

角斗场围墙高大，是北京故宫城墙的五倍，远远便可见其巍巍身姿。它层层拱廊相连，宽阔高大，构筑典雅。人行其间，仿佛在古代城堡殿廊中穿行。各层连拱廊的柱型，富于变化，漫游其中，就如置于古代石柱雕刻艺术的宫殿。拾级而上，似扶摇直上羽化登仙。端坐在观众席的顶层，俯身下望，偌大角斗场，一览无余，景象尽收眼底。整座角斗场形似一口平放的大锅，四周自下而上布满阶梯式的座位。

意大利罗马古斗兽场（局部）

罗马角斗场建在几座小山之间的谷底，基址本是尼禄皇宫花园里的人工湖。大约公元3世纪至5世纪又用淡黄色巨石重加修葺，使其正式成为斗兽、赛马、竞技、阅兵、歌舞等的场所。角斗场平面呈椭圆形，占地约2万平方米，外围墙高57米，相当于现代19层楼房的高度。该建筑为4层结构，外部全由大理石包裹，下面3层分别有80个圆拱，其柱形极具特色，按照多立克式、爱奥尼式和科林斯式的标准顺序排列，第4层则以小窗和壁柱装饰。场中间为角斗台，长86米，宽63米，仍为椭圆形，相当于一个足球场那么大。角斗台下是地窖，关押猛兽和角斗士。角斗台周围的看台分为3个区。底层的第一区是皇帝和贵族的座席，第二层为罗马高阶层市民席，第三层则为一般平民席，再往上就是大阳台，一般观众只能在此处站着观看表演了。场内看台共可容纳观众5万多人，底层地面有80个出入口，可确保在15分钟至30分钟内把场内5万观众全部疏散离场。

表演区呈椭圆形，长轴86米，短轴54米，角斗士们在这里表演角斗或斗兽。表演区与贵宾席前沿有5米多的高差，利用输水道注水后可以表演水战。角斗场表演区地底下隐藏着很多洞口和管道，这里可以储存道具和牲畜，以及角斗士，表演开始时再将他们吊起到地面上。公元248年在角斗场就曾这样将水引入表演区，形成一个湖，表演海战的场面，来庆祝罗马建成1000年。

角斗场内部看台由三层混凝土制的筒形拱券构成，每层80个拱，形成三圈不同高度的环形券廊（即拱券支撑起来的走廊），最上层则是50米高的实墙。看台逐层向后退，形成阶梯式坡度。每层的80个拱形成了80个开口，最上面两层则有80个窗洞，观众们入场时就按照自己座位的编号，首先找到自己应从哪个底层拱门入场，然后再沿着楼梯找到自己所在的区域，最后找到自己的位子。整个角斗场最多可容纳5万人，却因入场设计周到而不会出现拥堵混乱，这种入场的设计即使是今天的大型体育场依然沿用。

立面各层用券柱式作装饰，总高48.5米。底层用塔斯干柱式，以上依次为二层爱奥尼柱式、三层科林斯柱式、四层科林斯柱式。券洞口立雕像。上层是实墙，装饰科林斯壁柱。最上面的檐口有垂孔洞，木杆通过孔洞立在插座上，木杆上端缚缆绳张挂篷顶。角斗场结构的主要承重部分和立面用灰白色的灰华石，其次用砖和较软的石头。拱顶和上层的承重墙用混凝土，骨料里添有浮石，前三区的观众席用白大理石做成，最后一区为木构，以减轻对外墙的推力。

罗马角斗场是古罗马时为取悦凯旋的将领士兵和赞美伟大的古罗马帝国而建造的，其建筑设计并不落后于现代的美学观点。在今天，每一个现代化的大型体育场都或多或少地烙上了一些古罗马角斗场的设计风格。

角斗场这种建筑形态起源于古希腊时期的剧场，当时的剧场都傍山而建，呈半圆形，观众席就在山坡上层层升起。但是到了古罗马时期，人们开始利用拱券结构将观众席架起来，并将两个半圆形的剧场对接起来，因此形成了所谓的圆形剧场，并且不再需要靠山而建了。公元前 1 世纪，罗马城至少有 3 个椭圆形角斗场，而罗马大角斗场就是罗马帝国内规模最大的一个椭圆形角斗场。

罗马角斗场以庞大、雄伟、壮观、独特的造型闻名于世，在建筑史上堪称典范和奇迹。现在，罗马角斗场虽只剩下大半个骨架，但其雄伟之气魄、磅礴之气势犹存。角斗场壮丽的形象给每个人以强烈的印象，在一本中世纪基督教的《颂书》里记载了一位朝圣者的话："只要大角斗场屹立着，罗马就屹立着；大角斗场颓圮了，罗马就颓圮了；一旦罗马颓圮了，世界就会颓圮。"

意大利罗马古斗兽场夜景

# 第三节 英国的著名建筑

## 圣保罗大教堂

圣保罗大教堂位于伦敦泰晤士河北岸纽盖特街与纽钱吉街交角处，介于伦敦塔与西敏寺之间。教堂以其壮观的圆形屋顶而闻名，是华丽的巴洛克风格建筑的代表。圣保罗大教堂是世界著名的宗教圣地，是伦敦的宗教中心，这座宏伟建筑设计完美，内部静谧安详，是建筑大师莱恩最优秀的作品。它模仿罗马的圣彼得大教堂进行设计，是英国古典主义建筑的代表。作为世界第二大圆顶教堂，英国第一大教堂，该教堂还位列世界五大教堂之一。雄伟的圣保罗大教堂屹立于英国首都伦敦，它是大不列颠民族精神的会聚点。人们经常在这里举行盛大的庆祝、哀悼和纪念活动来缅怀伟人和纪念重大的历史事件。1981 年，戴安娜与查尔斯的婚礼大典就在此举行。

伦敦圣保罗大教堂

伦敦圣保罗大教堂夜景

伦敦圣保罗大教堂内部穹顶

伦敦圣保罗大教堂局部内景

圣保罗大教堂初建时，它的周围是一片广阔的田野，为此被人们称作“城外的圣保罗”。四世纪，君士坦丁大帝在传教者圣保罗为主殉道的墓上筑起了这座教堂。墓地附近有三个缄口苦修会修道院。传说圣保罗被异教徒斩首之后，头颅落地时反弹着跳了三下，顿时地面上涌出了三股清泉，修道院就是筑在泉眼边上的。圣保罗大教堂以壮观的圆形屋顶和别具一格的建筑特色闻名于世。这里一直是伦敦主教堂所在地。

圣保罗大教堂被誉为古典主义建筑的纪念碑，由英国建筑师 C·雷恩设计。教堂的建筑别具一格，既继承了传统的教堂建筑艺术，又突破了普通教堂的设计。教堂主体建筑是两座长 150 米、宽 39 米的两层十字形大楼。十字楼的中间，烘托着一座高达 111.4 米的穹窿圆顶建筑。圆顶底下高出十字楼的部分是一个两层圆楼。底层四周的走廊外面，建有一圈圆形的石柱。顶层则有一圈石栏围拢的阳台，人们可以站在这里欣赏伦敦的市景。穹窿顶盖的上端，安放着一个镀金的大十字架。教堂正门面西，门前有一道由六对高大的圆形石柱组成的走廊。正门上部的人字墙上，雕刻着圣保罗到大马士革传教的图画。人字墙顶上，立着圣保罗的石雕像。教堂正面建筑的两端，有一对互相对称的钟楼。西北角的钟楼里，挂着一组和谐音调的教堂用钟；西南角的钟楼里，吊着一具重达 17 吨的大铜钟。教堂的正门前面有 22 级台阶，台阶下面的小广场上有一座女王安妮的石雕像。

教堂的里面是用方形石柱支撑起来的拱形大厅，里面放着一排排的长条木椅，正面是牧师传教的讲坛，伦敦教区的主教就在这里讲经。大厅的墙壁和天花板有各种精美的雕刻和豪华的装饰。大厅周围，有许多厅室，是陈列教堂文物和教士们办公的地方。窗户以彩色玻璃镶嵌，四壁挂着耶稣、圣母和信徒的巨幅油画，天花板上有各种精美雕刻，大厅具有浓厚的宗教色彩和艺术感染力。唱诗班席位的镂刻木工、圣殿大门和教长住处螺旋形楼梯上的精湛铁工，都反映了当年高度的艺术水平和装饰技术水平。同其他有名的教堂一样，这里也有一些王公贵族的坟墓和纪念碑。英国历史上著名的海军上将纳尔逊（1758—1805 年）和英国首相惠灵顿将军（1769—1852 年）的墓室就在这里。这两位将军都是 19 世纪初期同拿破仑作战的英雄。大教堂内还有两座存放着中世纪武士勋章、圣迈克尔和圣乔治骑士团勋章和大英帝国勋章的小教堂，另有一座为纪念第二次世界大战中在英国牺牲的美国人的纪念堂。圣保罗大教堂是英国人民的精神支柱，被视为火焰中飞舞的凤凰再度升起的地方。

## 威斯敏斯特大教堂

威斯敏斯特大教堂又译为西敏寺，通称威斯敏斯特修道院，正式名称为圣彼得联合教堂。该教堂坐落在英国伦敦议会广场西南侧，后来此地也因教堂而被命名为威斯敏斯特市，现在是组成伦敦市中心的两个市级区之一。威斯敏斯特教堂周围不远处有青翠的圣詹姆斯公园和金碧辉煌的白金汉宫。

教堂毗邻气势宏伟的议会大厦和高耸蓝天的大本钟楼，钟楼里 14 吨重的洪钟发出深

威斯敏斯特大教堂

沉的鸣响，通过电视和收音机传遍世界。泰晤士河缓缓流过威斯敏斯特，护养着大教堂里4 000位长眠于地下的先贤的灵魂。作为世界上最巍峨壮丽的教堂之一，威斯敏斯特大教堂外观恢宏凝重，装潢优美精致，整座建筑金碧辉煌而又静谧肃穆，被认为是英国哥特式建筑中的杰作。它见证了泰晤士河的千年沧桑，引发人们对千古风流人物的无限感慨，触发着游人的思古幽情。它不仅是英国最出色的哥特式建筑，还是一座难得的历史博物馆。每天，世界各地的信徒和游客前来参观大教堂；周末和节假日，门外等候参观的游客排成长队。人们络绎不绝地来到这里，瞻仰先人的遗像，观赏宏伟的皇家教堂，感受英国灿烂的历史与文化。

威斯敏斯特大教堂既是英国国教的礼拜堂，又是历代国王举行加冕典礼、王室成员举行婚礼的大礼堂，还是一个国葬陵墓，因此在英国享有至高无上的地位。1066年以来几乎所有的国王加冕、王室婚礼，及一切重大仪式都在这里举行，有“荣誉的塔尖”之称。在

16至18世纪，威斯敏斯特是与牛津、剑桥齐名的学术中心，英文版的《圣经》就是在这里翻译完成的。教堂墓地中埋葬着英国历代国王和历史上各个领域中最杰出的伟人。1987年，联合国教科文组织将其作为文化遗产，列入《世界遗产名录》。1997年8月31日，年仅36岁的英国王妃黛安娜在巴黎遇车祸身亡，其灵柩就放在这里供人瞻仰、凭吊。

威斯敏斯特大教堂正门上方的浮雕

威斯敏斯特大教堂是一座典型的哥特式建筑，廊柱高大凝重，雕刻精致优美，彩色玻璃华美绚丽，高耸的尖顶、钟楼显得巍峨挺拔，被认为是英国哥特式建筑中的杰作。但经过13至16世纪历代国王的不断改建、扩建，实际上已经成了各种建筑风格的大杂烩。在19世纪的最后一次修整中，设计师大胆拆除了一些非哥特式的构件和艺术作品，使得教堂部分恢复了哥特风格的原貌。

威斯敏斯特大教堂浮雕

教堂外观是依拉丁风格建造的十字形，正门向西是由两座全石结构的方形塔楼组成，这是圣保罗教堂的设计者雷恩的学生在18世纪

威斯敏斯特大教堂内景（局部）

威斯敏斯特大教堂（局部）

威斯敏斯特大教堂外墙被绿色植物所覆盖

设计的，双塔耸立，非常壮观。教堂主体部分长达156米，宽22米。本堂两边各有一道侧廊，上面设有宽敞的廊台。本堂宽11.6米，上部拱顶高达31米，是英国最高的哥特式拱顶，这样的结构显得本堂狭高颀长，巍峨挺拔。耳堂总长为62米，与本堂交会处有4个尺寸很大的柱墩，用以承托上部穹顶。穹顶以西是唱诗班的席位，以东是祭坛。教堂四周高处的窗户都是用五颜六色的彩色玻璃装饰而成，它们使以灰色为主调的教堂在庄严中增加了几分典雅和华丽的情调。教堂最上端林立着由彩色玻璃嵌饰的尖顶，巍峨地冲向天际，如雕似刻，精巧绝伦。游人抬头仰望会有一种天堂般高远莫测的玄妙和神秘感。

威斯敏斯特大教堂全系石造，主要由教堂及修道院两大部分组成。有圣殿、翼廊、钟楼等。进入教堂的拱门圆顶，走过庄严却有些灰暗的通道，眼前豁然一亮，进入到豪华绚丽的内厅。教堂内宽阔高远构造复杂的穹顶被装点得美轮美奂，由穹顶挂下来的大吊灯华丽璀璨，流光溢彩。地上铺的是华贵富丽的红毯，一直通向铺着鲜艳的红色丝绒、装饰得金碧辉煌的祭坛，这就是举行王室加冕礼和皇家婚礼的正地。祭坛后是一座高达3层的豪华坟墓——爱德华之墓。祭坛前面有一座尖青靠椅，这是历代帝王在加冕时坐的宝座，据说是件有 700 多年历史的、一直使用至今的古董。宝座下面摆放着一块来自苏格兰的被称作“斯库恩”的圣石，宝座和圣石都是英国的镇国之宝。

威斯敏斯特大教堂内还有大量馆藏，加冕用品以及勋章等庆典用品都收藏于此。还有英国宫廷收集的关于历史、艺术、科学等各个方面的资料。人们在赞叹威斯敏斯特大教堂建筑艺术的同时，还可以从中了解到英国的历史。

## 威斯敏斯特宫

威斯敏斯特宫又称国会大厦，是忏悔者爱德华的王宫，坐落在泰晤士河西岸，位于英国伦敦的中心——威斯敏斯特市，是英国国会（包括上议院和下议院）的所在地。

威斯敏斯特宫始建于 750 年（都铎时代），是世界上最大的哥特式建筑。它原为英国的王宫，11 至 16 世纪，英国历代国王都居住在这里，其地段现今已大部分被国会大厦所占据，然而习惯上仍称之为威斯敏斯特宫。威斯敏斯特宫曾于 1834 年、1941 年两次发生大火，原有建筑大半被烧毁，重建后成为世界各国议会建筑的典范。作为哥特复兴式建筑的代表作之一，威斯敏斯特宫 1987 年被列入《世界文化及自然遗产保护名录》。

威斯敏斯特宫

威斯敏斯特宫占地约32公顷，东临泰晤士河，沿泰晤士河南北向伸展，正门向西。主体建筑是前后3排长达287米的宫廷大楼，两端和中间由7座横楼相连，从而构成一个整体。宫殿的西南角和东北角各有一个高塔，西南角的维多利亚塔长宽各22.9米，高102米，全石结构，内部共分11层，因为不怕火烧，所以被用来存放议会的重要文件档案。东北角的方塔是一座96米高的钟楼，这就是建于1856年的大本钟。钟楼上部的圆形大钟重达13吨半，直径为7米，时针和分针的长度分别是2.75米和4.27米，钟摆重305公斤。此钟每走1小时，即发出铿锵的报时声，余音袅袅。由于这只大钟的监制人为本杰明·荷尔爵士，所以钟楼被命名为大本。英国电台、电视台每天播放的新闻节目，都是以大本钟的报时声为前奏。每当议会开会的时候，白天在维多利亚塔上升起英国国旗，夜晚则用灯光照射大本钟。

威斯敏斯特宫共有14个大厅，整个建筑包括约1 100个独立房间、100座楼梯和4.8千米长的走廊。宫殿正中是八角形的中厅，由此形成南北和东西两条轴线。在中厅之上矗立有一座91米高的采光塔，构成了整个宫殿的垂直中心。

宫内的图书馆、会议厅、餐厅、办公用房等服务设施和政府有关管理机构围绕着一系列庭院布置。在威斯敏斯特宫里，首相和内阁大臣都有自己的一套办公室和会客厅。一座圆形的中央大厅将上、下议院分开：南面一半是上议院，北面一半是下议院。在两院大厅和走廊里，有许多以历史和神话故事为题材的大幅壁画和石雕像。两院的议事厅是这座议会大厦里最重要的地方。上院的议事厅长27.5米、宽14米，红色装潢，陈设讲究。正面坛台上有英王宝座。坛台前面是议长座位，两边各有4排红色长条皮椅，是议员的座位。下院的议事厅长23米、宽14米，装饰以绿色为基调。大厅中央设一长桌，议长席在长桌北面，两旁的议员座位是几排长条硬椅。二楼上还设有记者席和观众席。女王、上院议员和下院议员进入议会大厦时必须从不同的门进入。普通游客参观要走大厦正面的史蒂芬门。国际法上著名的《威斯敏斯特条约》就是在这里签署的。

威斯敏斯特宫最吸引人的是议会上院的内部装饰和举行议会庆典的房间。用于盛大场合的王宫走廊，国王穿正式礼服出席盛典的房间，以及议员们交换意见和做出部分决定的等候厅都装修得精美别致。国王的宝座铺有红色天鹅绒，并饰以金丝和钻石，放置在议会上院的最高处镶嵌有哥特式华盖的地方。议会上院天花板完全被出现在徽章中的鸟、动物、花草等形象的浮雕像所覆盖。墙体装有木制墙裙浮雕，墙裙上还有6幅水彩壁画。18位迫使国王签署《英国自由大宪章》的勋爵们的青铜雕像则摆在窗间的像龛内，仿佛是在监视着国王宝座顶的华盖，监视着一排排的裹着鲜红的皮革座椅，监视着上议院议长兼大法官的羊毛口袋。紧挨着议会上院有一间门厅，其内部装修得如此华丽，如同上议院一样。从这里有北门通向走廊，走廊的尽头是一间八角形的中央大厅。在大厅的像龛内摆放着英国历代国王的雕像。下议院没有上议院华丽，这是一间不太大的用黑色橡木作梁建成的房间，而其中则是成排的平行排列的墨绿色长凳，中间留有不大的过道。在开会期间，议会下院议员甚至可以戴帽子，但却要求议长穿着正式：穿着古式的黑衣、袜子和矮腰皮鞋，头上按照旧的传统必须戴假发。议长的座席布局也同古代传统相关联。他的座椅摆在门口并围在一圈铁栅栏当中，以前设置这个铁栅栏是为了保护下院议长免受别有用心的人的攻击。现在铁栅栏的保护功能已经失去了昔日的作用，但新宫殿的建设者们仍被要求保留这一传统格局。在下院议长椅子前面放着一个很大桌子，上面放着象征议长权力的圆槌，在桌子后面坐着三个穿法官袍戴假发的书记员。

威斯敏斯特宫夜景

在英国议会下院西边，有几级楼梯向下通到入口处的大厅，在右边是通往威斯敏斯特大厅的入口。威斯敏斯特宫的威斯敏斯特大厅是货真价实的古迹，是现在唯一保留下来的1097年的建筑物。该大厅长60余米，高27.5米，以橡木为梁，原为征服者威廉一世的一个王子所建。现存建筑已有500多年的历史。

威斯敏斯特大厅是一个非常宽敞的大厅，它的建筑规模为88米×21米×28米。它的天花板竟然没有用一根柱子作为支撑，这在类似的建筑中是绝无仅有的。大厅的天花板于1820年被修复，为此特意使用旧式战舰从森林中运来原木作为木料。在威斯敏斯特厅内发生过许多重大历史事件，也许只有伦敦塔能够比它更多地见证了历史中的许多重大事件。英国第一届议会就是在这里举行的。在这里废黜了爱德华二世和理查二世，理查三世接见了自己的俘虏——苏格兰国王戴维二世和法国国王让。在这里对托马斯·莫尔爵士进行了死刑审判，查理二世国王在这里接受了审判。在威斯敏斯特大厅当时举行了乔治四世的加冕礼，骑士骑马与那些敢于质疑皇权的人进行决斗。

威斯敏斯特宫是英国浪漫主义建筑的代表作品，也是大型公共建筑中第一个哥特复兴杰作，是当时整个浪漫主义建筑兴盛时期的标志。整体造型和谐融合，充分体现了浪漫主义建筑风格的丰富情感。其平面沿泰晤士河南北向展开，入口位于西侧。特别是它沿泰晤士河的立面，平稳中有变化，协调中有对比，形成了统一而又丰富的形象，是维多利亚哥特式的典型表现，流露出浪漫主义建筑的复杂心理和丰富的情感。其内部一方面以帕金设计的装饰和陈设而闻名，另一方面也以珍藏有大量的壁画、绘画、雕塑等艺术品而著称，被人们誉为“幕后艺术博物馆”。从威斯敏斯特桥或泰晤士河对岸观赏，其鬼斧神工之势使人赞叹不已。

## 布莱尼姆宫

布莱尼姆宫位于伍德斯托克，这是牛津郡境内的一座宁静的绿色乡村。布莱尼姆宫是英国唯一一座既非王室所有，也非宗教建筑，却拥有“宫”的称呼的乡村宅邸。这座乡间宅邸建于1705～1722年之间，属于马尔波罗公爵所有，是英国规模最大的巴洛克建筑。

布莱尼姆宫

布莱尼姆宫湖泊秋景

由于这座宫殿的拥有者姓丘吉尔，所以这里也叫丘吉尔庄园。尤其是当人们知道英国著名的铁血首相——温斯顿·丘吉尔就是在这里出生以后，这座宫殿本身的光环上，又增添了更加耀目的一层。1987 年，布莱尼姆宫被列入世界文化遗产名录。

布莱尼姆宫这个名字起源于 1704 年 8 月 13 日在巴伐利亚进行的一场具有决定性的战

争。在多瑙河北岸附近一个叫作布莱尼姆的小村庄，马尔波罗第一任公爵约翰·丘吉尔战败路易斯十四的军队。为了表彰马尔波罗的功绩，安妮女王为其修建了“布莱尼姆宫”。

布莱尼姆宫建在格里姆河边，园林设计师通过建造堤坝蓄起了两个形状狭长的湖泊。两湖相接处，一座小桥笔直地通向宅邸的中庭，桥的另外一端连接着河对岸的牧场。中庭、主路、小桥和对岸的草坪上以绿植勾勒出的线条形成一条直线，将周围广阔的田园、园林和庭院融为一体。随意装点的橡树林、湖泊、玫瑰园、小瀑布体现出英国式园林讲究自然的乡野风格，大草坪上的雕塑、喷泉和修剪整齐的植物又具有法国巴洛克式园林布局严谨、偏爱几何图形的特点。

布莱尼姆宫主体建筑由两层主楼和两翼的庭院组成。外观混合了克林斯式的柱廊、巴洛克式的塔楼，高高隆起的三角壁，形成错落有致的正立面线条。进入大厅，周围分布着沙龙、接待室、图书室、客厅等，都环绕着小型庭院，通过游廊与中厅相连。室内陈设着家族油画、壁毯及各种装饰摆件，每一件都出自名家之手。

布莱尼姆宫喷泉

# 伦 敦 塔

伦敦塔坐落于伦敦市金融区的东部边缘，紧靠泰晤士河与塔桥。伦敦塔始建于1078年，它在历史上曾作为堡垒、军械库、国库、铸币厂、宫殿、刑场、公共档案办公室、天文台、避难所和监狱使用，做监狱使用时，一般都是特别关押上层阶级的囚犯。伦敦塔占地7.2公顷，周围用巨石筑成一道厚实的城墙。城墙上有许多炮台、箭楼，四周是一条又宽又深的护城河。从1107年，诺曼征服伦敦后，伦敦塔成了国王行辕总署和兵营。后来，该塔一直是英国历代国王的主要住处。英国暴君詹姆斯一世在塔内被处死之后，伦敦塔就成了监禁犯人的牢狱和刑场。英国历史上不少王公贵族和政界名人都曾被关押在这里。伊丽莎白一世在她姐姐玛丽一世统治时曾在此入狱一段时间；伦敦塔最后一次作为监狱使用是在第二次世界大战期间，关押鲁道夫·赫斯。在伦敦塔与泰晤士河之间是塔埠，游人可以在这里的人行道上欣赏河，桥和塔的景色，还可欣赏河对岸的贝尔法斯特号战舰和伦敦市政厅。

伦敦塔是不列颠群岛最受欢迎的历史景点，每年接待250万参观者。其中最有吸引力的是珍宝馆，有全套的御用珍宝展出。珠宝陈列在一系列展室的明亮的玻璃柜中，参观者则在自动通道上缓缓通过。设于玻璃柜上方的巨大的屏幕显示出这些珠宝的历史全景，以及它们在加冕典礼中的作用。展现在参观者面前的有王室权杖、号角和御剑；大主教赠送

伦敦塔

给君主的饰有珠宝的佩剑；王室宝器中最古老的物品，君主用来涂圣油的中世纪金质圣油瓶和油匙；加冕长袍；王冠、节杖和顶上有十字架的圆球，其中有爱德华为查理二世制作的金王冠，在授权仪式上仍然使用；覆满贵重宝石的专为维多利亚女王制作的御室王冠，在召开议会等场合佩戴。王冠下层的十字架上还有黑王子的大红宝石，以及斯图亚特王室的蓝宝石，顶端的十字架上则闪耀着据说来自忏悔者爱德华本人戒指上的蓝宝石。在王室的节杖上，世界上最大的钻石“非洲之星”在闪闪发光。1988年伦敦塔被列为世界文化遗产。

伦敦塔是威廉一世为镇压当地人和保卫伦敦城，于1087年开始历时二十年兴建完成的，堪称英国中世纪的经典城堡。13世纪时，后人在其外围增建了十三座塔楼，形成一圈环拱的卫城，使伦敦塔既是一座坚固的兵营城堡，又是富丽堂皇的宫殿，里面还有天文台、监狱、教堂、刑场、动物园、小码头等小建筑。

伦敦塔是一组塔群，其最重要、最古老的建筑是位于要塞中心的诺曼底塔楼，它是整个建筑群的主体，因其是用乳白色的石块建成，史称白塔。白塔系主人居住与守备部队进驻之所，最为坚固，在某种程度上象征着征服者威廉日益巩固和扩大的权力。楼高32.6米，共分三层，墙体厚度不一，从3～4米到4～6米，双层墙壁，窗户口很小，门窗之间用白石相隔，其顶部呈雉堞状，塔楼四角耸出四座高塔，三方一圆，在角隅设有螺旋楼梯，通达顶层。

白塔的四周有内外四层的多座防御性建筑，作为内层防御性的是13个塔，以威克菲塔，白塔和比彻姆塔最为有名。作为外层防御的有中塔，井塔等6个塔和2个棱堡，在最外层的四周还设有护城壕作为监狱，这里关押过英国历史上不少王公贵族和政界名人，第二次世界大战期间，希特勒的副手鲁道夫赫斯也曾通过护城壕圣托马塔下的叛徒门进入伦敦塔而被监禁于此。白塔内的圣约翰教堂是现存教堂中最为古老的一座，整个教堂按典型诺曼底式结构修筑，显得宏伟肃穆。

伦敦塔本来是为控制整个伦敦城而建，因为经过两代君主的扩建和整修所以也反映着英国不同时代的不同风格，伦敦塔是英国各个时代智慧的结晶，这里做过堡垒、王宫、监狱、皇家铸币厂和伦敦档案馆。现在它似乎完成了自己的历史使命，而作为一个王冠、王袍、兵器和盔甲的陈列馆。

伦敦塔在英国王宫中的意义非常重大，作为一个防卫森严的堡垒和宫殿，英国数代国王都在此居住，国王加冕前住伦敦塔便成了一种惯例。伦敦塔还是一座著名的监狱，英国历史上不少王公贵族和政界名人都曾被关押在这里。此外，古老的伦敦塔在历史上还充任过造币馆、观象台、动物园等。后来这里成为宫廷阴谋和王室斗争的地方。英王爱德华四世的两个幼子，爱德华之前的国王及堂兄与弟弟，亨利八世的两个王后，先后被囚禁在这里并被处死。在很长一段时间里，伦敦塔成为令人毛骨悚然的“死狱”。现在，伦敦塔内早已不再有不见天日的囚犯，只有从 13 世纪开始住在这里的渡鸦还没有搬走。传说如果渡鸦离开这里，塔就会倒掉，王朝就会垮台。因此，这些渡鸦就成为最受娇宠的常住客人了。伦敦塔上刻满了充满血腥的历史遗痕，其中的日尔塔，是伊丽莎白一世和托马斯莫尔曾被幽禁之地；还有反叛者之门，囚犯们被船送到此地后便要向自由世界告别了；至于格林塔，则保留着琼女士和安伯琳的受刑现场；而幼主爱德华五世及胞弟惨遭暗杀的血塔自然也不能错过。此外，珍宝馆中藏有一块世上最大的钻石“非洲之星”，530 克拉的重量足以让任何人望眼欲穿。较为有趣的还有刻在博奇安普塔内壁上的字迹，它们大都拜临死的囚犯们所赐，人之将死，其言也善，这句话用在这座充满幽怨与沉郁的伦敦塔上一点也不为过。跟伦敦塔有关的故事很多，比如血腥玛丽、保佑英国平安的渡鸦等。伦敦塔的历史已近千年，它的作用却不断地在变化：城堡、王宫、宝库、火药库、铸币厂、监狱、动物园直到现在伦敦观光区。

## 大 本 钟

大本钟坐落在英国伦敦泰晤士河畔，是世界上最大的哥特式钟塔建筑。大本钟即威斯敏斯特宫钟塔，英国国会会议厅附属钟楼的大报时钟，是伦敦著名的古钟，钟楼的图像亦曾被用作伦敦电影的标志。

该钟建于 1859 年，安装在西敏寺桥北议会大厦东侧高 97.5 米的钟楼上。钟楼四面的圆形钟盘直径为 6.7 米，是伦敦的传统地标。每当议会召开会议的时候，大钟上方的灯就会点亮。根据英国传统，大钟暂停报时是向已故首相最恰当的致敬。在 1965 年温斯顿 · 丘

英国伦敦大本钟近景

吉尔的葬礼上，大钟就曾暂停报时，以传达对首相的默哀。每年的夏季与冬季转换时也会把钟停止，进行零件的修补、交换，钟的调音等。

作为伦敦市的标志以及英国的象征，大本钟巨大而华丽。大本钟从1859年就为伦敦城报时，根据格林尼治时间每隔一小时敲响一次，至今将近一个半世纪，报时声深沉浑厚，方圆数千米之外都能听到其钟声的回响。大本钟装有麦克风，与英国广播公司相连，因此每当大钟报时，人们都能从BBC的广播中听到其铿锵有力的声音。尽管这期间大本钟曾两度裂开而重铸，但现在大本钟的钟声仍然清晰、动听。为庆祝伦敦奥运揭幕，大本钟在3分钟内连响40下，这是大本钟继1952年2月15日以来首次打破常规鸣钟计划，也是英国“大规模鸣钟”活动的一部分。

大本钟由当时的工务大臣本杰明·霍尔爵士监制，为了纪念他的功绩，取名为大本钟，本是本杰明的昵称。

2012年6月26日，为纪念英国女王登基60周年，英国宣布将把伦敦著名地标“大本钟”的钟楼改名为“伊丽莎白塔”，包括英首相卡梅伦在内的331名议员签名同意这一决定。

大本钟有些笨重，每个钟面的底座上刻着拉丁文的题词：“上帝啊，请保佑我们的女王维多利亚一世的安全。”钟盘的直径为7米，有四个钟面，时针和分针的长度分别为2.75米和4.27米，钟摆重305公斤，大钟总重量为13.5吨，是英国最大的钟。

大本钟的心脏是内部的钟室。钟室很小，粉刷得如同诊疗室一般洁净。钟室内是一座复杂的装置，包括齿轮、杠杆和滑轮。它几乎从未停止过运转。大本钟以格林尼治的天文台的计时仪器来校准时间。据说其准确性是这样来保持的：围绕着钟摆的一个环上放着三小堆铜币；整个装置的平衡非常精密，只要取走一枚铜币，大钟就会在两天之内慢一秒钟。

大本钟已经准确运转了一百多年，甚至在“二战”期间，伦敦经历了一千多次空袭，大本钟依然屹立着，传送着沉稳悠远的钟声。

大本钟可用来说明光速和音速的分别。如果一个人到了伦敦并站在钟楼下，他会听到大本钟的钟声比那钟被敲响时的时间慢约是六分之一秒（假定钟在高 55 米之处）。可是如果把一个扩音器放在钟附近并用无线电把钟声传至很远的地方（像纽约市或香港），那地方会比那站在钟楼下的人更早听到钟声。事实上，如果接收者把那钟声发回给在地面的观察者，无线电传送那钟声会比那观察者听到真正钟声时更快。（例如：纽约市距伦敦 5,562 千米，而无线电会在 0.018552 秒内把钟声传至纽约市；来回共需 0.037105 秒，但原来的钟声却需 0.1616 秒才能达到地面）。

英国电台、电视台每天播放的新闻节目，都是以伊丽莎白塔的报时声为前奏。每当议会开会的时候，白天在维多利亚塔上升起英国国旗，夜晚则用灯光照射大本钟。

在英国，大本钟是人们庆祝新年的重点地方，收音机和电视都会播出它的钟声来迎接新一年的开始。同样地，在阵亡将士纪念日，大本钟钟声的传出表示这一年的第 11 个月的第 11 天的第 11 个小时及 2 分钟的默哀开始。

大本钟被视为伦敦的象征，凡到伦敦观光的人，无不想站在议会桥上欣赏伦敦这个独具一格的建筑。

被雾气笼罩的威斯敏斯特宫和大本钟

# 伦 敦 眼

伦敦眼又称千禧之轮，是世界上首座、也曾经是世界最大的观景摩天轮，仅次于南昌之星与新加坡观景轮。伦敦眼于 1999 年年底开幕，总高度 135 米，竖立于伦敦泰晤士河南畔的兰贝斯区，面向坐拥国会大楼与大本钟的西敏市。这个千禧摩天轮如磁铁一般吸引数百万来到伦敦的游客，使他们从大本钟跨越西敏桥来到南岸。现在，伦敦眼已成为各大伦敦旅游榜单上的常客，是伦敦城内著名的标志性景观。

伦敦眼本是英国为迎接千禧年的来临而兴建的暂时性建筑，原定五年后拆卸。不过由于其极受英国人及游客欢迎，当地市议会于是决定长期保留伦敦眼。

伦敦眼的设计理念其实很简单：“因为这是为迎接新千年的活动设计的，它应当能代表千年交替，能带人们到没有去过的地方，因为人们都喜欢看地球在自己脚下的样子，不论是从山上看，还是从高楼上看，看地球像织锦一样在脚下展开实在是一种乐趣。”曾有人建议赋予摩天轮一些象征性意义，如“生命的轮转”、座舱“象征着光阴本身的每分每秒”等。

伦敦眼由平台处的两座马达带动旋转，舱内装有太阳能电池，提供通风、照明和通讯系统的电力。伦敦眼的乘坐舱全部设有空调并不能打开窗，回转速度约为每秒 0.26 米，即一圈需时 30 分钟。缓慢的旋转速度，让摩天轮不停驶也能让乘客自由上下乘坐舱，不过老人、伤残人士等如有需要也可作暂时停止旋转。这座千禧年之轮有 60 个 20 人座的封闭座舱，带着乘客“飞”在这个首都中心的上空，俯瞰泰晤士河畔的壮美景色。舱内还有伦敦 55 处著名景观的解说，30 分

伦敦眼

钟的过程中把视野内的主要地标介绍给乘客，并在旋转到相应角度时播放。如果选择黄昏时分去乘坐，可以欣赏到美丽的泰晤士夕阳。伦敦眼在夜间则幻化成了一个巨大的蓝色光环，把泰晤士河映衬得更加美妙，大大增添了泰晤士河的梦幻气质。

伦敦眼夜景

伦敦眼被誉为数学上的奇迹，据工程师透露，建造这座摩天轮所需的电脑计算能力，超过世界上最大、最复杂的建筑。伦敦眼重 1 600 吨，横躺在浮于河面的一个平台上。设计经理汤姆森说："任何这么庞大的东西都会受到风力与温度的影响，更何况它还要旋转，使得金属疲劳的问题也要列入考量。当这些因素随着摩天轮的长度宽度而持续改变时，就产生了你无法想象的史上最复杂的建筑问题。"负责建造的工程师介绍，在设计建造伦敦眼时，他们比原先估计多做了几百万次的计算，以确保其安全性。然而，这些问题与设计及建造上的成就相比，显得微不足道。令人难以想象的是，这样一个史上最大技术最艰难的摩天轮，竟然在 16 个月内就完成了设计与兴建工作。

## 白金汉宫

白金汉宫是英国威斯敏斯特城内的王宫，位于伦敦詹姆士公园西边的圣詹姆士宫与维多利亚火车站之间，1703 年为白金汉公爵所建而得名，最早称白金汉屋。1761 年转卖给英国王室后，几经修缮，逐渐成为英国王宫。从 1837 年起，英国历代国王都居住在这里，维多利亚女王是居住在这里的第一位君主。宫内有典礼厅、音乐厅、宴会厅、画廊等六百余间厅室，宫外有占地辽阔的御花园，花团锦簇。女王的重要国事活动都在该地举行，如召见首相和大臣、接待和宴请来访的外国国家元首或政府首脑、接受外国使节递交国书等，

白金汉宫正面外景

来英进行国事访问的国家元首也在宫内下榻，王宫由身着礼服的皇家卫队守卫。白金汉宫的主体建筑为五层，附属建筑包括皇家画廊、皇家马厩和花园。皇家画廊和皇家马厩均对公众开放参观。每年夏天，英国王室在花园内举行盛大的皇家招待会。白金汉宫的广场中央耸立着维多利亚女王镀金雕像纪念碑，顶上站立着展翅欲飞的胜利女神。皇家卫队每天上午都在广场操练。纪念碑的下方有阶梯，这里是欣赏白金汉宫的好位置。如果皇宫正上方飘扬着英国皇家旗帜时，这表示女王仍在宫中。若没有，就代表女王外出。白金汉宫是英国国家庆典和王室欢迎礼举行场地之一，也是一处重要的旅游景点。

白金汉宫和英国著名的国会大厦、伦敦塔桥、红色双层巴士一样，都是伦敦以至整个英国的标志。它不同于许多国家的著名历史建筑，并不是只供游人参观的博物馆，还是君主制的中心，是女王陛下作为英国国家元首和英联邦领袖办公和履行礼仪性职责的地方。历史上每逢英国欢庆或是危机时刻，这里也是一处不列颠人民重要的集会场所。

1703—1705 年，白金汉公爵在此建造了白金汉府邸，成了今天的主体建筑。1762 年，王室将其买下，又不断加以改装、增建，最终形成了这座色调不尽一致，式样五花八门的“补丁宫殿”。白金汉宫的建筑风格为新古典主义，主体建筑为五层，其中两层为服务人员使用的附属层，高度较低。所以立面可以视为纵、横三段式处理。白金汉宫建筑外立面装修材料为巴斯石灰岩。内部装修则以人造大理石及青金石为主。

白金汉宫是一座正方体灰色建筑物，悬挂着王室徽章的庄严的正门雍容华贵，外栅栏的金色装饰威严庄重，厚重铁门的浮雕营造出与宫殿十分和谐的氛围，这里是英皇权力的中心地。围墙里面，可以看到那些著名的近卫军士兵纹丝不动地伫立着。王宫西侧为宫内正房，其中最大的有皇室舞厅，建于1850年，专为维多利亚女王修建，厅内悬挂有巨型水晶吊灯。蓝色客厅被视为宫内最雅致的房间，摆有为拿破仑一世制作的“指挥桌”。拿氏失败后，法国路易十八将桌子赠送给当时英摄政王乔治四世。白色客厅是用白、金两色装饰而成，室内有精致的家具和豪华的地毯，大多是英、法工匠的艺术品。御座室内挂有水晶吊灯，四周墙壁顶端绘有15世纪玫瑰战争的情景。正中的御座是女王伊丽莎白二世1953年加冕时和王夫爱丁堡公爵使用的，室内还保存了英王乔治四世加冕时使用的四张大座椅。宫内音乐室的房顶呈圆形，用象牙和黄金装饰而成，维多利亚女王和王夫艾尔伯特亲王曾常在此举办音乐晚会。

林荫道

宫殿正面入口面向东北方，通过林荫路与特拉法尔加广场相连。正面广场围以铸铁栅栏，为皇家卫队换岗仪式的场所。广场中央竖立着维多利亚镀金雕像纪念碑，它的四周有四组石雕群。广场上还有由爱德华七世扩建完成的维多利业女王纪念堂，胜利女神金像站在高高的大理石台上，金光闪闪。维多利亚女王像上的金色天使，代表皇室希望能再创造维多利亚时代的光辉。

白金汉宫前的金色雕塑

王宫后面是占地广阔的御花园，为典型的英式风格园林，花园约占地 18 公顷，为英王乔治四世所设计。园内有湖泊、草地、小径，并有各种花草树木。伊丽莎白二世统治时期，每年夏天，都在园内举行花园招待会，邀请全国各界代表、知名人士及各国驻伦敦的外交官参加。

白金汉宫的附属建筑包括皇家画廊、皇家马厩和花园。皇家画廊和皇家马厩均对公众开放参观，其中皇家画廊内收藏有鲁本斯、伦勃朗、弗美尔、盖恩斯巴勒、卡拉内罗等人的绘画作品，卡诺瓦等人的雕塑作品。

## 温莎古堡

温莎古堡位于伦敦以西 32 公里的温莎镇，中世纪建筑，建于 1820 年，占地 7 公顷，城堡的地板面积约有 45 000 平方米。

温莎古堡是英国君主主要的行政官邸，英国女王伊丽莎白二世每年都会长时间在此居住，在这里进行国家或是私人的娱乐活动。温莎古堡是目前世界上最大的一座尚有人居住

温莎古堡

的古堡式建筑，收藏着英国王室数不清的珍宝，其中不乏达·芬奇、鲁斯本、伦勃朗等大师的作品，每一个房间都是一座小型的艺术展室也一点都不夸张。温莎古堡所有的建筑都用石头砌成，共有近千个房间，四周是绿色的草坪和茂密的森林。

整个温莎城堡可以分为上区、中区和下区。上区主要有13世纪的法庭、滑铁卢厅和圣乔治厅、女王交谊厅等房间。另外一旁是玛丽皇后的玩偶屋。其中滑铁卢厅又称宴会厅，初建于13世纪，因室内主要陈列参与滑铁卢战役，击败拿破仑而立下赫赫战功的英国将领们的肖像而得名。这座宴会厅还是英国王室举办重大活动的主要场所之一。当年著名的戏剧大师莎士比亚的名剧《温莎的风流娘儿们》就是在此厅首演的。

中区，在温莎古堡中央的高岗上，耸立着一座12世纪建造的圆塔，是古代的炮垒，现在城垣上还设有古炮。它最初是由木材建造，到了1170年亨利二世以石材重建。后经乔治四世在其上增建了巍峨的冠顶部分，使之成为古堡内的最高建筑。1660年以前，圆塔是关押王室政敌的监狱，现在则主要用来保存王室文献和摄影收藏。而每当女王来到温莎堡，这里便会升起英国皇室的旗帜。登上塔顶，可观温莎镇全景。

下区主要有圣乔治礼拜堂、爱伯特纪念礼拜堂等建筑。圣乔治礼拜堂是温莎城堡的建筑经典，豪华的哥特式建筑，以细致艳丽的彩绘玻璃著称，有 10 位英国王室埋葬于此。爱伯特纪念礼拜堂紧邻圣乔治礼拜堂，初建于 1240 年，为晚期垂直式样的哥特式礼拜堂，在 1863 年改建为爱伯特王子的纪念礼拜堂。

古堡内还有一个大圆桌，传说 5 世纪时亚瑟王与他的 12 个圆桌骑士曾在这里环坐开会。

伊丽莎白二世女王在她登基成为英国女王（1952 年）后，决定将温莎城堡作为她主要的休养所。城堡内的私人套房自从玛莉皇后时代以来就没有人居住，所以必须整修与进一步的现代化。直到今天，仍然继续进行着这些城堡的整修工作。

1992 年 10 月 20 日一场火灾从皇后的私人礼拜堂蔓延开来，最后火灾持续了 15 小时，烧毁了 9 间主要的国家外交大厅。温莎城堡 15% 的面积，约 9 000 平方米被烧毁。重建花费 5 年完成。重建相当成功，而且依照原本的方案与装饰，使人难以觉察到与发生火灾前的差异。一些房间完全被火焚毁，重新以现代风格来设计。这些新的房间包括了新的私人礼拜堂、新的灯笼大厅与圣乔治教堂的新天花板。圣乔治教堂的新天花板是由绿橡树所组成的，一种使用在中古时代的技术。1997 年 11 月 17 日，被大火严重烧毁的英国温莎城堡正式修复完毕，工程共耗资 3 650 万英镑。

温莎古堡部分

温莎古堡城墙垛口

温莎古堡的东北两面环绕着霍姆公园，向南就是这里另外一处著名的景点——温莎公园。这里是一个占地 5 000 多英亩的大公园，它曾经是王室的狩猎苑，花园内都是自然景观，少见人工建

温莎古堡风光

筑，处处是绿地和森林，河流和湖泊。一些小动物穿梭其间，十分惬意。园中有一条向南的林荫，连接着著名的阿斯科特赛马场，在这里每年都会举办皇家四天赛马会。

平时，温莎古堡全部对外开放。每当女王来到的时候，只有山顶上最大的那座宫殿留给她，而其余的地方仍然允许参观。

## 第四节 德国的著名建筑

### 亚琛大教堂

亚琛大教堂又名巴拉丁礼拜堂，位于德国最西部的历史古城亚琛市，邻近比利时、荷兰边境，是著名的朝圣地。亚琛大教堂是德国著名的教堂，教堂内现存加洛林王朝建筑艺术最重要的范例。该教堂的建筑极具宗教文化色彩，融合了拜占庭式和法兰克式的建筑风格之精髓。教堂为许多不同时期基督教建筑艺术组合而成，其最早及最中心的部分，为查理大帝的国王行宫，建筑物 31 米高，直径约为 32 米。此教堂在东罗马帝国时期为拜占庭及地中海地区之国王教堂写照。特别是意大利拉韦纳的圣维托教堂影响查理大帝甚多。

亚琛大教堂顶部

亚琛大教堂局部 1

亚琛大教堂局部 2

查理大帝在 800 年时建立了欧洲中心——第二个罗马帝国，并在这里建立他的皇宫，其中包括行宫教堂（玛丽亚教堂），也就是现在的亚琛大教堂的主要建筑物中心。当查理大帝在 814 年过世时，这个教堂变成了埋葬查里大帝的地方。这里所保存的文物，如四大圣坛，就是中世纪以来基督教朝圣的所在。大教堂的形态已经维持了一千两百年，皇帝、国王、朝圣者在这里留下了丰富的装潢及宝物。教堂内藏有查理大帝的硕大金胸像以及其他多种美术品，还有不少精美绝伦的青铜器、象牙器、金银工艺品和出自名家之手的宗教艺术品，这不仅让人想起查理大帝及其帝国的光荣历史。亚琛大教堂在历史上一直闪烁着耀眼的光芒，在 1978 年，该教堂被列入《世界文化及自然遗产保护名录》，世界教科文组织将其描述为“德国建筑和艺术历史的第一象征”，完整精确地概括了大教堂的重要价值。

亚琛大教堂正门上方人物浮雕

亚琛大教堂有着超过千年的建筑历史，它今天之所以有这样一个奇特的造型，是由于在不同的历史时期，人们对它不断地进行改建而形成的。大教堂保留了千年来的历史原貌，核心建筑是夏佩尔宫。夏佩尔宫是当时阿尔卑斯山北部最大的圆顶形建筑，是一座八角形的风格独特的建筑物，装饰华丽。它成功地融合了古典建筑艺术、拜占庭式建筑及哥特式建筑的艺术风格，在欧洲历史上占有极重要的地位。教堂整个内部结构以圆拱顶为主要特色，是中世纪拱顶建筑的最著名杰作。宫内陈列着神圣

亚琛大教堂外壁人物浮雕

罗马帝国皇帝腓特烈一世赠送的烛台，以及陈放在走廊里的当时查理曼大帝的大理石宝座。

此外，教堂内还藏有不少名家制作的宗教艺术品，它们都是价值连城的艺术珍品。其中 8 世纪福音书手抄本上的画像《圣·路加》和 9 世纪一部手抄本上的《圣·马可写经图》等，这些画像反映出早期中世纪绘画在人物刻画上的幼稚状态，但也显示了独有的（与拜占庭不同的）民族、民间的特色。按照图案装饰需要而造型的人物，类似原始部落中的偶像，但用了很均齐的圆线求得高度的平衡和对称，不逊色于希腊古典的瓶画和敦煌壁画，创造出想象中的“人”（神）代表物而非生活中的人物，表达出基督教的“神圣激情”。

亚琛大教堂建成后就被人们视为奇迹，并加以膜拜。同时也表达了西方皇帝试图与东方罗马帝国的皇帝平起平坐、分庭抗礼的愿望。大教堂是一件艺术杰作，对古典主义之后形成并繁荣起来的新文化之发展起了决定性的作用。直到中世纪晚期，许多皇家建筑都采用了它的模式，在宫廷内建造教堂，成为宗教与政治合一的权力象征。

## 科隆大教堂

科隆大教堂又称圣彼得大教堂，全名是查格特·彼得·玛丽亚大教堂，是中世纪欧洲哥特式建筑的代表作。该教堂位于科隆市中心，莱茵河畔，是德国最大的教堂，也是世界最高的教堂之一，以轻盈、雅致著称于世。科隆大教堂始建于 1248 年左右，高 157.38 米，整个建筑全部由磨光的石块砌成，一直到 1880 年才建成。建造时间前后整整持续了 632 年，是欧洲建筑史上建造时间最漫长的建筑物之一。它与巴黎圣母院大教堂和罗马圣彼得大教堂并称为欧洲三大宗教建筑，具有早期基督教时代的朴素风格，是最完美的哥特式大教堂，也是当时德国人兴建的一座宏伟的纪念性建筑。后来成为德国宗教、民族和艺术统一的象征，也是科隆城的象征。1996 年，科隆大教堂被联合国教科文组织列入《世界文化及自然遗产保护名录》。

科隆大教堂占地 8 000 平方米，建筑面积约 6 000 平方米，东西长 145 米，南北宽 86 米，面积相当于一个足球场。它是以两座最高塔为主门、内部以十字形平面为主体的建筑群。一般教堂的长廊，多为东西向三进，与南北向的横廊交会于圣坛成十字架，而科隆大

科隆大教堂

科隆大教堂两座高塔直刺苍穹

科隆大教堂的彩窗

教堂为罕见的五进建筑，内部空间挑高又加宽，高塔将人的视线引向上方，直向苍穹，象征人与上帝沟通的渴望。自 1864 年科隆发行彩票筹集资金至 1880 年落成，它不断被加高加宽，而且建筑物全由磨光石块砌成，整个工程共用去 40 万吨石材。令人吃惊的是，教堂的每个构件都十分精确，至今专家们也没有找到当时的建筑计算公式。教堂中央是两座与门墙连砌在一起的双尖塔，南塔高 157.31 米，北塔高 157.38 米，是全欧洲第二高的尖塔。教堂外除两座高塔外，还有 1.1 万座小尖塔烘托。双尖塔像两把锋利的宝剑，直插云霄。

科隆大教堂内分为 5 个礼拜堂，中央大礼拜堂穹顶高 43 米，中厅部跨度为 15.5 米，是目前尚存的最高的中厅。各堂排有整齐的木制席位 5 700 个，圣职人员的座位有 104 个，全

科隆大教堂的浮雕1

科隆大教堂的浮雕2

科隆大教堂的穹顶

用极厚木板制成。具中世纪晚期风格的唱诗台是德国最大的，它的特别之处在于有两个分别预留给教皇和皇帝的座位。教堂四壁窗户总面积达1万多平方米，全装有描绘圣经人物的彩色玻璃，被称为法兰西火焰式，使教堂显得更为庄严。据说，画面只用四种颜色，是很有讲究：金色——代表人类共有一个天堂，寓意光明和永恒；红色——代表爱；蓝色——代表信仰；绿色——代表希望和未来。在阳光反射下，这些玻璃金光闪烁，绚丽多彩，是教堂的一道独特的风景。教堂内还有一座11世纪德国奥托王朝时期的木雕《十字架上的基督》，成为哥特艺术的先导，对后世的雕刻产生了重大的影响。

科隆大教堂里收藏着许多珍贵的艺术品和文物，其中包括成千上万张当时大教堂的设计图纸，这是研究中世纪建筑艺术和装饰艺术的宝贵资料。教堂里还有从东方去朝拜初生耶稣的“东方三圣王”的尸骨，被放在一个很大的金雕匣里，安放在圣坛上。这里还有最古的巨型圣经、比真人还大的耶稣受难十字架以及教堂内外无数的精美石雕。一些珍贵文物现保存在一个金神龛内，此金神龛被认为是中世纪金饰艺术代表作之一。在唱诗班回廊，还保存着十五世纪早期科隆画派画家斯蒂芬·洛赫纳1440年为教堂所做的壁画以及法衣、雕像、福音书等文物。

# 施派尔大教堂

施派尔大教堂即施派尔皇帝教堂，也称作恺撒－玛丽亚大教堂，位于德国莱茵河畔的城市施派尔。该教堂由德国皇帝康拉德二世斥资建造，建筑过程自1030—1061年，历时30多年。此教堂曾于1689年被毁，大厅部分于1758—1778年间修复，西侧建筑于1854—1858年间重建。教堂在平面、结构及建筑空间方面，对后来的莱茵河流域的教堂有深刻影响，它继承和发展了卡洛林和奥托的建筑风格，在罗马式建筑中具有重要地位。继法国的克鲁尼修道院损毁之后，施派尔大教堂是目前世界上存留最大的罗马式教堂建筑。这座教堂同时也是皇室的最终归属地。在教堂唱诗班席位的下面，是保存完好的未经改动的地宫，那里埋藏着八位德国皇帝和国王，四位王后及几位大主教。1981年，该教堂被联合国教科文组织列为世界文化遗产。

施派尔教堂在罗马式建筑中最宏伟并最具代表性，教堂长130米，中廊宽13.5米、长70米，屋顶高2.7米，是现存罗马式教堂中规模最大的。教堂的中廊和侧廊通过有壁柱的柱垛来划分，柱垛之间由拱券连接，柱垛每隔一跨，在截面上有所补强（壁柱加粗）。屋顶在始建时是木屋架，后改成十字拱结构（12世纪时），西立面中央和中廊与横厅的交叉处有采光用的塔，室内空间深远高峻。建筑的圣坛部位和塔的檐口下有拱廊，此种手法后来被莱茵河流域教堂普遍采用。

教堂在中殿使用圆形穹隆，这给人以一种全新的空间感受，这种在垂直高度上的运用已经有些类似哥特式。这种穹隆的建造要求很高的技术，因为它不再是传统的一整个平面，而是由很多小块组成。施派尔大教堂的外部由一种独特的罗马样式装饰，与当时著名的美因茨大教堂和沃尔姆斯大教堂完全不同。

教堂的室内壁画于1846年至1853年完成，在教堂正门前，矗立着容积为1 560升的主教圣杯，那曾经是城市与主教权力范围的界标。在教堂南侧的花园里，有一座被称为橄榄山的雕塑，它所在的位置曾经是教堂十字形基础的中心。

施派尔大教堂

# 无 忧 宫

无忧宫位于德国波茨坦市北郊，为普鲁士国王腓特烈二世模仿法国凡尔赛宫所建的霍亨索伦家族宫殿，宫名取自法文的“无忧”或“莫愁”。无忧宫是一座具有君主制特色的建筑，为权力和荣耀的象征，其组成部分包括圆拱、拱顶和圆穹。宫殿最常使用的建筑材料是砖、方形石块和混凝土，并对公共建筑做了雕刻装饰，还以一排排的柱廊组成建筑物的正面。从规模和结构来看，该建筑物的确有某种功利、炫耀的目的。

由于无忧宫的宫殿与公园结合了当时君主制背景下的建筑创意与地景设计，可视为普鲁士的凡尔赛宫，是18世纪欧洲艺术运动的合成品，是18世纪德国建筑艺术的精华，因此，1990年联合国教科文组织将无忧宫宫殿建筑与其宽广的公园列入《世界文化及自然遗产保护名录》。

无忧宫建于18世纪，供普鲁士王弗里德里希二世避暑之用。整个王宫及园林面积为90公顷，因建于一个沙丘上，故又称沙丘上的宫殿。宫殿正殿中部为半圆球形顶，两翼为长条锥脊建筑。殿正中为圆厅。瑰丽的首相厅，天花板上的装潢富有想象力，四壁镶金，光彩夺目。室内多用壁画和明镜装饰，辉煌璀璨。宫殿前有平行的弓形六级台阶，两侧和周围由翠绿丛林烘托。殿门前有喷泉正对着大殿门廊，此喷泉采用

波茨坦公园里的无忧宫

圆形花瓣石雕，四周有“火”“水”“土”“气”四个圆形花坛陪衬，花坛内塑有神像，尤以维纳斯像和水星神像造型精美，形象生动。无忧宫的中央部分往前突起，成圆弧状，屋檐上刻有SANS SOUCI字样。柱子突出外墙，上方有各种体态的女人雕像。每个雕像至少有一只手做出往上撑着屋檐的姿态，下半身则是波浪状的裙子，往下演变成破碎的样子而逐渐消失，有一种力、动态与幻想的美感。据说整个宫内有1 000多座以希腊神话人物为题材的石刻雕像。宫殿东侧还有珍藏着124幅名画的画廊，这些绘画多为文艺复兴时期意大利、荷兰画家的名作。画廊宽敞明亮，每逢佳节，这里都举办音乐会。花园内有一座六角凉亭，采用中国传统的碧绿筒瓦、金黄色柱、伞状盖顶、落地圆柱结构，被称为“中国茶亭”。这座虽不宏伟但金碧辉煌的亭楼建筑被称为“中国楼”，周围站立有各种亚洲形态的人物雕像，这些雕像都确确实实是镀金的，包括整个亭楼外壁都用镀金装饰。中国楼顶部有根据中国传说而想象制作的猴王雕像。亭内桌椅完全仿造东方

德国无忧宫局部

式样制造，亭前矗立着中国式香鼎。

最吸引人的还是中央宫殿下面那成阶梯形的葡萄园，20 节左右的阶梯从下面的花园往上向主宫延伸。宫门外 10 米处一个风车磨坊比这皇宫年纪还大。当时弗里德里希二世在修建皇宫时曾经要求磨坊主拆掉或迁开这个挡住皇宫大门的磨坊。但磨坊主认为皇帝的要求是无理的，上告到当时的法院，最后磨坊主胜诉，磨坊得以保留下来。

德国无忧宫建筑局部

## 第五节　欧洲其他国家的著名建筑

### 梵蒂冈的圣彼得大教堂

梵蒂冈实质上是坐落在意大利境内的“国中之国”，圣彼得大教堂就位于这个“国中之国”之内，而且是罗马基督教的中心教堂，也是全世界第一大圆顶教堂。教堂最初是由君士坦丁大帝在圣彼得墓地上修建的，于公元 326 年落成。

从罗马的圣天使古堡进入梵蒂冈圣彼得广场，首先映入眼帘的建筑就是位于广场西面的圣彼得大教堂。这是世界上最大的教堂，在教徒心中那就是上帝居住的房子。虽然现在的圣彼得大教堂是中世纪的产物，但事实上它的历史几乎是与基督教的发展史同步。圣彼得大教堂源于人们对彼得的纪念。彼得（俗名“西门”）是耶稣的大圣徒，他是第一个承认耶稣为基督（即“救世主”）的人，所以耶稣赐予他“彼得”（意为“磐石”）之名。耶稣遇难后，彼得作为众圣徒的首领开始创建基督教会。公元一世纪中叶，基督

梵蒂冈圣彼得大教堂

教由巴勒斯坦逐步传播到罗马时，引起了罗马统治者的极大恐慌，为了巩固政权，尼禄皇帝从公元 64 年开始镇压基督教的传教士，耶稣的大圣徒彼得作为教会的创始人，自然不能幸免，他被尼禄皇帝钉死于十字架上。死刑就是在现在的教堂所在地执行的，当时那里还是尼禄的跑马场，他的遗体就埋葬在那里。罗马天主教神学界把彼得确认为其教堂的第一任首领和罗马第一任大主教，把他的纪念日定为 6 月 29 日。在圣彼得大教堂内有圣彼得的铜制雕像，据传人们触摸他的右脚能得到神的保佑和好运，所以现在他的右脚已被磨损得明显小于左脚。

圣彼得大教堂门前左边树立着圣彼得高大的雕像，他神情自若、面带微笑，右手握着两把耶稣送给他的通向天堂的金钥匙，左手拿着一卷耶稣给他的圣旨。他头上的缕缕卷发、脸上的条条皱纹、下巴上的撮撮胡须和身上的层层长袍无一不被雕琢得细腻、逼真。如果把脸和头发涂上真实的颜色，一定会被当作真人。

作为欧洲天主教徒的朝圣地与梵蒂冈罗马教皇的教廷，圣彼得大教堂不愧为一座伟大的艺术殿堂，是人类历史上不朽的建筑艺术瑰宝。

圣彼得大教堂的建筑风格具有明显的文艺复兴时期提倡的古典主义形式，主要特征是罗马式的圆顶穹窿和希腊式的石柱及平的过梁相结合。圣彼得大教堂是一座长方形的教堂，整栋建筑呈现出一个希腊十字架的结构，造型非常传统而神圣，这里同时也是目前全世界最大的一座教堂。教堂内部金碧辉煌，光线幽暗，神秘莫测，用大理石砌筑而成，里面的所有画像都是用不同颜色大理石拼接成图，工程十分浩大。

圣彼得大教堂的雕像 1

圣彼得大教堂的雕像 2

圣彼得大教堂建于圣彼得墓穴的正上方。进门口的右边走廊里，有米开朗基罗 23 岁时的作品《彼得》。前面的第三礼拜堂里有贝尼尼所建的祭坛，只有祈祷的人才能进入，不是信徒禁止入内。正中央右边有圣彼得的青铜像，由于来参观的信徒的吻和手的触摸，铜像闪耀着金色。左侧以及与第二、第三礼拜堂相对的墙面上有波莱渥罗为伊诺欠兹奥八世建造的青铜纪念碑。

登上圆顶的入口在教堂的左手边，登 330 级台阶到屋顶庭园，从屋顶眺望圣彼得广场的夕阳是最美的。中央的圆顶是由米开朗琪罗设计的，两重结构，内部很明亮。圆顶下是教皇的祭坛，用贝尼尼创作的青铜华盖覆盖着。那扭曲的粗圆柱似的独特形状很引人注目。下面的礼拜堂里有圣彼得的墓。墓前跪着的是由新古典主义雕刻家卡诺巴做的教皇庇奥六世像。里面上部有彩色玻璃做的鸽子，下面装饰着贝尼尼做的巨大的“圣彼得的椅子”，里面包着

圣彼得大教堂的穹顶

圣彼得大教堂内景 1

圣彼得大教堂内景 2

圣彼得大教堂内景 3

据说是圣彼得使用过的木制的传教座椅。左边的楼梯通往教皇的地下陵墓。另外，面前的左边有珍宝馆的入口，那些豪华的圣器皿显示着梵蒂冈的力量。

圣彼得教堂前面是能容纳 30 万人的圣彼得广场，广场长 340 米、宽 240 米，被两个半圆形的长廊环绕，每个长廊由 284 根高大的圆石柱支撑着长廊的顶，顶上有 142 个教会史上有名的圣男圣女的雕像，雕像人物神采各异、栩栩如生。广场中间耸立着一座 41 米高的埃及方尖碑，是 1856 年竖起的，它是由一整块石头雕刻而成的。方尖碑两旁各有一座美丽的喷泉，涓涓的清泉象征着上帝赋予教徒的生命之水。所有走进圣彼得广场的人无不为这宏大的场面感慨。

大教堂外观宏伟壮丽，正面宽 115 米，高 45 米，以中线为轴两边对称，8 根圆柱对称立在中间，4 根方柱排在两侧，柱间有 5 扇大门，二层楼上有 3 个阳台，中间的一个叫祝福阳台，平日里阳台的门关着，重大的宗教节日时教皇会在祝福阳台上露面，为前来的教徒祝福。教堂的平顶上正中间站立着耶稣的雕像，两边是他的 12 个门徒的雕像一字排开，高大的圆顶上还有很多精美的装饰。

圣彼得大教堂总面积 2.3 万平方米，主体建筑高 45.4 米，长约 211 米，可容纳近 6 万人同时祈祷。教堂内部装饰华丽，华丽到令人惶恐不安，令人窒息。现在所见到的教堂中央著名大拱形屋顶是米开朗琪罗的杰作，双重构造，外暗内明。这个大圆顶的廊檐上有 11 个雕像，耶稣基督的雕像位于中间，廊檐两侧各有一座钟，右边的是格林尼治时间，左边的是罗马时间。

## 俄罗斯的克里姆林宫

克里姆林宫位于俄罗斯的莫斯科市中心，坐落在涅格林纳河和莫斯科河汇合处的鲍罗维茨丘陵上。它南临莫斯科河，西北依亚历山德罗夫花园，东南接红场，是俄罗斯的标志之一，有“世界第八奇景”的美誉。它那高大坚固的围墙和钟楼、金顶的教堂、古老的楼阁和宫殿，耸立在莫斯科河畔的博罗维茨基山冈上，构成了一组无比美丽而雄伟的艺术建筑群。

莫斯科克里姆林宫

克里姆林宫与红场

在克里姆林宫周围是红场和教堂广场等一组规模宏大、设计精美巧妙的建筑群。此外，还有建于公元 18 世纪的枢密院大厦，以及建于公元 19 世纪的大克里姆林宫和兵器陈列馆等。每一座建筑都蕴含着俄罗斯人民无与伦比的智慧，是世界建筑史上不可多得的杰作。宫内保存有俄国铸造艺术的杰作：重达 40 吨的“炮王”和 200 吨的“钟王”，克里姆林宫由此成为俄罗斯备受珍视的文化遗产。

克里姆林宫曾为莫斯科公国和 18 世纪以前的沙皇皇宫，宫殿由许多教堂、宫殿、花园和多层塔组成。一个俄罗斯谚语这样形容雄伟庄严的克里姆林宫：“莫斯科大地上，唯见克里姆林宫高耸；克里姆林宫上，唯见遥遥苍穹。”克里姆林宫既是政治中心，又是公元 14 至 17 世纪俄罗斯东正教的活动中心。这里过去是统治俄罗斯帝国的多代君王的皇宫，十月革命后是苏联最高权力机关和政府的所在地，今天又是俄罗斯的总统府（议会和政府现已迁出克里姆林宫）。克里姆林宫是俄罗斯联邦的象征，也是世界上最大的人文建筑群之一。它的落成耗时数百年，直至 17 世纪，才成为拥有独立的广场和街道的“城中之城”。

克里姆林宫是世界上最大的建筑群之一，是历史瑰宝、文化和艺术古迹的宝库。它已经被联合国教科文组织列入《世界文化及自然遗产保护名录》。

克里姆林宫远景

伊凡大帝钟楼

克里姆林宫的“克里姆林”在俄语中意为“内城”，曾是俄国历代帝王的宫殿、莫斯科最古老的建筑群。克里姆林宫的建筑群，代表的是东欧民族建筑艺术的精髓，主要由大克里姆林宫、天使长教堂、参议院大厦、伊凡大钟塔等经典建筑构成，其装潢集文艺复兴风格与俄罗斯东正教精神于一身，蕴含着丰富的宗教和政治历史，也让参观者无时无刻不处在美轮美奂的人文景观中，折服于克里姆林宫的巨大魅力。

这组庞大的建筑群始建于 1156 年，整体呈不等边三角形，宫墙全长 2 235 米，高 5 米到 19 米不等，厚 3.5 米至 6.5 米，面积 27.5 万平方米，共 4 座城门和 19 个尖耸的楼塔，其建筑形式融合了拜占庭、俄罗斯、巴洛克和希腊罗马等不同风格。这座古城堡不仅是俄罗斯政府所在地，而且是俄罗斯历代艺术珍品的储藏宫。

实际上克里姆林宫是以教堂为主组成的建筑群。步入宫门，便是红石铺成的中央教堂广场。广场上矗立着三座金顶大教堂，旁边以 15 世纪建成的大克里姆林宫最为突出，这是一座完全按俄罗斯传统建造的宫殿，又名多棱宫，其第二层的多棱大厅外墙均以多棱白石所砌，因而得名，曾是皇家举行婚礼和沙皇接见外国使臣的地方。最高的建筑是白色金顶的伊凡大帝钟楼，建于1505—1508年，高81米，里面藏有50多口铜钟。钟楼外陈列着一口最大的钟，高6.14米，直径6.6米，重达200多吨，表面上刻有浮雕、人像和题词，声传50千米，为世界之“钟王”。它是18世纪时由200多名俄国的能工巧匠费了两年时间铸造成的，是俄国铸造工艺的纪念碑，据说当时为了得到最佳音色，除用铜和锡外，还加了几千克金和银。与钟王相伴的是一尊5.34米长、口径0.89米、40吨重的“炮王”，这座古式铜铸大炮从1540年开始造起，一直到1586年完工，中间换了8个沙皇，至今尚未使用过，巨大的炮口内同时可爬进两三个人。旁边的圣母升天大教堂巍峨壮观，5个金色的圆顶金光闪闪，沙皇曾在这里举行过加冕典礼，大文豪列夫·托尔斯泰也就是在这个教堂被逐出教门的。其西有报喜教堂，其南有天使大教堂，此教堂是彼得大帝以前莫斯科历代帝王的墓地，伊凡雷帝即葬于此。克里姆林宫的西角是武器宫，现为武器博物馆，收藏着古代俄国的盾、剑等各种武器。此外，宫内还有大片花园，花草纷繁，林木葱翠。整座宫城平面呈三角形，占地27.5万平方米，外围砌以朱红色的雉堞宫墙，宫墙上散布着15座高低错落、形状各异的塔楼，其中5座最高的塔楼顶尖上，各装置一颗直径6米的红水晶五星。

克里姆林宫的主要建筑有列宁陵墓、20座塔楼、圣母升天教堂、天使教堂、伊凡大帝钟楼、捷列姆诺依宫、大克里姆林宫、兵器库、大会堂、古兵工厂、苏联部长会议大厦、苏联最高苏维埃主席团办公大厦、特罗依茨克桥、无名战士墓等。

克里姆林宫墙内，朝向莫斯科河有三列高窗的漂亮建筑物就是大克里姆林宫，1839—1849年在旧宫原址上建造，由古老的安德烈夫斯基大厅和阿列克山德洛夫斯基大厅连接而成。大克里姆林宫外观为仿古典俄罗斯式，厅室全部建筑式样多样，配合协调，装潢华丽。宫殿的正中是饰有各种花纹图案的阁楼，上有高出主建筑物的紫铜圆顶，达13米，并立有旗杆，节假日升国旗。大克里姆林宫内部呈长方形，楼上有露台环绕的总面积达2万平方米的700个厅室。从前，第一层除了处理政务的处所以外，全是沙皇私人宫室，白色宽阔的楼梯通往二层各厅，这里有格奥尔基耶夫大厅、弗拉基米尔大厅和叶卡捷琳娜大厅，从前还有安德烈耶夫大厅，曾是沙皇接见使臣的地方。

格奥尔基耶夫大厅是大克里姆林宫中最为著名的殿厅，是俄罗斯工匠巧夺天工的建筑杰作。大厅呈椭圆形，圆顶上挂着 6 个镀金两枝形吊灯。每个吊灯重 1 300 千克，圆顶和四周墙上绘有公元 15 ~ 19 世纪俄罗斯军队赢得胜利的各场战役的巨型壁画。大厅正面有 18 根圆柱，柱顶均塑有象征胜利的雕像。如今，格奥尔基耶夫大厅是政府举行欢迎仪式的传统地点。

莫斯科红场风光

红场是莫斯科最古老的广场，位于克里姆林宫东墙的一侧。虽经多次改建和修建，但仍保持原样，路面还是当年的石块路，青光发亮，显得整洁而古朴。公元 15 世纪 90 年代，莫斯科发生大火，火灾后空旷之地成了广场，故曾被称为“火烧场”，公元 17 世纪中叶起名“红场”。古代俄语中“红色的”一词还有“美丽的”之意，由于译名时都只取了其中的第一释义，即“红色的”，久而久之，“红场”的名称就这样沿用至今。广场总面积 9 万平方米，呈长方形，南北长，东西窄。红场的大规模建设是在 1812 年以后。拿破仑军队纵火焚烧了莫斯科，此后，城市重建，红场被拓宽。1917 年十月革命胜利后，莫斯科成为首都，红场成为人民举行庆祝活动、集会和阅兵的地方。列宁陵墓就位于红场克里姆林宫宫墙正中的前面。

红场墓园位于莫斯科克里姆林宫墙垣部分，它包围着克里姆林宫可以在墙上俯瞰知名景观红场。苏联政府将几位国内和国际知名共产党领袖安葬在此供人缅怀景仰。1924 年列

克里姆林宫圣瓦西里大教堂尖顶

宁墓成为克里姆林宫红场墓园的中心。“红场墓园”在列宁墓后方，可自克里姆林宫塔群步行到达。这里葬有许多名人，包括：亚可夫·苏维尔德洛夫、费利克斯·捷尔任斯基、米哈伊尔·伏龙芝、米哈伊尔·伊万诺维奇·加里宁、朱可夫元帅、安德烈·日丹诺夫、约瑟夫·斯大林、克里门特·伏罗希洛夫、谢苗·布琼尼、米哈伊尔·苏斯洛夫、列昂尼德·勃列日涅夫、尤里·安德罗波夫以及康斯坦丁·乌斯季诺维奇·契尔年科，墓园内还有他们的墓碑和纪念碑。在克里姆林宫塔群两边，苏联政府放置了许多名人骨灰昙。他们包括自1925年到1984年苏联共产党及世界各国共产党领导、政治或军事领袖、科学家与文化人物、作家。部分已过世的苏联太空人如第一位上太空的地球人加加林以及太空实验计划不幸遇难的联盟1号、联盟11号苏联太空人，主持“苏联太空计划”的首席火箭工程师谢尔盖·科罗廖夫也埋葬于此。

克里姆林宫的教堂建筑也很有特色。宫内有一个教堂广场，广场四周围绕着四座教堂：十二使徒教堂、圣母升天教堂、天使报喜教堂及圣弥额尔教堂。但最美的教堂要数位于红场上的有“用石头描绘的童话”之称的圣瓦西里大教堂。它是伊凡四世时所建，由9座参差不齐的高塔组成，中间最高的方形塔高达 17 米。虽然这 9 座塔彼此的式样色彩均不相同，但却十分和谐。更难得的是，它与克里姆林宫的大小宫殿、教堂搭配出一种特别的情调，为整个克里姆林宫增色不少。据说此教堂落成时，伊凡四世在惊叹之余，为防止设计者设计出更好、更完美的建筑，竟下令挖掉他的眼睛。

克里姆林宫不愧为一座大型博物馆和艺术的殿堂。宫中原有一个大武器库，1720 年，彼得大帝将其改建成博物馆。馆内收藏着许多珍贵文物，有历代沙皇用过的物品、美术工艺品，以及掠夺而来的战利品。这里的皇冠、神像、十字架、盔甲、礼服和餐具无不镶满宝石，仅福音书封面就嵌有 26 千克黄金以及无以数计的宝石；哥登诺大帝的金御座上则镶有两千颗宝石。信步宫中，宛如目睹沙皇奢侈的生活。另外，4 座教堂中收藏的文物珍宝也非同一般。教堂中满墙装饰着用黄金做框架的圣画像；圣母升天大教堂内的圣画像则是出自希腊画家的手笔，价值连城；圣弥额尔堂内有历代沙皇的灵柩，装饰得极为富丽堂皇。

克里姆林宫大礼堂处在呈三角形的克里姆林宫建筑群的中心位置，始建于 1960 年年初，1961 年 10 月投入使用，总建筑面积 60 万平方米，是莫斯科乃至俄罗斯最壮观的大礼堂。这座白色乌拉尔大理石和玻璃结构的恢宏建筑，凝聚了现代建筑的特点和俄罗斯传统建筑风格。克里姆林宫大礼堂同时也是一座现代化的剧院。这里有 6 000 个舒适的座席，座席以主席台为中心呈半圆形向外辐射。每个座席配有电子投票和同声传译系统。主席台即舞台面积为 450 平方米，灯光、音响、布景等设施一应俱全，还有能容纳一个交响乐团的乐池。环绕

莫斯科红场的冬夜

剧院的是明亮宽敞的休息大厅。大礼堂的最高一层是 900 平方米的宴会厅。大会堂整个建筑的 1/3 建在地下，主要是办公用房，整个建筑共有 800 间办公室。

克里姆林宫大礼堂是俄罗斯举行重要会议、节日庆典和颁奖授勋的地方，也是普通民众欣赏芭蕾舞、聆听音乐会和观看时装表演的场所。俄罗斯的表演团体在这里献艺，来自世界各地的著名艺术家也在这里演出。大礼堂还经常为普通观众和青少年举办普及性的芭蕾舞等演出。

## 乌克兰的基辅佩切尔斯克大教堂

基辅佩切尔斯克大教堂又称基辅洞窟或伯朝拉大教堂，坐落在乌克兰共和国基辅市第聂伯河左岸丘陵起伏的山谷中，是苏联境内规模最大的东正教建筑群，也是一处不可多得的艺术文物宝库，为苏联最主要的古代宗教中心，俄罗斯文化和历史著述中心。

据编年史记载，10 世纪以前这里曾是一处世袭领地，叫作别列斯托沃村。1051 年智者雅罗斯拉夫大公时代建立修道院，早期建筑由希腊工匠设计并主持建造。1598 年获大修道院称号。最早修道院只有一些洞穴教堂，之后地面教堂陆续出现，原有洞穴教堂则供贮藏物品之用。历代大公都极为重视和不断扶持佩切尔斯克大教堂。18 世纪末，大修道院扩大到拥有 22 公顷土地、150 多个村庄和 6 万农奴，经营规模庞大的封建领地，成为一个直接参与王室事务、参与社会生活的佩切尔斯克地区。十月革命后，教堂被改作他用，1926 年辟为历史文物博物院保护区。

佩切尔斯克大教堂的金色圆顶、白色钟楼和蜿蜒的围墙掩映在郁郁葱葱的绿树丛中，壮观而又透着神秘。教堂广场中央耸立着大钟楼，1731 ~ 1745 年按谢杰里的方案建筑，高 96.5 米，是当时俄罗斯境内最高的钟楼。钟楼用 500 万块形状各异、尺寸不同的砖石砌成，许多民间工匠都参加过它的修造。钟楼共分 3 层，每层都以白石立柱环绕其外围；第 3 层悬挂着 8 只大钟，总重量为 80 多吨，其中 7 个钟的机械部分互有相连，重 4.5 吨，每隔 15 分钟奏一次美妙的音乐，第 8 个钟则专用于鸣响。

大教堂之所以被称为洞窟教堂，因其有两个人工洞窟得名。它们因离位于中心的圣母升天教堂的距离远近不同而被称作“近洞窟”和“远洞窟”，前者距圣母升天大教堂228米，后者280.5米。洞深离地面5～10米，洞窟走廊宽1.5米，通道平均高度2米，深达数千米。内有迂回的侧洞室，中世纪前用于居住或做防御工事。洞内常温10～20度，适合圣徒尸体自然风干保存。

基辅佩切尔斯克大教堂（局部）

大教堂由规模不同的3处建筑群组成统一的格局：在较平坦的高地上是一些地面教堂，山坡上分布着近洞窟教堂建筑，远处丘陵谷地中是远洞窟教堂。近洞窟中有三个教堂：安东尼耶夫教堂、维金教堂和瓦尔拉阿莫夫教堂。后两个教堂中的圣像壁由金属铸成，1814～1819年又在表面镀金。近洞窟的地面建筑中最古老的是1700年建造的圣浸礼教堂和两层的钟楼。圣浸礼教堂中的圣像壁具有较高的艺术价值。远洞窟中也有三个地下教堂：圣诞教堂、费奥多西耶夫教堂和报喜节教堂。地面建筑包括一个钟楼、修道小室和1679年建造的古老的诺扎恰季耶夫圆顶教堂，1696年建造的圣母降灵教堂。

至今保存下来的最古老的建筑是11至12世纪的圣母升天大教堂残迹、纳德弗拉特三一教堂和别列斯托沃救主教堂。12至18世纪，乌克兰民族逐渐形成自己的建筑艺术风格，以修道院工匠斯杰潘·科弗尼尔命名的科弗尼尔堂是这一时期的代表作，其屋顶两侧有6

面造型优雅的山墙。1608 年修道院设立了基辅第一个印刷所。该建筑原为木质结构，马洛克式。1701 年和 1773 年分别对印刷所第一、二层进行了改建，现为砖石结构，有通道与洞窟相连，通道由四个支承拱加固，这一处所后被作为乌克兰国立书籍印刷博物馆。这组建筑构思大胆，造型极其优美。莫斯科的奠基者尤里·多尔戈鲁基大公 1157 年葬在别列斯托沃求主教堂内。大教堂内有一处埋葬 1812 年卫国战争时期将领的墓地。11 至 12 世纪，修道院僧侣涅斯托尔在此撰写了编年史《系年纪事录》（又称《往年纪事》），此书可称为古俄罗斯生活的百科全书，其中记有第聂伯河沿岸及其邻近地区的主要史料和基辅罗斯的重要史料。13 世纪修道院又编撰了《基辅洞窟圣僧传》，叙述了洞窟修道院的生活的历史事件。

修道院的第一个定居者是安东尼修士，正是他的潜心静修生活鼓舞和感染了当地的居民，他们前来祈求祝福，同时也带来生活必需品。其中的一些人决定留下来和他生活在洞穴里。很快，人数不断增多，于是定居者扩大了原有的洞穴，修建了一些新的洞穴，修建了单人房间并建立了教堂。当修道生活从洞穴转移到地面后不久，原来地下的迷宫般的洞穴就变成修道士的墓地，洞穴里的遗体已经埋葬了 7 个世纪之久。

## 西班牙的科尔多瓦大清真寺

科尔多瓦大清真寺位于西班牙南部古城科尔多瓦市内，具有摩尔建筑和西班牙建筑的混合风格，是西班牙伊斯兰教最大的神圣建筑之一。这座占地面积 4000 平方米的宏伟建筑，分为前半部的橘子中庭和后半部的清真寺主体建筑。在寺的大门边还有高达 93 米的钟楼，原为清真寺的宣礼塔，可以登顶俯瞰科尔多瓦城市风光。经过花木繁茂的中庭进入大厅，多达 850 座马蹄形拱门层层叠叠在眼前展开，营造出空旷深邃的空间感。拱顶鲜艳的红白二色线条，充满阿拉伯风情。9 世纪增建的祈祷室位于清真寺最深处，朝向麦加方向，雕饰着花草与阿拉伯文字，装饰尤为华丽。科尔多瓦大清真寺曾经是全世界第二大的清真寺，它也代表着科尔多瓦在伊斯兰教世界的地位。13 世纪后改作科尔多瓦大教堂，现在它已被列入《世界文化及自然遗产保护名录》。对于西班牙的穆斯林来说，科尔多瓦大清真寺是仅次于麦加和耶路撒冷的朝圣之地。

科尔多瓦大清真寺虽经多次扩建，但建筑风格和特色并没有变，只是建筑面积越来越大，装饰越来越丰富。寺院是按阿拉伯清真寺的传统风格修建起来的。整个建筑为长方形，长 180 米，宽 130 米，巍峨雄伟，可与耶路撒冷和麦加的大清真寺媲美。该寺主要分宣礼楼、橘树院、礼拜正殿、圣墓等几部分。宣礼楼是一座尖塔状的建筑物，寺内的宣礼员可按时登楼呼唤信徒做礼拜。18 世纪时，这座宣礼楼被基督教徒们用一座巴洛克式的塔楼所替代。橘树院雉碟成墙，由长廊围成，内有一曼苏尔水池，是穆斯林在礼拜前履行净礼的地方。礼拜正殿建筑宏伟，装饰极为豪华，由斑岩、碧玉和各种颜色的大理石石柱构筑而成。这些石柱或掠夺自法国的尼姆和西班牙的塞维利亚等欧洲城市，或从迦太基的古建废墟上精选而得，作为拜占庭皇帝利奥四世献给拉赫曼一世的礼物。初建时，利奥还曾从君士坦丁堡派遣熟练工匠参加，并运来 16 吨各种玉石和象牙镶嵌图案（也称马赛克）。经加工，石柱统一成科林思建筑的柱头和 4 米的标准高度。现在殿内尚存的 850 根石柱，将正殿分成南北 19 行，每行各有 29 个拱门的翼廊，每个拱门又各有上下两层马蹄形的拱券。整座正殿玉柱林立、拱廊纵横。

科尔多瓦大清真寺尖塔

科尔多瓦大清真寺内景1

科尔多瓦大清真寺内景2

科尔多瓦大清真寺内景3

北面大殿为该寺的主要建筑，殿内装饰华丽，有间距不到3米的18排柱子，按南北轴线方向排列，柱为古典式，高3米，上承两层重叠的马蹄形券，用红砖和白云石交替砌成。石柱密布，如同柱林。圣龛前是国王礼拜处，上面是复合券的形式，数层花瓣形券重叠分布，装饰性很强，显示了工匠的卓越技巧。这座宗教建筑位于瓜达尔基唯尔的南边。院子的三个方向有门廊，内有一个塔，与喷泉一样具有古典风格。建筑最突出的特征是建筑者解决了拱门直接支撑天花板这一技术难题。他们使用的两个附加拱门是崭新的阿拉伯式样。清真寺大多吸取了古罗马早期克里斯琴和威斯寇斯克的优点。马掌式的拱门上有大理石或砖楔形拱石，天花板上平贴着木制板。在清真寺中，威拉威斯克萨小教堂最有特色，它首次有了在西班牙建筑中很重要的卡里费奥式拱顶。它的大厅的装饰在卡里费奥式中最为豪华，包括围着拱门精心镶嵌的花叶图案、彩色圆屋顶及独一无二的装饰。在小教堂的中心有装饰华丽的壁龛。规模宏大的科尔多瓦清真寺是科尔多瓦的卡里费特文明（929—1031年）不可替代的证明，包括最美丽的图案，19个走廊与大厅，重叠的拱门与圆屋顶，还有一片茂密树林。

西班牙占领科尔多瓦后，于1236年改为天主教大教堂，象征着伊斯兰教的殿堂被封闭。16世纪初，阿隆索·曼里克主教代表卡洛斯五世国王全权主持清真寺的改建工程。正殿中的石柱和拱门近三分之一被毁，从中建起了一座文艺复兴式的大教堂，包括主座堂、王家小礼拜堂、唱诗班等几部分。唱诗班的椅子全是带有华贵的巴洛克雕饰的精湛工艺品，两个布道台是用桃花心木、大理石、碧玉等镶嵌制成。由于对原有的珍贵建筑的破坏过多而引起了卡洛斯五世国王的不满，他对改建者们惊呼道："你们为建起一些在我国到处都能见到的东西而破坏了再也无法找回的东西。"正因为卡洛斯国王及时制止，这座伊斯兰教的大清真寺才得以保持至今，并因此而成为一座使伊斯兰教文化与基督教文化并存的特殊建筑物，成为西班牙最著名的宗教旅游胜地，吸引了千千万万的各地游人。

## 西班牙的阿尔汗布拉宫

阿尔汗布拉宫别称艾勒哈卜拉宫，在格拉纳达城东的山丘上。阿尔汗布拉在阿拉伯语中有"红堡"之意，指其建筑外墙多用红色砂岩；又称摩尔宫，因建立格拉纳达王国的主要是由北非来到西班牙的摩尔人。为摩尔人留存在西班牙所有古迹中的精华，有"宫殿之城"和"世界奇迹"之称。此宫是西班牙最重要、最美丽的伊斯兰教建筑。

阿尔汗布拉宫

阿尔汗布拉宫浮雕

阿尔汗布拉宫内景

阿尔汗布拉宫始建于13世纪阿赫马尔王及其继承人统治期间，后又扩建。1492年西班牙人驱逐摩尔人后，内部装饰多遭破坏。查理五世（1516—1556年）统治西班牙时，拆毁部分建筑并加以改建，仿文艺复兴风格修建了意大利式宫殿。1812年拿破仑入侵时，部分建筑被毁。1821年因地震又遭破坏。1828年在斐迪南七世资助下，经建筑师何塞·孔特雷拉斯与其子、孙三代进行长期的修缮与复建，才恢复原有风貌。

阿尔汗布拉宫内景

阿尔汗布拉宫坐落在小山上，四周有蜿蜒起伏的红色石墙。占地面积23 400多平方米。除城防系统外，王宫以两个相互垂直的矩形院子为中心，包括周围的一些建筑组成。南北向的院子称桃金娘宫院，用于朝觐仪式，布局规整，宽23米，深36米。两端设券柱柱廊，柱子纤细轻巧。柱子上，全是精美无比的图案，手工极为精细。而圆柱的建筑材料是把珍珠、大理石等磨成粉末，再混入泥土，然后用人工慢慢堆砌雕琢而成。北端券廊后面是接见使节的方形正殿。内设苏丹御座。正殿以其雕刻有星状彩色天花板和拱形窗户著称。殿、廊内墙面上布满精美的石膏浮雕图案。中央有大理石铺砌的大水池，四周植以桃金娘花。

另一个东西向的小院子是狮子院，为后妃的居住处，长28米，宽16米，124根洁白大理石柱或单或成双或三根一簇不规则地排列，支撑四面马蹄形券的回廊。圆形屋顶饰有金银丝镶嵌的精美图案。柱头、券表面满布精琢细镂、复杂华丽的石膏雕饰。大面积铺满装饰是伊斯兰建筑的重要特点之一，伊斯兰教义严禁使用人像、动物和形象化的植物题材，所以图案都是几何纹饰，包括特有的钟乳拱、铭文饰和一些程式化的植物图案。狮子院北侧是后妃寝宫，盛夏从山中引入清冽的泉水分别流经各个卧室，以降室温。泉水汇集院子中央水池，水池上有喷泉，12头造型古拙、口吐泉水的白大理石狮子围绕在池边，造型雄劲，气势夺人。圆顶建筑物上面满布5 000多个小而凹陷，形式各异的蜂巢状小孔，是摩尔人建筑的代表作。厅内摆设有摩尔人最早的瓷器产品等。

在阿尔汗布拉宫的外国建筑物中，以建于 13 世纪的“营造商花园”中的别墅最为有名。阿尔汗布拉的自然环境宁静清新，花园里的玫瑰、橘树和桃金娘为摩尔人所遗，芬芳馥郁；园中还有从英国移植的榆树。

## 希腊的希腊神庙

希腊神庙，又称帕特农神庙，是希腊祭祀诸神之庙，以祭祀雅典娜为主，又称“雅典娜帕特农神庙”。帕特农原意为贞女，是雅典娜的别名。帕特农神庙被认为是多立克式建筑艺术的极品，有“希腊国宝”之称。

帕特农神庙位于希腊的雅典，它是雅典最著名的古迹之一，也是举世闻名的古代七大奇观之一。帕特农神庙建于公元前 447—438 年，是伯里克利当政时代重建卫城山工程中

帕特农神殿局部

的重点项目。神庙位于雅典老城区卫城山的中心，坐落在山上的最高点。它外形呈长方形，长 70 米，宽 30 米，由 46 根多立克式环形立柱构成柱廊。柱廊直挺向天，昭示着希腊文明的蓬勃向上永不凋谢。帕特农神殿的雕刻装饰是由当时著名的建筑师和雕刻家菲迪亚斯承担的，菲迪亚斯具有卓越的眼光和气魄，喜欢构图上爆炸性的冲击力。从神殿西山墙中央的人像到最引人注目的排档间饰上都可以领略大师的伟大。由 92 块白色大理石饰板装饰而成的中楣饰带，有连环浮雕，浮雕所表现的紧张的搏斗，人与怪兽的撕扯生动逼真，天神们或威武或飘逸或闲散的姿态巧妙地贯穿在一起，那肌肉的弯曲、战袍的飘扬、眼神的哀喜无不透露出雕刻者对美的热爱和对生命理性的思索。

雅典娜

神殿的内部分成两个大厅，两旁各倚一座有 6 根多立克圆柱的门厅。正厅又叫东厅，厅内原本供奉着菲迪亚斯雕刻的一尊高达 12 米的雅典娜女神的雕像。她站立着，长矛靠在肩上，盾牌放在身边，右手托着一个黄金和象牙雕的胜利之神；黄金制造的头盔、胸甲、袍服色泽华贵沉稳，象牙雕刻的脸孔、手脚、臂膀显出柔和的色调，宝石镶嵌的眼睛炯炯发亮……神像据说由黄金、象牙制成，眼睛的瞳孔也由宝石镶成。一身戎装的雅典娜英姿飒爽地耸立在殿内，主管当时城市的全体生活，雅典人热爱自己的保护神，希望她能给本城带来福祉。这座由古希腊最伟大的雕刻家菲迪亚斯精制作的艺术珍品，在公元 146 年被东罗马帝国的皇帝掳走，在海上失落了。现在人们只能根据古罗马时代的小型仿制品约略想象她的英姿。

帕特农神庙是献祭诸神之庙，相传它是诸神从奥林匹斯山游弋到雅典的聚会地。帕特农神庙并不在雅典卫城的中轴线上，而位于上首右侧。

神庙的建筑很有特色。神庙的内部，既遵循多利亚柱式的惯例，安排得很简单，又主题突出，庄重宏伟。与一般神庙相同，殿堂均分为前后两间，前厅安置神像，后库存放祭品和财物。帕特农神庙的前厅安置着菲迪亚斯制作的黄金象牙雕的雅典娜巨像。为配合这尊巨像，前厅用两层多利亚的柱列围绕巨像的左右和后方。上承屋顶，旁开空廊，更衬托出巨像的高大，而它们的檐部也大大简化，只有额枋而没有三陇板和间板。像的前方直到大门为一片空白，不置任何杂物，却在靠近巨像基座处挖出一个长方形水池，利用池中之水反射从大门而来的阳光，使金光闪烁的巨像更显富丽堂皇。和前厅隔开的后库则是真正的宝库，用来存放雅典海上同盟各邦交纳的贡金。廊前列雕花铁栅，库房用四根柱子支撑，不过柱子是爱奥尼亚式而非前厅所用的多利亚式。这一方面适应了同盟各邦主要属于爱奥尼亚地区的情况，同时也反映了神庙设计思想的一大特点，即按伯里克利所宣扬的“雅典是全希腊的学校”的思想。

帕特农神庙特别讲究“视觉矫正”的加工，使本来是直线的部分略呈曲线或内倾，因而看起来更有弹力，更觉生动。这种视觉矫正以前在多利亚柱式中就已经被注意到了，比如柱身的减杀就是如此。在帕特农神庙中，这种矫正发挥到了无微不至的地步。据研究，这类矫正多达 10 处之多。比如，此庙四边基石的直线就略作矫正，中央比两端略高，看起来反而更接近直线，避免了纯粹直线所带来的生硬和呆板。相应地，檐部也作了细微调整。在柱子的排列上，也并非全都垂直并列，东西两面各 8 根柱子中，只有中央两根真正垂直于地面，其余都向中央略微倾斜；边角的柱子与邻近的柱子之间的距离比中央两柱子之间的距离要小，柱身也更加粗壮（底径为 1.944 米，而不是其他柱子的 1.905 米）。

这样处理的原因是，边角柱处于外部的明亮背景，而其余柱子的背景是较暗的墙壁，人的视觉习惯会把尺寸相同的柱子在暗背景上看得较粗，亮处则较细，视觉矫正就是要反其道而行，把亮处的柱子加粗，看起来就一致了。同样，内廊的柱子较细，凹槽却更多。山墙也不是绝对垂直，而是略微内倾，以免站在地面的观察者有立墙外倾之感。装饰浮雕与雕像则向外倾斜，以方便观众欣赏。如此等等，说起来已烦琐，艺术家、设计者和工匠为此花费的时间、精力就更大了。人们至今仍能从饱经沧桑的神庙看出精微矫正的痕迹和出神入化的效果，这真是文明的奇迹。

在装饰方面，本来前厅外围的柱子都是多利亚式的，但檐壁却不用三陇板与间板，而是用一条爱奥尼亚式的装饰带，以浮雕表现雅典人民庆祝大雅典娜节的盛况。这条浮雕带从门廊延伸到南北两面墙上，绕行一周，连为一体。总长 160 米，人物超过 500 个。它第一次在神庙主要浮雕上直接表现雅典公民群众和现实社会活动，其构思之大胆也是空前的，反映了雅典民主政治在希波战争后的进一步发展。

帕特农神庙在古典建筑艺术中之所以成为典范，不仅仅在于它的建筑，更重要的是其雕刻。雅典娜巨像现已丝毫不存，据古人的描述，它实为木胎，黄金象牙只起镶嵌作用，肌肤用象牙，衣冠武器则贴以黄金。此类贵重的雕像通常是小型的，雅典把它做成 12 米高的庞然大物，无非是为了显示雅典财富的充盈。

神庙浮雕的精美和丰富毫不亚于其雕像。祭殿的外面的腰线上镂着雅典娜节日的游行盛况：有欢快的青年、美丽的少女、拨琴的乐师、献祭的动物和主事的祭司。那条长达 160 米的浮雕带一气呵成，气韵生动，人物动作完美，历来被认为是希腊浮雕的杰作。它以表现雅典娜节日游行庆祝活动为主题，第一次把普通公民的形象堂而皇之地列于庙堂之上。在现存的浮雕中，仍然可以看出工匠技艺的鬼斧神工之处。神庙的 92 块间板浮雕，则用神话传说中希腊人与异族斗争并取得胜利的故事做题材，大概是比喻希腊与波斯的那场生死存亡的战争。由于间板是四方形的，每块浮雕一般只刻一幅厮杀图景。

帕特农神庙是希腊全盛时期建筑与雕刻的主要代表，有“希腊国宝”之称，也是人类艺术宝库中一颗璀璨的明珠。帕特农神庙建成至今已有 2000 多年的历史，经过 2000 多年的风风雨雨，现在的卫城帕特农神庙遗址大多已是断墙残垣了。帕特农神庙几经天灾人祸，真是历尽人间沧桑。

公元 393 年它被改作基督教堂。1458 年土耳其人占领雅典后将神庙改为清真寺。1687 年威尼斯人与土耳其人作战时，引爆了土耳其人堆放在神庙里的炸药，把庙顶和殿墙全部炸塌。1801~1803 年，英国贵族埃尔金勋爵将大部分残留的雕刻运走，损失最为严重。这批稀世之珍，有些在锯凿过程中破碎损毁，有些因航海遇难而沉入海底，幸存的至今仍陈列在英法等国的博物馆里。19 世纪下半叶，曾对神庙进行过部分修复，但已无法恢复原貌，现仅留有一座石柱林立的外壳。

1975 年，希腊政府拨款 2300 万美元用于修复帕特农神庙，工程指挥们预计他们能在 10 年内完成。然而，修复过程中出现的问题令他们始料不及。比如，建筑师们用新的大理石代替那些被损坏的大理石碎片，为了加快工程进度，工程师们采用了凹槽雕刻机器。不过对于细微的纹路雕刻，这种仪器的精确度依然比不上古代工匠的巧手，浮雕的花纹需要一双敏锐的眼睛和把握到位的手感。

2008 年，由希腊政府和欧盟支持的帕特农神庙修复计划已进入到第 33 个年头，欧洲乃至世界一流的考古学家、建筑家、土木工程师以及能工巧匠都投入到这项修复工程中，然而很多问题依然困扰着现代学者们。

灯光下的雅典巴特农神庙

修复工程的负责人马诺里斯·克里斯是雅典国家技术学院建筑系的副教授，同时也是研究帕特农神庙的主要学者。他花了几十年时间研究帕特农神庙的每一个建筑细节，他描述说，古雅典人从 11 英里外的采石场发掘出大理石，打磨成石柱，然后用大型马车将总共重达 10 万吨的大理石柱运到雅典卫城中央，并将石柱拉上卫城山丘的顶峰。不过克里斯认为，更费时费力的是打磨雕琢大理石柱的图案和花纹。

当神庙的大理石表面被磨光后，工匠们用点刻法为神庙披上最后的一层外衣：数千名工匠用凿子在神殿的基座、地板、石柱以及大部分外墙上刻出精确的线条，这样使得大理石的光亮更加沉稳并掩盖了表面的瑕疵。克里斯说这才是整个工程最艰难的部分。在当时伟大的雕刻家菲迪亚斯监督下，神庙的部分雕刻被认为是世界上最好的浮雕，厚约 5 厘米，细节之精美令人惊叹。

# 第四部分 大洋洲篇

## 第一节 澳大利亚的著名建筑

### 悉尼歌剧院

悉尼歌剧院位于澳大利亚悉尼市悉尼港的便利朗角，是20世纪最具特色的建筑之一，也是世界著名的表演艺术中心，现已成为悉尼市的标志性建筑。该剧院设计者为丹麦设计师约恩·乌松，建设工作从1959年开始，1973年正式落成。歌剧院设备完善，使用效果优良，是一座成功的音乐、戏剧演出建筑。那些濒临水面的巨大的白色壳片群，像是海上的船帆，又如一簇簇盛开的花朵，在蓝天、碧海、绿树的衬映下，婀娜多姿，轻盈皎洁。它不仅是悉尼艺术文化的殿堂，更是悉尼的灵魂，是公认的20世纪世界七大奇迹之一。其特有的

悉尼歌剧院

帆造型，加上悉尼港湾大桥，与周围景物相映成趣。清晨、黄昏或夜晚，不论徒步缓行或出海遨游，悉尼歌剧院都会随时为游客展现不同的迷人风采。

这座综合性的艺术中心，在现代建筑史上被认为是巨型雕塑式的典型作品。除了用作观光、演出歌剧、芭蕾舞剧以及音乐会之外，悉尼歌剧院还是澳大利亚歌剧团、悉尼戏剧团和悉尼交响乐团的所在地。歌剧院由新南威尔士文化部的子机构——歌剧院管委会管理，每年在悉尼歌剧院举行的表演大约3000场，约200万观众前往共襄盛举。

悉尼歌剧院除了作为艺术中心外，也是悉尼文化的象征。2000年悉尼奥运会时，奥运圣火的传递以及奥运会金牌的设计都没有遗漏悉尼歌剧院。悉尼足球俱乐部、悉尼天鹅澳式足球会等众多体育俱乐部都将悉尼歌剧院选作自己的标记。

2007年6月28日悉尼歌剧院被联合国教科文组织列入《世界文化及自然遗产保护名录》，已被视为世界的经典建筑载入史册。

悉尼歌剧院既是一座歌剧院，同时也包括两个剧院、一个音乐厅、若干个餐馆、一个电影院、多个艺术画廊、一个图书馆、一个录音室、四间纪念品商店和一个旅客服务中心。

该歌剧院是一个设计新颖的表现主义建筑，它有一系列被称为“壳”的大型预制混凝土构件，每一个构建都取自拥有相同半径的半球体，他们构成了剧院的屋顶。这座建筑物占地1.8公顷，长183米，宽120米，由588个沉降于海平面以下25米的混凝土墩支撑。它的用电量相当于一个2.5万人的小城，总电线长度达645千米。歌剧院的屋顶覆盖了多达1 056 006块由瑞士制造的光滑的白色有人字纹路的瓷砖，由于经过特殊处理，因此不怕海风的侵袭。

悉尼歌剧院的外观为三组巨大的壳片，耸立在南北长186米、东西最宽处为97米的现浇钢筋混凝土结构的基座上。第一组壳片在地段西侧，四对壳片成串排列，三对朝北，一对朝南，内部是大音乐厅。第二组在地段东侧，与第一组大致平行，形式相同而规模略小。第三组在它们的西南方，规模最小，由两对壳片组成，里面是餐厅。其他房间都巧妙地布置在基座内。整个建筑群的入口在南端，有宽97米的大台阶。车辆入口和停车场设在大台阶下面。悉尼歌剧院坐落在悉尼港湾，三面临水，环境开阔，以特色的建筑设计闻名于世，它的外形像三个三角形翘首于河边，屋顶是白色的形状犹如贝壳，因而有“翘首遐观的恬静修女”之美称。

歌剧院整个分为三个部分：歌剧厅、音乐厅和贝尼朗餐厅。歌剧厅、音乐厅及休息厅并排而立，建在巨型花岗岩石基座上，各由四块巍峨的大壳顶组成。这些“贝壳”依次排列，前三个一个盖着一个，面向海湾依抱，最后一个则背向海湾侍立，看上去很像是两组打开盖倒放着的蚌。高低不一的尖壳，外表用白格子釉磁铺盖，在阳光照映下，远远望去，既像竖立着的贝壳，又像两艘巨型白色帆船，飘扬在蔚蓝色的海面上，故有“帆船屋顶剧院”之称。那贝壳形尖屋顶，是将 2194 块每块重 15.3 吨的弯曲形混凝土预制件用钢缆拉紧拼成的，外表覆盖着 105 万块白色或奶油色的瓷砖。

歌剧厅较音乐厅为小，拥有 1547 个座位，主要用于歌剧、芭蕾舞和舞蹈表演。内部陈设新颖、华丽、考究，为了避免在演出时墙壁反光，墙壁一律用暗光的夹板镶成。地板和天花板用本地出产的黄杨木和梓木制成。弹簧椅蒙上红色光滑的皮套。采用这样的装置，演出时可以有圆润的音响效果。舞台面积 440 平方米，有转台和升降台。舞台配有两幅法国织造的毛料华丽幕布。一幅图案用红、黄、粉红三色构成，犹如道道霞光普照大地，叫“日幕”；另一幅用深蓝色、绿色、棕色组成，好像一弯新月隐挂云端，称“月幕”。舞台灯光有 200 回路，由计算机控制。还装有闭路电视，使舞台监督对台上、台下情况一目了然。

悉尼歌剧院夜景

音乐厅是悉尼歌剧院最大的厅堂，共可容纳 2 679 名观众，通常用于举办交响乐、室内乐、歌剧、舞蹈、合唱、流行乐、爵士乐等多种表演。此音乐厅最特别之处，就是位于音乐厅正前方的由 10 500 个风管组成的大管风琴，号称是全世界最大的机械木连杆风琴。此外，整个音乐厅建材使用均为澳洲木材，忠实呈现澳洲自有的风格。

壳体开口处旁边另立的两块倾斜的小壳顶，形成一个大型的公共餐厅，名为贝尼朗餐厅，每天晚上接纳 6 000 人以上。其他各种活动场所设在底层基座之上。剧院有话剧厅、电影厅、大型陈列厅和接待厅、5 个排列厅、65 个化妆室、图书馆、展览馆、演员食堂、咖啡馆、酒吧间等大小厅室 900 多间。

休息室设在壳体开口处，配有大片玻璃墙面，由 2 000 多块高 4 米、宽 2.5 米的法国制造的玻璃板镶成，临墙眺望，白天绚丽的悉尼湾风光一览无余；夜晚市内的万家灯火尽收眼底。

总体而言，歌剧院规模宏大，陈设讲究，演出频繁。除圣诞节和耶稣受难日外，每天开放 16 小时，平均有 10 个不同的活动项目，可同时容纳 7 000 余人。歌剧院已成为澳大利亚最热闹的场所，旅游者、观众从早到晚络绎不绝。

## 悉尼港湾大桥

悉尼港湾大桥是悉尼的一座主要桥梁，横跨悉尼港连接悉尼商业中心区与北岸。作为早期悉尼的代表建筑，悉尼海港大桥像一道横贯海湾的长虹，巍峨俊秀，气势磅礴，与举世闻名的悉尼歌剧院隔海相望，成为悉尼的象征之一。直到 1967 年为止，悉尼港湾大桥还是悉尼市中最高的建筑。悉尼港湾大桥最高处高于海平面 134 米，同时也是世界上第五长的拱桥。根据吉尼斯世界纪录，它也是世界上最高的钢铁拱桥，并曾是全球最宽的长跨距桥梁。

攀桥活动是这座采用钢结构拱形的悉尼港湾大桥最著名的项目，从桥顶俯瞰悉尼海港和眺望悉尼市轮廓时所能欣赏到的壮观景象，绝对令人震撼，同时还可以在登上顶点的旅途中了解大桥的内部结构。到达顶点后，从顶点进行 360 度环视，景色绝对令人赞叹，前

悉尼港湾大桥

面就是歌剧院，旁边是皇家植物园，近处是城市的轮廓，远眺则是海滩和群山。

悉尼人对这座被称为“衣架”的巨大钢结构拱形桥崇拜异常，几十年来，这座大桥不分昼夜地驮载往来的人货车辆。外来的游客无论乘飞机还是乘海轮到达悉尼，最先映入眼帘的就是这座全世界最宽的大铁桥。在斜阳的金晖中，拱桥映衬着变幻的夕阳，由金黄而姹紫，由姹紫而暗褐，海面上的桥影刚刚褪淡，立刻又闪亮起斑斓的光带。大桥钢架、栏杆上的璀璨的千万盏灯光，远望恍惚是在弓背和弓弦上镶嵌的无数钻石，在黑丝绒般的夜空下仪态万千；再衬上波平如镜的海湾中五颜六色的霓虹灯倒影，平添几分神秘。桥上往来的车辆就像是一排排整队爬行的蚂蚁，十分壮观。由于悉尼海港大桥和悉尼歌剧院相邻，人们将歌剧院和大桥联成一体欣赏时，雄伟和婀娜、深色和浅色、直线和曲线构成了一副反差强烈又协调一体的美丽图画，真是相映生辉。

最近几年，悉尼港湾大桥都有盛大的新年焰火表演，烟花被放置在大桥上，五光十色的焰火按着桥梁的形状艳光四射。每年光在除夕夜，就能吸引超过 50 万人在悉尼海港四周观看表演。

今日的悉尼港湾大桥，北端弯成一个大弧形，连接北上的高速公路，南端一直伸入悉尼市区。每当夜幕降临，大桥的钢架上就亮起了万盏灯火，远远望去，五彩缤纷，灿烂夺目。现在，这座号称世界第一的单孔拱桥与悉尼塔和悉尼歌剧院一起并称为悉尼三大地标性建筑，并成为悉尼最知名的景色之一。

悉尼港湾大桥从“怀胎”到“出世”，前后花费100多年。在经过了40多年的酝酿之后，1857年，悉尼工程师彼得·翰德逊绘成了第一张设计图，其后经过反复修改，到1923年才根据督建铁路桥的总工程师卜莱费博士的蓝图进行招标，由英国一家工程公司中标承建。1924年悉尼港湾大桥破土建造桥基，1932年3月19日竣工通车，历时8年多。

在建造过程中，有1 600多名工人参与了建造，其中16名工人不幸在建造过程中发生各种意外死亡。1932年1月19日，第一次进行火车测试，一辆蒸汽机车安全通过桥梁。铁路的负载测试在1932年2月进行，多达96辆蒸汽机车经由4条铁路往返两端。悉尼海港大桥经历了三个星期的测试后，于1932年3月19日（星期六）正式开幕。官方开幕仪式结束后，政府允许市民步行上桥，有些仪式直到50周年庆祝活动时才再度进行。根据估计显示，大约有30万至100万人参加了开幕庆祝活动，这是一个非常惊人的数量，因为当时整个悉尼人口也只略超过100万。2007年3月18日庆祝开幕75周年的时候，一位妇女出席庆祝仪式，谈到她父亲当年在建造桥梁的时候不幸从桥上坠下身亡时，仍禁不住流下眼泪，她父亲去世的时候，她本人只有三岁。

悉尼港湾大桥风光

这座大桥整个工程的全部用钢量为5.28万吨，铆钉数是600万个，最大铆钉重量3.5千克，而且都是手工加工而成。用水泥9.5万立方米，桥塔、桥墩用花岗石1.7万立方米，建桥用油漆27.2万升，从这些数字足可见铁桥工程的雄伟浩大。在20世纪30年代的条件下，能在大海上凌空架桥，实为罕见。整个悉尼大桥桥身长度（包括引桥）1 149米，从海面到桥面高58.5米，从海面到桥顶高达134米，万吨巨轮可以从桥下通过。桥面宽49米，可通行各种汽车，中间铺设有双轨铁路，两侧人行道各宽3米。原来还铺设有轨电车车轨两条，后因交通拥挤把它拆除，划出8条汽车道。大桥的设计负荷是每小时通行汽车6000辆，火车和电车128列，还可通行几万人。现在各种车辆一天24小时连续不断从桥上通过，有时一天通车量近200万辆。悉尼大桥的最大特点是拱架，其拱架跨度为503米，而且是单孔拱形，这是世界上少见的。

大桥的钢架两头搭在两个巨大的钢筋水泥桥墩上，桥墩高12米。钢架与桥墩的接头处有大滚珠，钢架热胀冷缩，滚珠起着调节作用。两个桥墩上还各建有一座桥塔，塔高95米，全部用花岗岩建造。

目前悉尼大桥的交通完全由电脑控制。在大桥的两端桥塔上装有自动摄影设备，摄像镜头可以自动变换焦距和角度。当车辆一进入大桥，它就可以把车的型号、车牌号，收取过桥费以及车辆流量等全部情况记录下来。整个桥上的交通情况在电脑控制中心的电视荧光屏上看得清清楚楚。桥上还有巡逻车巡逻，随时处理各种情况，使大桥始终保持畅通无阻。

夜色中的港湾大桥与悉尼歌剧院

## 维多利亚艺术中心

维多利亚艺术中心位于澳大利亚墨尔本圣基尔达路的亚拉河河畔，是一座宏伟的表演艺术场地，墨尔本的标志性建筑之一，也是墨尔本市社交与文化活动的焦点。其顶部有115米高的锥形铁架，造型犹如一位翩翩起舞的芭蕾舞女正旋转着她的舞裙，因而被誉为"芭蕾舞女的裙子"。其造型之美已获国际肯定，也是墨尔本醒目的地标，尤其当夜晚来临，这座不断变换颜色的高塔，也就成了墨尔本夜空中最灿烂的高柱。

维多利亚艺术中心于1973年开始建造，1984年竣工首演。艺术中心的建筑十分令人赞赏，有广大的中庭和以彩色玻璃为天花板的大厅。最有特色的是剧院高耸的、高达162米的、犹如旋舞裙子的尖塔外形。虽然艺术中心从外表上看只有5层楼，但实际建筑楼面共有10层。原因是有5层楼面建在地下，这是维多利亚州艺术中心的一个骄傲的特点。建在地下的好处是严密隔音，听不到外面的任何声音，音响效果特别好。设计师设计它的时候还借鉴了钟乳洞音响的特点，为了回避钟乳洞内有回声的缺点，艺术中心内的墙面和椅子都使用羊毛来收录回声。

靠近亚拉河岸、艺术中心的南面是一个理想化的休息场所，人们在这里进餐、闲话家常，或是做着观看表演前的准备，或是缓解游览后的疲乏，在悠闲中又忙着充实、调整自己。

维多利亚艺术中心由维多利亚艺术中心信托经营管理，其范围包括尖顶剧场、维多利亚剧场、剧院、摄影室、墨尔本音乐厅、表演艺术博物馆、展览厅以及圆形露天剧场等。

中心内的剧院共有三座表演厅，其中最大的州立剧院，专门供国际性的剧团演出。观众座位分为3层共2085席，舞台面积达1067平方米。剧院基于平等的原则，不设包厢，只要付得起票价，每个人都有机会买到最好的贵宾席。该剧院的第一出剧是由澳洲歌剧团担纲演出的《屋顶上的提琴手》。

中心的表演屋舞台面积321平方米，座位有750 ~ 884席，视舞台使用的情形而定，主要是给国内的小型剧团表演，休息室有澳洲原住民艺术展览。最小的表演室，舞台面积81平方米，座位367席，座位可移动，是一处多功能的表演场地，主要供戏剧演出。

中心内的维多利亚美术馆是澳洲第一座公共美术馆，建于1861年，是澳大利亚最大的美术馆之一。这是一座蓝色的岩石一般的建筑，周围环绕着清澈的池水。为了防火，通向街道的一面都没有窗户，远看就像一座城楼。蓝色的城楼倒映在水中，成为一种别致的景色。最具有匠心的是美术馆的大门，它是用玻璃镜制成的屏墙，清水不断沿玻璃镜倾泻而下，好像形成一挂迷迷蒙蒙的瀑布。人们穿过这座玻璃门，就好像进入孙悟空的花果山水帘洞一样。美术馆拥有70 000件馆藏作品，从照片、面料到雕塑、绘画；从旧的玩物到屏风画；还包括澳洲土著居民艺术作品。这些作品分门别类、分区划时、争相辉映。这些历史的、当代的艺术珍宝足以让人领略到遥远的澳洲维多利亚式风情，而在这奇异的风情旅行中又能让人领略到澳洲人的现代风采。

维多利亚艺术中心

中心的墨尔本音乐厅1982年投入使用，有2 600个座位，座椅采用淡红、淡黄、淡青和淡灰四色，分别代表澳大利亚特有的珊瑚、沙漠、薰衣草和灰色动物，具有浓郁的民族特色和很高的艺术水平，集中了澳大利亚传统工艺的精华。音乐厅地下室有一处专供游客参观的化妆室，里面有结束演出后捐给艺术中心的戏服，包括《窈窕淑女》、《卡门》、《歌剧魅影》等，游客可以穿上戏服，过过干瘾，并拍照留念。

维多利亚艺术中心东边的悉尼梅尔户外音乐台也是维多利亚艺术中心信托所经营管理，该音乐台可同时容纳12 000人，其中10 000人为户外场地，2 000人则有顶篷遮蔽。这里是举办各种户外音乐会、芭蕾舞、摇滚乐的场所，许多国际著名的歌星、乐团都曾在此办过演唱会。在冬天，这里还可转换为临时的户外溜冰场。总之，艺术中心为一综合性大厦，除博物馆、剧院等外，还有画廊、酒吧、咖啡座、餐厅等，不少人喜欢周末在此感受一下中心的文化和艺术的氛围。

# 第二节　新西兰的著名建筑

## 天　空　塔

天空塔有“空中赌场”之称，是一座观光及电台广播塔。该塔塔高 328 米，位于新西兰最大城市奥克兰市中心的维多利亚街和霍布森街之间，是新西兰的标志建筑物，南半球最高的建筑，也是世界高塔联盟的成员之一。它就像奥克兰的指挥棒，调动着奥克兰的主旋律，指挥着周围建筑像演奏者般向它看齐。

天空塔始建于 1996 年，耗时 2 年 9 个月，于 1997 年 3 月 3 日正式开幕。天空塔共用 15 000 立方米的混凝土和 2 660 吨的强力钢铁建成，地基深达 15 米，重达 2 100 万千克。天空塔高度安全，可抵御每小时 200 千米的强风，40 千米外的里氏 7 级的地震，即使有 20 千米外的里氏 8 级地震也不会倒下来。塔上在 190 米处有多层观景台和高倍望远镜，可以

新西兰天空塔远景

方便游客观赏奥克兰的全景，游客还可鼓起勇气站在玻璃地板上观赏足下的风景。低头一望，繁华的市区街道尽在脚下。主观景台内设有电脑，游客可使用它们检索在观景台看到的景点资料。天空塔设有旋转餐厅，用餐时，奥克兰全景可一一展现在眼前，在晴天可以看到方圆 82 千米之远。还有多种语言的广播服务和交互式科技设备以及视听展览。

天空塔与其他的建筑连成一体，组成巨大的天空城。城中汇集了新西兰最大的赌场、10 个餐厅和酒吧、4 星级和 5 星级的宾馆、剧场以及许多独一无二的旅游冒险活动，它还有巨大的地下停车场和城际公交总站。赌场是亚洲人经常光顾的地方，里面各种赌博应有尽有，还设有咖啡吧，经常有文艺表演助兴。每年春节还有中国文艺节目表演，例如舞狮。观看文艺表演是免费的，游客进去后，可以不赌，只看表演。到赌场游客必须衣冠整洁，否则不允许进场。对于大赌家，赌场专门设有贵宾室，有专人侍候你进出。

塔内部还有三部透明玻璃高速电梯，每 15 分钟可乘载 255 人，高速电梯以时速 18 千米的速度上升，40 秒后，人就能像天使一样地俯视整个奥克兰市。同时在这里还可以考验自己的体力与毅力，挑战天空塔 1267 阶的楼梯。由天空塔底层开始以时速 4 千米，需时 29 分钟爬上塔顶。奥克兰的天空塔曾经举行爬楼梯竞赛，竞争者中有人创下仅以 5 分 17 秒的时间爬上超过 1 000 个阶梯的惊人纪录。

# 第五部分　非洲篇

## 第一节　埃及的著名建筑

### 卡纳克神庙

卡纳克神庙巨柱

卡纳克神庙立柱

卡纳克神庙是埃及中王国及新王国时期首都底比斯的一部分，太阳神阿蒙神的崇拜中心，古埃及最大的神庙所在地。该庙位于开罗以南700千米处的尼罗河东岸，遗址占据当时底比斯东城的北半部。古埃及人由于崇奉太阳神“拉”和地方神“阿蒙”，所以，各地为“拉”和“阿蒙”神建造了许多神庙，卡纳克阿蒙神庙便是其中最著名的。

由于中王国和新王国各朝都是从底比斯起家而统治全国的，底比斯的地方神阿蒙神也因此被当作王权的保护神，成为埃及众神中最重要的一位，阿蒙神庙也因之成为全国最大最富有的神庙。

作为埃及最大的神庙，卡纳克神庙

卡纳克神庙神兽雕像

卡纳克神庙雕像

给人的感觉就是夸张，塔门巨大而厚重，雕像高大而挺拔。最神奇的方尖碑，高 30 米，重 320 吨，也不知它是怎么从阿斯旺的山体上分离出来，又如何在卡纳克神庙竖起的。中国古代文人追求语不惊人死不休的境界，古埃及人则做到了“塔”不惊人死不休，庙不惊人死不休。卡纳克神庙之所以如此著名，不仅因为它的壮丽，而且因为它的建筑元素，例如大圆柱和轴线式设计，先后影响了希腊建筑和世界建筑。

历经沧桑的卡纳克神庙最让人着迷的是刻在柱上、墙上、神像基座上优美的图案和象形文字。有战争的惨烈，有田园生活的幸福，有神灵与法老的亲密……这是石刻的历史，连环画似的告诉你一个遥远而辉煌的过去。世上有许多景点是用来观赏的，而到这里才发现，卡纳克神庙是用来读的。从现在柱顶残留的彩绘，可以毫不费力地想象出神庙 3 000 年前的风采。这座神庙是研究中王国和新王国历史、文化的重要考古遗迹。

卡纳克的阿蒙神庙始建于中王国时期，至新王国第十八王朝大加扩建，第十九、二十王朝又续有增修。到新王国末期，它已拥有 10 座门楼（古埃及一般庙宇仅有 1 座门楼），各座门楼又有相应的柱厅或庭院。全庙平面略呈梯形，主殿按东西轴向布置，先后重叠门楼 6 座，又从中心向南分支，另列门楼 4 座。除主殿供奉阿蒙神外，还另建供奉阿蒙之子柯恩斯神和阿蒙之妻穆特神的庙宇。

阿蒙神庙由许多部分所组成。其中最主要的就是神庙大柱厅（公元前 14 世纪至前 13

世纪）。该厅长 366 米，宽 110 米，面积约 5 000 平方米，有 6 道大厅，134 根石柱，分成 16 排。中央两排的柱子最为高大，其直径达 3.57 米，高 21 米，上面承托着长 9.21 米，重达 65 吨的大梁。其他柱子的直径为 2.74 米，高 12.8 米。在柱顶的柱帽处，可以安稳地坐下近百人，其建筑尺度之大，实属罕见。在门楼和柱厅圆柱上有丰富的浮雕和彩画，既表现宗教内容，又歌颂国王业绩，并附有铭文。站在大厅中央，四面森林一般的巨大石柱，处处遮挡着人们的视线，给人造成一种神秘而又幽深的感觉。虽然由于年代的久远，致使神庙已破败不堪，然而，透过那仅存的部分，人们依然能够感受和想象到卡纳克神庙当年的宏伟壮丽。

方尖碑是世界上第一位女王、古埃及唯一的女法老哈特谢普苏特女王所立，碑身全高 29 米，重 323 吨，是当时最高的方尖碑，也是现在埃及境内最高的方尖碑。哈特谢普苏特女王是开创古埃及新王国时期一代盛世的图特莫斯一世法老的女儿，图特莫斯二世法老的同父异母妹妹兼王后，图特莫斯三世法老的姑姑、嫡母和岳母。女王自幼志向远大，秉性刚强，立志要当全埃及的最高统治者，在辅佐丈夫图特莫斯二世法老执政期间，即热衷朝政，觊觎国家统治权力。当二世去世以后，迫于女子不能当法老的世俗压力，女王不得不扶植自己的庶子、年仅九岁的图特莫斯三世当了法老。无奈三世也是一代英主，当年事稍长，便不甘傀儡，蠢蠢欲动。女王于心不甘，于是废黜三世并把他赶到卡尔纳克神庙里来当了一名普通祭司，自己这才加冕登极。为了应天顺人，女王花了七个月的时间从阿斯旺采下石料制成当时全埃及最大最高的两座方尖碑，沿尼罗河长途运输 150 千米，立在这座全埃及最大最神圣的神庙里，献给太阳神阿

卡纳克神庙彩绘

蒙，并在碑上刻下铭文称自己为阿蒙神的女儿和儿子，以此证明自己承继大统的合法性。

自古以来，人类历史总是不乏戏剧性的场面。22 年后，被女王贬到神庙里当祭司的图特莫斯三世依赖神庙祭司集团的势力，发动政变重新夺回了王位。三世痛恨女王废黜自己，在全国范围内对女王进行了全面的清算，凡是有女王名字和雕像的地方统统抹掉，凡是女王建造的建筑统统毁掉。极其有意思的是，图特莫斯三世没有摧毁女王在尼罗河西岸为自己建造的神殿，也没有推倒女王在这里建造的两座方尖碑，而是砌起高墙把它们遮挡了起来，只在最顶端留下了 4 米高的一段，上面刻的是歌颂阿蒙神的文字。结果是，高墙的遮挡反而更好地保护了女王的方尖碑，当后来高墙倒了以后，人们发现，女王的方尖碑没有风化，没有破坏，几乎完好无损，而且在顶端处可以清清楚楚地看到当时高墙遮挡的印记。只是另外一座方尖碑已经断裂，倒在神庙里的角落里，无言地向人们诉说着那段充满爱恨情仇的历史。

## 金 字 塔

在非洲古国埃及的尼罗河畔，开罗城近郊的广袤沙漠中，巍然耸立着一群巨大的方锥形建筑物，这就是全球著名的古代世界八大奇观之首的埃及金字塔。它们气势威严，历经沧桑，迄今已有四五千年的历史。它们不仅是古埃及高度文明的象征，而且是人类遥远历史的见证。由于这些塔的形体极似汉字的“金”字，因此在中国被称为“金字塔”。在欧洲则被称为“庇拉米斯”，是古埃及语“高”的意思，可见高大是金字塔的特征。

埃及金字塔是奴隶制帝王的陵墓，这些国王生前穷奢极欲，死后也仍想主宰天下。因此，他们就在生前不惜一切代价为自己修造所谓的“永久坚固的寓所”——金字塔，希望能永远保存自己的尸骨和尊严。在埃及从第三王朝起便开始兴建金字塔，在公元前约 2800 年至公元前 2300 年之间，金字塔建造进入盛行的时代。

现在，埃及金字塔已经作为世界奇观，傲对碧空，成为人们探寻四五千年前古埃及文化遗迹的巨大宝库和当今闻名世界的旅游胜地。不过，这些金字塔里至今还有许多难以揭开的各种谜团，金字塔到底凝结着古埃及人多少知识和智慧，还有待于后人逐渐去解开。

非洲埃及金字塔

在埃及有大、小金字塔70余座。第一座是埃及第三王朝国王杰赛尔的阶梯形金字塔，后来的角锥形金字塔，是在此基础上发展演变而来的。其中位于开罗郊区吉萨城附近的胡夫和哈夫拉两座金字塔世界闻名，再加上显示国王威严的狮身人面像，成为埃及金字塔风光的象征。金字塔这样的宏伟建筑，有人认为是天外来客所建，金字塔巍峨壮观地坐落在地球上，成为人类史上一座不朽的丰碑。它生动具体地告诉人们：古代埃及的奴隶们是怎样在没有火药、没有机械的年代，利用双手及简单工具创造出这一惊人的奇迹。

金字塔是古埃及奴隶制国王的陵寝。这些统治者在历史上被称之为“法老”。古代埃及人对神的虔诚信仰，使其很早就形成了一个根深蒂固的“来世观念”，他们甚至认为“人生只不过是一个短暂的居留，而死后才是永久的享受”。因而，埃及人把冥世看作尘世生活的延续。受这种“来世观念”的影响，古埃及人活着的时候，就诚心备至、充满信心地为死后做准备。每一个有钱的埃及人都要忙着为自己准备坟墓，并用各种物品去装饰坟墓，以求死后获得永生。以法老或贵族而论，会花费几年，甚至几十年的时间去建造坟墓。

相传，古埃及第三王朝之前，无论王公大臣还是老百姓，死后都被葬入一种用泥砖建成的长方形的坟墓，古代埃及人叫它“马斯塔巴”。后来，有个聪明的年轻人叫伊姆荷太普，在给埃及法老左塞王设计坟墓时，发明了一种新的建筑方法。他用山上采下的呈方形的石块来代替泥砖，并不断修改修建陵墓的设计方案，最终建成一个六级的梯形金字塔——这就是现在所看到的金字塔的雏形。

在古代埃及文中，金字塔是梯形分层的，因此又称作层级金字塔。这是一种高大的角锥体建筑物，底座四方形，每个侧面是三角形。伊姆荷太普设计的塔式陵墓是埃及历史上的第一座石质陵墓。位于萨卡拉的佐塞尔金字塔是这类金字塔较为典型的代表。它建于公元前2750年，是埃及历史上第一座完全用石头造的巨大的建筑物。

吉萨金字塔

左塞王之后的埃及法老纷纷效仿他，在生前就大肆为自己修建坟墓，从此在古埃及掀起一股营造金字塔之风。由于金字塔起源于古王国时期，而且最大的金字塔也建在此时期内，因此，埃及的古王国时期又被称为金字塔时代。古代埃及的法老们为什么要将坟墓修成角锥体的形式，即修成汉字中的金字形呢？原来，在最早的时候，埃及的法老是准备将马斯塔巴作为死后的永久性住所的。后来，大约在第二至第三王朝的时候，古埃及人产生了国王死后要成为神，他的灵魂要升天的观念。在后来发现的《金字塔铭文》中有这样的话："为他（法老）建造起上天的天梯，以便他可由此上到天上"，金字塔就是这样的天梯。同时，角锥体金字塔形式又表示对太阳神的崇拜，因为古代埃及太阳神"拉"的标志是太阳光芒。金字塔象征的就是刺向青天的太阳光芒。因为，当你站在通往基泽的路上，在金字塔棱线的角度上向西方看去，可以看到金字塔像撒向大地的太阳光芒。《金字塔铭文》中有这样的话："天空把自己的光芒伸向你，以便你可以去到天上，犹如拉的眼睛一样。"后来古代埃及人对方尖碑的崇拜也有这样意义，因为方尖碑也表示太阳的光芒。

古埃及所有金字塔中最大的一座，是第四王朝法老胡夫的金字塔。这座大金字塔原高146.59米，经过几千年来的风吹雨打，顶端已经剥蚀了将近10米。在1888年巴黎建造起埃菲尔铁塔以前，它一直是世界上最高的建筑物。这座金字塔的底面呈正方形，每边长230多米，绕金字塔一周，差不多要走一千米的路程。胡夫的金字塔，除了以其规模的巨大而令人惊叹以外，还以其高度的建筑技巧而得名。塔身的石块之间，没有任何水泥之类的黏着物，而是一块石头叠在另一块石头上面的。每块石头都磨得很平，至今已历时数千年，就算这样，人们也很难用一把锋利的刀刃插入石块之间的缝隙，所以能历数千年而不倒，这不能不说是建筑史上的奇迹。另外，在大金字塔身的北侧离地面 13 米高处有一个用四块巨石砌成的三角形出入口。这个三角形用得很巧妙，因为如果不用三角形而用四边形，那么，一百多米高的金字塔本身的巨大压力将会把这个出入口压塌。而用三角形，就使那巨大的压力均匀地分散开了。在四千多年前对力学原理有这样的理解和运用，能有这样的构造，确实是十分了不起的。

胡夫死后不久，在他的大金字塔不远的地方，又建起了一座金字塔。这是胡夫的儿子哈夫拉的金字塔。它比胡夫的金字塔低三米，但由于它的地面稍高，因此看起来似乎比胡夫的金字塔还要高一些。塔的附近建有一个雕着哈夫拉的头部而配着狮子身体的大雕像，即所谓狮身人面像。除狮爪是用石块砌成之外，整个狮身人面像是在一块巨大的天然岩石上凿成的。它至今已有 4500 多年的历史。

为什么刻成狮身呢？在古埃及神话里，狮子乃是各种神秘地方的守护者，也是地下世界大门的守护者。因为法老死后要成为成太阳神，所以就造了这样一个狮身人面像为法老守护门户。

第四王朝以后，其他法老虽然建造了许多金字塔，但规模和质量都不能和上述金字塔相比。第六王朝以后，随着古王国的分裂和法老权力下降以及埃及人民的反抗和有些人的盗墓，法老的“木乃伊”被从金字塔里拖出来，所以埃及的法老们也就不再建造金字塔，而是在深山里开凿秘密陵墓了。

狮身人面像

英国一位名叫约翰·泰勒的人，是天文学和数学的业余爱好者，更是金字塔的发烧友，对金字塔有很多惊人的发现。他曾根据文献资料中提供的数据对金字塔进行了研究。经过计算，他发现胡夫大金字塔包含着许多数学上的原理。首先，他注意到胡夫大金字塔的底角不是 60°而是 51°，从而发现每壁三角形的面积等于其高度的平方。另外，塔高与塔基周长的比就是地球半径与周长的比，因而用塔高来除底边的 2 倍，即可求得圆周率。泰勒认为这个比例绝不是偶然的，他证明了古埃及人已经知道地球是圆形的，还知道地球半径与周长的比例，泰勒的观念受到了英国数学家史密斯教授的支持。1864 年，史密斯在实地考察胡夫金字塔后，声称他发现了更多的胡夫大金字塔的奥秘。如塔高乘 10 的 9 次方就等于地球与太阳之间的距离；塔基的周长按照某种单位计算的数据恰为一年的天数等。也就是说，大金字塔不仅包含着长度的单位，还包含着计算时间的单位。史密斯的这次实地考察受到了英国皇家学会的赞扬，他被授予了学会的金质奖章。后来，另一位英国人费伦德齐·彼特里带着他父亲用 20 年心血精心改进的测量仪器又对着大金字塔进行了测绘。在测绘中，他惊奇地发现，大金字塔在线条、角度等方面的误差几乎等于零，在 350 米的长度中，偏差不到 0.63 厘米。研究人员还发现，胡夫金字塔底面正方形的纵平分线延伸至无穷处，正是地球的子午线，这条纵平分线把地球上的陆地和海洋分成了两半，也把尼罗河口三角洲平分；而底面正方形对角线延长，则能将尼罗河口三角洲包括在内；而塔的中心刚好位于各大陆引力的中心。

关于金字塔有太多的未知，比较令人关注的十二大未解之谜现在仍为爱好者讨论研究。它们分别为图拉古迹的探索、浇铸条石的密接、人面狮身像、建筑的秘密、动植物死后千年不腐、第 200 个被跌死的人、奇妙的功能及其他、金字塔的仰角、墓穴笼罩的神秘面纱、秘密的通道和完整的船、百慕大下的金字塔、关洲庞然大物群。

## 亚历山大灯塔

亚历山大灯塔也叫“法罗斯岛灯塔”，位于埃及亚历山大港对面的法罗斯岛上，是古代世界七大奇迹之一，其名气远远超过金字塔。

公元前 280 年秋天的一个夜晚，月黑风高，一艘埃及的皇家喜船，在驶入亚历山大港时，触礁沉没了，船上的皇亲国戚及从欧洲娶来的新娘，全部葬身鱼腹。这一悲剧，震惊

埃及亚历山大灯塔想象图

了埃及朝野上下。也正因此，埃及国王托勒密二世下令在最大港口的入口处修建导航灯塔。大约在公元前 283 年由小亚细亚的建筑师索斯特拉特设计，经过 40 年的努力，一座雄伟壮观的灯塔竖立在法洛斯岛的东端。它亦是当时世上最高的建筑物，立于距岛岸七米处的石礁上，人们将它称为“亚历山大法洛斯灯塔”。这是一座不带有任何宗教色彩，纯粹为人民实际生活而建的功德性建筑。灯塔的烛光在晚上照耀着整个亚历山大港，保护着海上的船只的安全。

从公元前 281 年建成点燃起，直到公元 641 年阿拉伯伊斯兰大军征服埃及，火焰才熄灭。它日夜不熄地燃烧了近千年，这是人类历史上火焰灯塔所未有过的。

这座 135 米高的巨型灯塔屹立了 1000 多年之久才被地震所毁。许多埃及的早期伊斯兰教清真寺的尖塔都模仿了亚历山大灯塔的三层式设计，这足以显示灯塔在建筑学上的广泛影响。

亚历山大灯塔还成了许多语言中“灯塔”一词的语源，例如希腊语、保加利亚语、和许多其他的罗曼语，例如法语、意大利语、葡萄牙语、西班牙语、罗马尼亚语和加泰罗尼亚语等。

亚历山大灯塔高120米，加上塔基，整个高度约135米。塔楼由三层组成：第一层是方形结构，高60米，里面有300多个大小不等的房间，用来作燃料库、机房和工作人员的寝室；第二层是八角形结构，高15米；第三层是圆形结构，上面用8米高的8根石柱围绕在圆顶灯楼。灯楼上面，矗立着8米高的太阳神赫利俄斯站立姿态的青铜雕像。整座灯塔都是用花岗石和铜等材料建筑而成，灯的燃料是橄榄油和木材。整个灯塔的面积约930平方米。聪明的设计师还采用反光的原理，用镜子把灯光反射到更远的海面上。这座无与伦比的灯塔，夜夜灯火通明，兢兢业业地为入港船只导航，它给舵手带来了一种安全感。

该塔的方形塔基高14米，实质上是覆盖在大岩礁上的一座三四层高的大棂。在塔基正中拔起的下层塔身有71米高，同样为方形，上端四角各有一尊《波赛东之子吹海螺》的青铜铸像，朝向四个不同的方向，用以表示风向和方位。中层塔身又缩成细柱形，九米高。在中层塔身的八角方位上立起八根石柱，共同支起一个圆形塔顶。这个洋葱头形的圆塔顶，成了后来伊斯兰清真寺建筑的重要参考借鉴物。上层塔身之上是一圆形塔顶，其中一个巨大的火炬不分昼夜地冒着火焰。塔顶之上铸着一尊高约七米的海神波赛东青铜立像，为这座建筑增添了神话与艺术的风采。

尽管现在亚历山大灯塔已荡然无存，但每年仍有成千上万的国际旅游者前去观光。或许是为了弥补某种遗憾，也或许是想从遗留的资料和遗迹中搜寻出灯塔曾经的风采。

## 阿布辛拜勒神庙

阿布辛拜勒神庙是古埃及规模最大的岩窟庙建筑，位于埃及和苏丹交界的努比亚地区。阿布辛拜勒神庙是拉美西斯最伟大的作品，这座神庙是献给阿蒙、拉·哈拉凯悌和普塔神的，并且还纪念拉美西斯二世本人，实际是一座神庙和祭庙的结合体，现在已成为埃及著名古迹。这一古代建筑群继承和体现了古埃及数千年宗教建筑艺术的特点，在古埃及法老时期，

阿布辛拜勒神庙远景

这里就建造了城市、宫殿和寺庙，这里是埃及古文明的见证。努比亚地区最著名的建筑是大庙、王后寺庙及菲莱神庙。阿布辛拜勒的大庙和王后寺庙是这里最雄伟的建筑。神庙在设计和建筑时，把当时最先进的地理、天文、数学等知识巧妙地吸收和运用了进来，创造了独特的“日出奇观”。整个寺院都是在尼罗河西岸的悬崖峭壁凿出来的，这里与埃及古文明紧密相连。

努比亚遗址，承载着古努比亚文明，令人惊叹的宏伟建筑堪称伟大的世界奇迹，但它更是人类协同保护世界遗产的一件杰作。1979 年，联合国教科文组织将阿布辛拜勒至菲莱的努比亚遗址作为文化遗产，列入《世界文化及自然遗产保护名录》。

阿布辛拜勒神庙为第 19 王朝法老拉美西斯二世（约前 1304 年～前 1237 年在位）所建，共有大小两座，全部在尼罗河西岸峭壁上凿刻而成。大庙（主庙）奉祀赖神（太阳及王权之神），庙内分 3 个大厅，深入峭壁达 56 米。庙前有 4 尊拉美西斯二世的巨像，取端坐姿势，像高 20 米，是古埃及岩窟造像中最大的。小庙奉祀哈托尔（苍天女神），庙前有 4 尊国王立像和 2 尊王后涅菲尔提里像，造像较小，但王后姿态美丽动人。

阿布辛拜勒的岩窟庙依山傍岩，在峭壁斜坡上开凿洞口。大庙门面或许可以称为塔门，高 32 米，长 36 米，塔门洞口两旁雕刻有高约 21 米的四座拉美西斯二世坐像。洞口内还有柱厅以及位于庙内深处的供奉诸神及其本人的雕刻坐像。洞窟内全长 60 米，每年 2 月 21 日拉美西斯二世生日，以及 10 月 21 日拉美西斯二世加冕日时，在这座神庙都会发生的一种奇怪的现象：阳光会穿过长长地厅堂，铺洒在阿蒙·拉的神像上，紧接着便是拉美西斯二世和拉·霍拉提克的雕像上，而另一侧的普塔赫却完全照不到阳光。现因建筑阿斯旺大

阿布辛拜勒神庙雕刻 1

阿布辛拜勒神庙雕刻 2

阿布辛拜勒神庙雕刻 3

坝的原因，从1968年开始，庙址迁移到离尼罗河201米远的65米高处，这时让人更加奇异的事情发生了：当阿布·辛拜勒神庙因阿斯旺大坝而动迁后，阳光照射到雕像的两个日子也都分别向后推迟了一天。

在阿布辛拜勒庙附近，还有一座献给他的妻子尼斐尔泰丽的较小的岩窟庙。庙的正面排列六座雕像，除拉美西斯二世的三座外，还有补充描绘为哈托尔神形象的尼斐尔泰丽的三座雕像。

埃及的阿布辛拜勒神庙真正称得上是伟大的世界奇迹。令人惊叹的不仅在于如此宏伟的建筑是在没有任何机械帮助的条件下建造而成的，而且还在于它的淹没、发现和搬迁的整个过程。

在这组神庙建筑群中，献给女神伊西斯和哈索尔的菲莱神庙，是唯一一座融埃及法老时代的建筑风格和希腊、罗马建筑风格于一体的综合性建筑。相传，伊西斯和奥西里斯是一对相敬相爱的好夫妻，奥西里斯是埃及人们的王。奥西里斯教古埃及人耕作，深得人民的爱戴。他的弟弟赛特嫉妒他，将他杀害后碎尸万段，扔在埃及各地。伊西斯为了寻找丈夫的尸骨，跋涉千里，最后终于找全了丈夫的尸骨，并借助神力，使丈夫恢复了半个生命。后来，伊西斯生了一个鹰头人身的孩子名叫“荷鲁斯”。她偷偷地把儿子抚养成人，终于报了杀夫之仇。古代埃及人把伊西斯视为生命和母性的女神。他们认为，每年尼罗河水泛滥，都是由于伊西斯在寻找丈夫时痛哭流泪形成的。

## 卢克索神庙

卢克索神庙是古埃及供奉太阳神阿蒙、其妻穆特和其子柯恩苏的神庙。该神庙是一座巨大的古埃及神庙，它位于埃及中南部城市，坐落在尼罗河东岸的卢克索城内（古时称底比斯），它是在新王国时期建成的，在埃及语中它被称作“阿蒙南方的闺房”。卢克索神庙从公元前 15 世纪阿曼侯泰三世开始建造，直到公元前 4 世纪的亚历山大大帝时期才完成。这座神庙在新王国时期是每年奥皮特节的中心，在节日中，一座太阳神的雕像会从附近的卡纳克神庙沿尼罗河游行至此，并且会和他的配偶自然神在这里停留一段时间以庆祝丰收。

埃及卢克索神庙

卢克索神庙的前院有一条两旁蹲坐着上百座狮身人面像的大道通向东北方向，在古代，这条大道是连接卢克索神庙与 2.5 千米外的卡纳克神庙的纽带，在这些狮身人面像之间还种有树和花。神庙前院的围墙现在已经所剩无几，在这里引人注目的是前院北部一座由泥砖建的赛拉匹斯小神庙。前院的西南是一座巨大的大门，在古代这里有拉美西斯二世的两尊坐像、四尊立像和两座方尖塔。今天这些像中只剩下了两尊坐像、一尊立像和一座方尖塔。1836 年总督穆罕默德·阿里将一座方尖塔送给了法国国王路易·菲利普，今天这座卢克索方尖塔位于巴黎协和广场。作为交换，穆罕默德·阿里为开罗的一座清真寺获得了一座钟塔。

神庙的大门两边有两条很厚、很高的墙，墙的外部有拉美西斯二世与赫梯作战的凹浮雕。右墙上的浮雕是拉美西斯二世正在大本营中开战前会议，与此同时赫梯正在进攻埃及的营地；左墙上的浮雕是拉美西斯二世向加低斯追击逃跑的赫梯人，过去这里还有四根旗杆。

通过大门进入拉美西斯二世建造的第一院，这个院被两重廊柱围绕。这些廊柱由纸莎草捆组成，上有柱台。院的东部现在是一座清真寺，这座清真寺位于神庙地基以上五米高的地方，原因是清真寺被建造时神庙已经被埋在五米深的尘土下了。院的西面是女王哈特谢普苏特的一座小圣堂，这座圣堂由三座屋组成，分别献给姆特、阿蒙和孔斯。院的内墙上画有祭祀的场面以及拉美西斯的儿子们。院子的后面的像上虽然有拉美西斯的名字，但是有些是阿蒙霍特普三世时候留下的，仅仅将名字改变了。通过第一院后接着进入一道柱廊，这道柱廊由七对纸莎草捆柱组成，在柱廊入口后不久两边就各有一尊法老像，其后的一对坐像显示着阿蒙与姆特。虽然这些像上刻有拉美西斯的名字，但是从

卢克索神庙的立柱

风格上它们应该是埃及第十八王朝时造的。柱廊两边的墙上绘有奥皮特节的情景。

柱廊的后面是阿蒙霍特普三世建造的第二院，它的三面也有双重的纸莎草柱围绕，柱上有柱台。1989 年在修复时在三米深处发现了多座法老、神和狮身人面像，今天它们被展出在卢克索博物馆。第二院的南边是一座廊柱殿，它由数十根廊柱支撑，其浮雕显示阿蒙霍特普三世在底比斯的众神前以及他的加冕。左右两边各有一座小神殿，这两座小神殿分别是奉献给姆特和孔斯的。通过中间的门是罗马时代祭奉皇帝的厅，在神坛的两边有两道科林斯廊柱。神坛后有一条通道通到一个有多根柱的廊柱厅，此后是圣殿，这里是放阿蒙的担架的地方。厅墙的浮雕显示亚历山大大帝与众神，通过东厅游客可以到达其他大厅。经过北面的门进入诞生厅，厅西墙上的浮雕显示阿蒙霍特普三世的诞生：从他母亲通过阿蒙怀孕到他出生，对面的浮雕显示了他登基的情形。

## 第二节　津巴布韦的著名建筑

### 大津巴布韦遗址

大津巴布韦遗址是撒哈拉以南非洲大陆最重要的古代遗迹，位于津巴布韦马斯温哥省哈拉雷以南约 300 千米处，总面积达 72 000 平方千米，共由 90 多万块花岗石砌造而成。这些石块连接未用任何黏合物，至今仍坚固挺拔，宏伟壮观。

津巴布韦始于 12 世纪的非洲古国，有人将大津巴布韦壮观而又神秘的石头建筑归功于希巴皇后，然而它们却是地道的非洲人的杰作。有人认为它是由公元前来自地中海的腓尼基人建造的，也有人认为是阿拉伯人建造的，但更多的人则认为是非洲黑人建造的。事实上大津巴布韦完全是非洲人自己创建的，因为那里早期生产的陶器和人工制品与现代班图人（现居非洲南部）的器具非常相似，这为此提供了有力的证明。那些试图证明外来民族曾在此居住的努力已归于失败，许多试图证明这类观点的材料也被一一否定。

大津巴布韦有许多令人难忘的石头结构的遗址，它们既没有灰泥，也不用拱门和圆顶，这对现代人来说仍是一个谜。因为在 19 世纪，一些寻宝者不负责任的行为极大地阻碍了今天的考古工作。这些寻宝者以罗得迪古迹开发公司的名义，对这一历史古迹进行了合法的洗劫。

大津巴布韦国家纪念地包括早期的一些卫城、石墙围成的椭圆形的围场和围场之间河谷中的各类建筑遗址。大津巴布韦遗址的山顶建筑是遗址最古老的部分，建在 100 米高山顶上，设有堡垒和围墙，是国王的住所。山下石廓是遗址规模最大的一部分，呈椭圆形，是王后和嫔妃的住所。石廓内高 11 米、底部直径 6 米的锥形石塔，现已成为大津巴布韦遗址古文化的象征。谷地建筑是大臣和其他重要人物的住所，许多著名文物都在此出土，如刻有“津巴布韦鸟”的石雕，津巴布韦国徽、钱币上都有此“鸟”的图案。

“大津巴布韦”在班图语中意为“受敬仰的石头城”，在公元 13 至 15 世纪，曾是南部非洲古王国的都城，遗址在 1877 年被发现。大津巴布韦是这些遗址中最大、最壮观的一个由围墙围成的圆表区域，其代表的古代非洲文明，被称为“津巴布韦文化”。大津巴布韦的文明在 13 世纪到 16 世纪达到顶峰，繁荣了很长时间，并建造了许多在当时都显得很先进的建筑。这是极少数的撒哈拉以南地区土生土长的高度文明，当地的古代

大津巴布韦遗址

遗址证明了它的存在。1986 年，大津巴布韦遗址被联合国列入《世界文化及自然遗产保护名录》。

在大津巴布韦，高质量的砌石工艺最为引人注目，特别是椭圆形围场东北部的那堵墙。此墙高 9.1 米，底部厚度为 4.9 米。成“之”字形的顶部结构沿着长达 244 米的圆形围墙延续近 60 米。熟练的石匠首先需要将花岗岩修凿成形，然后按规则组合堆砌起来，将墙中心部分的碎石堆围住。这堵外墙以及围场内庙宇的内墙都建成曲线形状，并非笔直地延伸，这些内墙和通道究竟有何功用，已无法得知，不过围场和其中的庙宇看来是没有屋顶的。同样，围场内的石头圆锥塔的作用也令人费解。这实心的圆锥塔上也有“之”字形的结构。那些卫城矗立在高达 27 米的悬崖上，其入口是一条只容一人通行的阶梯，阶梯的台阶由大圆石和峭壁中间修凿而成。卫城外亦有一排城墙，一条宽四米的走道一直通向城墙的顶部，在顶部，每间隔一段距离就矗立着一块巨石。

大津巴布韦遗址三面环山，一面是波平如镜的凯尔湖。整个的遗址范围包括山顶的石岩和山麓的石头大围圈及其东面的一片废墟，组成了相互联系的建筑群。据考证，这座石头城建于公元 600 年前后，是马卡兰加古国的一处遗址。古城分为外城和内城两部分，外城筑在山上，城墙高 10 米，厚 5 米，全长 240 米，由花岗岩巨石砌成。内城建在山坡谷地，呈椭圆形。城内有锥形高塔、神庙、宫殿等，都由石块砌筑，而且这些建筑的入口、甬道和平台等都是在花岗岩巨石上就地开凿出来的。

大津巴布韦遗迹是一个大面积的复合体，使用了不用灰泥黏结只用石块建造的技术。这里有防御工程、塔状建筑和排水系统，占地达一万多亩，共有三组建筑：第一组是一连串如堡垒般的城墙，内有复杂通道、石级和走廊，这组建筑现在一般称作卫城。城墙与一个大孤丘结合在一起，随着岩石起伏，以精湛的技术把花岗岩石堆砌起来，顺其自然之势与大孤丘混为一体。站在卫城顶上，可把整个津巴布韦遗址风光尽收眼底，可见当初设计者的别具匠心。第二组是一处椭圆形花岗石围墙，称作神庙。围墙的东北、南、北三面分别有一个进出口，围墙高约六米，东面城高约九米，围墙底部宽约五米。神庙位于卫城下的平地上，至今仍然完整无缺，充分显示出当初建造者的艺术才干和建筑水平。庙内有一座气势庄严的高塔。第三组介于围墙和神庙之间，包括好多小的房屋。

# 第三节　埃塞俄比亚的著名建筑

## 拉利贝拉独石教堂群

拉利贝拉独石教堂群的狭小入口

拉利贝拉独石教堂群是埃塞俄比亚著名宗教建筑群，该建筑群位于埃塞俄比亚首都亚的斯亚贝巴北300多千米的拉斯塔山脉附近的拉利贝拉丛林中，又名拉利贝拉岩石教堂。

拉利贝拉岩石教堂始建于公元12世纪后期拉利贝拉国王统治时期，是12世纪至13世纪基督教文明在埃塞俄比亚繁荣发展的非凡产物，有“非洲奇迹”之称。据说，12世纪埃塞俄比亚第七代国王拉利贝拉呱呱落地的时候，一群蜂围着他的襁褓飞来飞去，驱之不去。拉利贝拉的母亲认准了那是儿子未来王权的象征，便给他起名拉利贝拉，意思是“蜂宣告王权”。当政的哥哥哈拜起了坏心想要毒杀他，被灌了毒药的拉利贝拉三天长睡不醒，在梦里，上帝指引他到耶路撒冷朝圣，并得神谕：“在埃塞俄比亚造一座新的耶路撒冷城，并要求用一整块岩石建造教堂。”于是，崇信宗教的拉利贝拉国王为求得上帝的庇佑，下令在当地岩石层中修筑教堂。5 000多名工匠在建筑大师锡迪·梅斯亏尔的率领下，花费了30多年的时间，终于在岩石层开凿出了12座独石教堂。这些“同大地连成一体，建筑根植于地，上连天体，上下界浑然一体”的独石教堂城兼有宗教、政治、军事三项功用，它既

拉利贝拉独石教堂 1

拉利贝拉独石教堂 2

是王室的住地，也是信徒们祈祷的场所，在有敌情的时候，它还是坚固的防御要塞。

独石教堂于 1874 年被发现，1978 年，联合国教科文组织已将其列入《世界文化及自然遗产保护名录》。

埃塞俄比亚的岩石教堂举世无双，教堂开凿于地下的岩层，每一座教堂都是用一整块岩石雕刻、凿成的，布局、比例、风格上各具特色。均有古老的阿克苏姆式的石碑尖顶、凿空雕成的内部结构和装饰，如石柱形雕琢走廊、镂空透雕的门窗以及塑像、浮雕和祭坛等。教堂之间有地下过道和岩洞相通。

拉利贝拉的 11 座岩石教堂大致分为 3 群，彼此间由地道和回廊连为一个整体。每座教堂占地几十到几百平方米，相当于三四层楼房之高。由于教堂完全凿建在山体岩石内，工程异常艰难。首先要在山坡上寻找合适的完整的没有裂缝的巨型岩石，除去表层浮土和软岩，然后把四周凿出 12 ~ 15 米深的沟槽，使其与整个山体完全脱离。尔后在巨岩石内预留墙体、屋顶、祭坛、廊柱、门和窗，再极其艰难而小心地将岩石内不要的石块一点一点凿掉，形成空间，接着，在石壁上精雕细镂，最后成为一座具有特殊质感和观感的教堂。

在这些山岩教堂中，最大的教堂叫“梅德哈尼阿莱姆”，意为救世主教堂，这座教堂由一块长 33 米、宽 23.7 米、高 11.5 米的红岩凿成，面积达 782 平方米。它拥有 5 个中殿和一个长方形的廊柱大厅，28 根石柱，仔细琢磨后雕上了几何图案。屋顶为何克苏姆式尖顶，窗棂也镂雕成阿克苏姆的石碑式棂格。阿克苏姆文化的元素在这里得到了保持。

拉利贝拉的教堂中最引人注目的是耶稣基督教堂，它长 33 米，宽 23 米，高 11 米，精雕细刻的飞檐由 34 根方柱支撑。这是埃塞俄比亚唯一一个有五个中殿的教堂，据 16 世纪葡萄牙使馆派往所罗门宫廷的神父弗朗西斯科・阿尔瓦雷斯教父说，过去的阿克苏姆大教堂也有五个中殿。根据基督教的惯例，有三个分别面向东、北和南的门通向教堂内部。这是按长方形廊柱大厅式基督教堂修建的。呈东西向，隔成八间，28 根支撑半圆形拱顶的支柱成行排列其间。

圣玛丽亚教堂造型最为奇特，与耶稣基督教堂相邻，比耶稣基督教堂的面积小些，高度为九米。墙上的窗户为阿克苏姆风格，里面有三个中殿，其独特之处在于它们从上到下都覆盖着代表几何图案（希腊十安、万字饰、星形和圆花饰）和动物（鸽子、凤凰、孔雀、瘤牛、大象和骆驼）的装饰性绘画及按福音书描绘耶稣和玛丽亚生活场景的壁画，但大多均已损坏。一些专家认为这些绘画可追溯到扎拉·雅各布国王（1434—1465年）统治时期。主门之上是一个描绘两个骑手杀死一条龙的浅浮雕，由于埃塞俄比亚的圣所中很少有动画雕刻（实际上，在基督教的中东地区都是这样），所以这幅雕塑属珍品之列。

圣·乔治教堂更特别，建造圣·乔治教堂的整块巨型岩石被雕琢成正十字形，平面的屋顶上雕刻了一个巨大的十字架。从空中俯瞰，这座教堂犹如一个巨大的十字架矗立于大地上。这座教堂坐落在一个很深的岩石坑内，一个地下通道连接着它的入口，其内部装饰和陈设都极为朴素而庄严。

此外，这里的戈尔戈塔·米凯尔教堂是埋葬拉利贝拉国王的地方。

## 第四节　马里的著名建筑

### 杰内古城

杰内古城位于马里中部尼日尔河内三角洲最南端，它建造在尼日尔河流域一个防御性的小岛上。杰内古城建于公元前2世纪，以从事渔业和种植水稻为生的博博人是这里最早的居民。随后，诺诺人、索宁人先后来到这里定居，他们以精通商贸活动而闻名，所以马里古城是他们古代商业和穆斯林学术中心，被喻为“尼日尔河谷的宝石”。1988年联合国教科文组织将杰内古城作为文化遗产，列入世界遗产名录。

从公元9世纪或10世纪开始，杰内古城在黄金贸易以及苏丹地区其他商品贸易中发挥了重要作用。杰内人有经商传统。杰内的富裕商人们在城内择地而居，保持着特有的生活习惯、服饰以及烹饪方式。公元11世纪，从穆拉比王国分离出来的一部分移民在现在古城的位置上建立了统治。马里帝国于公元13世纪建立，它吞并了一度曾以黄金出口贸易闻名于撒哈拉地区的加纳王国。从此这里政治稳定、经济繁荣，原始的黑人文化在曼丁哥王朝的统治下发展起来。杰内城参与了黑非洲、马格里布以及欧洲之间的贸易往来。它和廷巴克图相互联系，并拥有一支庞大的船队。同时，它也是伊斯兰教的传播中心。

14 世纪，杰内古城达到了鼎盛期。黄金帝国马里的名声甚至传到欧洲。从公元 14 世纪起，杰内先后被马里帝国、桑海帝国和摩洛哥人所统治。公元 15 世纪和 16 世纪是杰内城的繁荣发展时期。16 世纪末，该帝国在外敌的不断入侵下衰败了。1893 年，法国人侵占了这座城市。

杰内城现有居民一万余人，市区分为杰内－杰诺（即老城区）、卡尼亚纳、托农巴和杰内几个部分，著名的摩尔式建筑散落在市区各处，使整个城市显得别致典雅，古风浓厚。这座城市迄今依然商贸繁华，是马里南部地区的重要商业城市。市内有大型阿拉伯市场，其中店铺林立，摊点密集，货物丰富，品类齐全，尤以出售当地精美的手工艺品著称。附近地区农业发达，牧业兴旺，巴尼河鱼类丰富，因而杰内城又是马里南部地区稻谷、小米、玉米、高粱、牲畜、肉类、鱼虾、皮革、水果集散中心。粮食加工、肉类加工、皮革制造等手工业发达。杰内交通依靠公路，城区以杰内清真寺为中心，10 多条纵横交错的宽阔马路通向全国各地。

杰内古城的建筑

杰内古城以独特的撒哈拉－苏丹建筑风格著称于世。城内的古建筑约有 2 000 座被完好地保存下来。杰内城的中央广场将由城分为东、西两个部分。东部的建筑物较多，有河港，商业活动频繁，王侯宅第颇具特色。西部为手工业区。

杰内古城建筑风格统一，是苏丹建筑艺术的代表。用灰泥涂抹的捣实黏土块是这些气候干旱国家的常用建筑材料。画有装饰的壁柱、筑雉堞以及护墙使建筑立面及其互相连接的通道精细别致。城市景观主体的大清真寺丰富了城市的立体线条。杰内是前伊斯兰教文化在尼日尔河内三角洲发展的杰出典范，整个杰内古城是一段辉煌历史时期的展现。在 14 世纪清真寺旧址上重建的杰内大清真寺，属于典型的撒哈拉——苏丹式建筑。

杰内清真寺结构新颖，色彩鲜明，式样独特，巧妙地将萨赫勒建筑风格和苏丹建筑艺术融为一体，充分显示出马里古代劳动人民的聪明智慧和精湛的建筑技艺，被称为精美的建筑杰作。

它没用一砖一石，而是用一种特殊的黏土和树枝建造而成。寺院占地面积 6 375 平方米，建筑面积 3 025 平方米，大清真寺内可同时容纳 2 000 多人做祈祷。100 根粗大的四方体泥柱支撑着祈祷大厅屋顶，屋顶上开有 104 个直径 10 厘米的孔，寺门宽阔高大。寺院的主墙由 3 座塔楼组成，塔楼之间有 5 根泥柱相连。重建的清真寺被视为非洲建筑史上的一大杰作，也是西非伊斯兰教的象征，不过只有伊斯兰教徒才能入内。

杰内古城的民居也颇具特色，远远望去宛如一块块切削整齐的大泥块。院墙用泥沙涂抹，院子中央有一个公共场院。整座院子只有一个出口，木制品保留着杰内的古建筑传统。

院落仅有一个供出入的大门，木制的院门上钉有粗大的铁钉，住家轮流在出入口担任门卫任务，迎宾送客，护卫精心积累的财产。在炎热的西非地区，这种民宅造价低廉，隔热防尘，舒适宜人，朴实大方，经久耐住，曾享誉整个西非地区，如今在许多西非国家仍然保留着这样的民用住宅。为适应季节性洪水，房屋建在了小丘之上。为了不让它们消失在尘土之中，每年 10 月杰内雨季过后，男女老少们都会从尼日尔河里挖来泥土，用双手维护着这些古老建筑。

岁月流逝，兴衰交替，杰内充满浓厚宗教色彩的清真寺、独具特色的王宫府第和民居，使这座城市依然显得古香古色、典雅朴实，同时古城也是一张充满神韵的历史画卷。